施工合同法律风险防范与合同管理

（依据《建设工程施工合同（示范文本）》（GF-2017-0201）编写）

李福和　顾增平　蔡　敏　编著

中国建筑工业出版社

图书在版编目（CIP）数据

施工合同法律风险防范与合同管理（依据《建设工程施工合同（示范文本）》（GF-2017-0201）编写）/李福和，顾增平，蔡敏编著. —北京：中国建筑工业出版社，2018.3

ISBN 978-7-112-21809-7

Ⅰ.①施… Ⅱ.①李… ②顾… ③蔡… Ⅲ.①建筑施工-经济合同-研究-中国 Ⅳ.①TU723.1

中国版本图书馆 CIP 数据核字（2018）第 024164 号

本书主要解决 2017 版示范文本“是什么”和“如何管理”的问题，基于建筑企业需要以及不同服务视角优势互补，两个问题分别由专业的律师和专业的管理咨询顾问来解决，对应的内容是本书的第一篇和第二篇。第一篇为法律篇，共十章，内容包括：绪言；建设工程施工合同的效力；合同价格形式与合同价格调整；工期；工程质量；变更与索赔；工程款支付与优先受偿权；暂停施工；合同解除；竣工验收与竣工结算。第二篇为管理篇，共六章，内容包括：合同管理的职责划分、流程与管理规范；合同评审与审查；合同谈判；合同履行管理；合同管理支持性工作；施工合同管理中常见的问题及对策。

本书的读者是所有与合同管理相关的人员，尤其是与施工合同有关的市场部门、工程部门、财务部门、法务部门、合同管理部门的管理者。作为一本可直接操作的工具书，编者力图将文字写得简单、通俗，表现形式上所见即所得，加入了很多流程、表单，方便企业快学、快用。

* * *

责任编辑：杨　杰　范业庶
责任设计：谷有稷
责任校对：姜小莲

施工合同法律风险防范与合同管理
（依据《建设工程施工合同（示范文本）》（GF-2017-0201）编写）
李福和　顾增平　蔡　敏　编著

*

中国建筑工业出版社出版、发行（北京海淀三里河路 9 号）
各地新华书店、建筑书店经销
北京红光制版公司制版
河北鹏润印刷有限公司印刷

*

开本：787×1092 毫米　1/16　印张：16¾　字数：413 千字
2018 年 3 月第一版　2018 年11月第二次印刷
定价：**50.00** 元

ISBN 978-7-112-21809-7
（31641）

序

为规范和指导建设工程施工合同当事人的签约行为，维护发承包双方的合法权益，住房城乡建设部、国家工商行政管理总局曾先后制订、修订并印发了《建设工程施工合同（示范文本）》（GF-1991-0201）、（GF-1999-0201）、（GF-2013-0201）三个版本的示范文本。特别是2013版示范文本充分借鉴了国际咨询工程师联合会（FIDIC）编制的《施工合同条件》等文本，增加、完善了施工合同的条款，设置了公平可行的操作程序，并合理分配了发承包双方的风险，确定了合理的调价原则，新增了双向担保、商定或确定、争议评审等制度。但近年来建设工程施工合同纠纷案件数量和标的额仍大幅上升，从涉诉的建设工程施工合同纠纷来看，我们发现2013版示范文本在实践时不规范，发包人擅自修改示范文本基本规定，造成合同双方权利义务不对等，不平衡现象较为普遍；很多建筑施工企业对2013版示范文本新增公平合理的条款并未引起足够的重视，合同风险防范意识淡薄，合同管理水平较低，合同履行中未严格依2013版示范文本的基本规定形成规范有效的工程联系文件，以致发生争议涉及诉讼时不能提供有力的证据导致损失巨大等。现2017版《建设工程施工合同（示范文本）》已修订颁布，2017版示范文本对2013版示范文本中关于缺陷责任期及工程质量保证金的重要条款进行了修订，因此很有必要结合2013版示范文本在签订、使用过程中存在的一些问题对2017版示范文本的重要条款进行梳理，总结。

长期从事建设工程法律服务的顾增平律师与长期为建筑施工企业提供咨询管理服务的上海攀成德企业管理顾问有限公司的李福和先生、蔡敏女士正是基于这样的初衷合作编写了本书。本书一改以往要么单纯从施工合同管理角度出发建议建筑企业如何提升合同管理能力和水平，要么单纯从法律角度出发建议建筑企业如何防范合同风险的写作方法，而是将合同风险防范和合同管理进行了有机组合。一方面从2017版示范文本的合同条款解读理解出发，结合司法实践中的案例，以通俗易懂的语言为建筑企业诠释了施工合同的效力、合同价格调整、工期、质量、工程款支付与优先受偿权、变更与索赔、竣工验收与竣工结算等易产生争议的风险点和风险防范的建议；一方面从合同管理的角度出发全面阐述了建筑企业就合同管理如何设置各部门的职责，如何评审和审查施工合同，如何将合同条款进行交底，进行二次经营，以获取更多的利润，避免损失等。全书架构既遵循了建设工程的施工流程和行业习惯，又充分贴切与建筑企业的管理流程和管理习惯，极具实用性和操作性，相信与施工合同管理和风险防控有关的管理人员、法务人员以及从事与建筑企业法律服务、咨询管理服务的人员阅读后，一定会有所帮助。

中华全国律师协会建设工程与房地产专业委员会主任 朱树英

前　言

2016年中国建筑施工行业的产值达到了19.3万亿，巨大的建筑业市场，众多的建筑施工企业。即使在模式快速转型的今天，绝大多数项目依然采用施工总承包的模式，所以认真学习、研究2017版《建设工程施工合同（示范文本）》（以下简称“示范文本”）对于施工总承包企业具有非同一般的意义。

2017版“示范文本”发布后，我们发现，与2013版在逻辑上基本相同，少数内容有修改，如果对2013版合同文本有研究，掌握新版示范文本并不难，但我们预计“示范文本”实施后依然会问题不少，为什么？

原因可能有二。一是对“示范文本”的理解不准确，二是企业内部合同管理的不规范、工作不到位，甚至原因二比原因一造成的问题更多、更严重。基于此，我们试图从理解“示范文本”和企业如何进行合同管理两个角度来撰写一本通俗的书，也就是解决示范文本“是什么”和在企业内部“如何管理”、运作到位这两个问题，并把这两个问题合在一起，希望对建筑企业有帮助。

在策划本书的时候，我们仔细查阅了市面上关于2013版“示范文本”的书籍，书籍的主要内容专注于内容的解释、风险控制、纠纷原因等，都非常专业，其阅读对象主要是施工企业内部从事法务相关的岗位和人员。我们发现要解决“是什么”和“如何管理”需要合作，顾增平律师专业从事建筑业的法律服务工作，对“示范文本”深有研究，可以解决“是什么”的问题；上海攀成德企业管理顾问有限公司则专门从事企业的管理咨询服务，为建筑企业建设内部的管理体系，合同管理是其中的重要内容，对“如何管理”有理解。正是基于建筑企业需要以及不同服务视角优势互补，顾增平律师和攀成德合作撰写了这本书，希望给予施工合同有关的市场部门、工程部门、财务部门、法务部门、合同管理部门的管理者提供一本通俗的、可直接操作的工具书。

本书第一篇的10章由顾增平律师完成，主要从合同的效力、价格调整、工期、质量、变更与索赔、工程款支付与优先受偿权、竣工结算等方面，结合示范文本中的相关条款，将司法实践中容易产生的争议进行了归纳，告诉企业管理者司法实践中如何处理并评判这些争议，并提出了相应的防范建议。希望施工企业在合同风险防范方面能够借鉴。

本书第二篇的6章由攀成德完成，主要阐述合同管理，从组织分工、管理流程、关键节点控制、提高合同管理水平和避免管理纰漏等角度给企业提出管理改进的建议。这些管理的办法是攀成德长期为企业服务过程中吸取优秀企业的经验总结出来的，希望起到他山之石，可以攻玉的作用。

在策划这本书出版的启动阶段，我们反复探讨，希望这本书的读者是所有与合同管理相关的人员，所以力图将文字写得简单、通俗，表现形式上所见即所得，所以加入了很多流程、表单，方便企业快学、快用。

实践是最好的老师，我们希望读者给我们提出宝贵意见，以便我们能在再版的时候，不断改进、不断完善，方便企业使用，既可以成为学习的简易读本，也可以成为企业合同管理的操作手册。

前路漫漫，中国正走在伟大复兴之路上，中国建筑企业也正在接近世界建筑业能力的顶峰，我们也希望通过自己的努力，为国家复兴、行业进步略尽绵薄，不辜负这一伟大时代。

李福和

目　录

第一篇　法　律　篇

第二篇　管　理　篇

第三篇　建设工程施工合同（示范文本）

第一篇　法　律　篇

第一章　绪　　言

近年来，我国建筑业迅猛发展，建筑施工企业建造能力不断增强，产业规模不断扩大，吸纳了大量农村转移劳动力，带动了大量关联产业，对经济社会发展、城乡建设和民生改善做出了重要贡献，已成为国民经济的支柱产业。但与此同时，建筑业的迅猛发展也带来了建筑行业矛盾、各方利益主体之间纠纷的爆发式增长，特别是建设工程施工合同纠纷近年来增长幅度较为明显。为规范和指导建设工程施工合同当事人的签约行为，维护发承包双方的合法权益，住房和城乡建设部、国家工商行政管理总局先后制订、修订并印发了《建设工程施工合同（示范文本）》（GF-1991-0201）、（GF-1991-0201）、（GF-2013-0201）、（GF-2017-0201）四个版本的示范文本，分别简称为1991版、1999版、2013版和2017版的《建设工程施工合同（示范文本）》。2013版《建设工程施工合同（示范文本）》增加、完善了施工合同的条款，设置了公平可行的操作程序，条款合理分配了风险，确定了合理的调价原则，并与国际通用的FIDIC合同条件文本接轨，吸收借鉴了国际通用施工合同的一些习惯做法，新增了双向担保、商定或确定、争议评审等制度。但很多建筑施工企业对2013版《建设工程施工合同（示范文本）》新增公平合理的条款未引起关注，合同风险防范意识淡薄，合同管理水平较低，导致因施工合同履行发生的争议有增无减。现在，2017版《建设工程施工合同（示范文本）》已经修订完毕并颁布执行，我们有必要再次梳理一下建设工程施工合同签约、履行过程中存在的主要问题及应对策略，从而最大限度地利用好示范文本为我们设定公平合理的条款，尽最大可能地防患于未然，减少合同争议，减少损失，最终维护双方的合法权益。

一、建设工程施工合同签约、履行过程中存在的主要问题

1. 建设工程项目未取得项目审批手续即签订施工合同，开工建设，导致发生争议时建设工程施工合同无效。

一些地方政府为了加大招商引资力度，简化程序，先圈地开工建设，然后再办理有关土地征用报批手续，建设过程中，因建设方资金等原因导致建设用地手续未能办妥；或部分建设单位为追求建设效率，未依法办理相关项目审批手续即签订施工合同，开工建设；发生争议诉讼到法院时，建设工程施工合同被认定无效。

2. 建筑市场运行不规范，借用资质、超越资质等级、非法转包、违法分包现象普遍，导致建设工程施工合同纠纷增多。

3. 经招投标程序签订建设工程施工合同后，双方另行签订与合同实质性内容不一致的协议，导致结算时究竟以哪份合同作为依据发生争议。

4. 单价合同、总价合同价格形式下，发包人要求承包人承担所有风险，价格一律不予调整，合同履行过程中发生人工、材料和机械台班费用上涨，双方因价格调整问题发生争议。

5. 发包人不按约定支付工程进度款、不按约定审核结算、支付工程结算款，承包人追要工程款项发生争议。

6. 施工合同履行过程中，未按约定形成变更、索赔文件，双方因变更、索赔增加费用发生争议。

7. 承包人未按约定完成施工任务，拖延工期，发包人要求承包人承担工期违约赔偿发生争议。

8. 工程质量存在问题、承包人不及时履行保修义务等发生争议。

9. 承包人不及时移交工程及竣工验收资料发生争议。

10. 承包人是否享有优先受偿权争议等等。

由于建设工程施工合同标的额大、履行期限长、专业性强、法律关系复杂等，上述问题产生的争议涉及双方的利益重大，争议的处理必将耗费发、承包双方大量的精力、物力、财力等，以致两败俱伤。因此，我们有必要认真学习、理解2017版《建设工程施工合同（示范文本)》，更希望发承包双方在建设工程施工合同签订、履行过程中，关注到合同权利，按约定履行义务，按规定流程形成合同文件，减少争议。

二、2017版《建设工程施工合同（示范文本)》对上述主要问题已经做了相应的规定

针对项目审批手续问题，2017版《建设工程施工合同（示范文本)》协议书部分第一条，工程概况条款中要求填写工程立项批准文号，第七条承诺条款中发包人承诺按照法律规定履行项目审批手续，这两个条款就是要求建设工程项目开工建设前要取得审批手续，但我们往往在承接项目签订施工合同时忽视示范文本中这两个条款的提示、提醒作用，以致建设工程施工合同发生争议时，发包人因未取得建设用地规划许可、建设工程规划许可等项目审批手续而被认定为无效。如果承包人在承接项目签订合同前，抑或是开工前关注到项目的审批手续，关注到项目的合法性即是否是违法建筑，就有可能不会陷入工程项目已经开工建设，而项目仍是违法建筑，施工合同无效的尴尬境地，从而影响到自身的权益。

针对转包和违法分包问题，2017版《建设工程施工合同（示范文本)》协议书第七条承诺条款中，要求承包人不进行转包及违法分包，要求发包人和承包人通过招投标形式签订合同的，双方理解并承诺不再就同一工程另行签订与合同实质性内容相背离的协议等，即是针对建筑行业普遍存在的转包、违法分包及签订阴阳合同等现象作出的规定，但我们作为发承包双方往往置上述规定于不顾，仍然将工程进行转包、违法分包，仍然签订阴阳合同等，以致争议不断。

针对单价或总价合同，发生市场波动、法律变化等影响合同价格时是否进行价格调整问题，2017版《建设工程施工合同（示范文本)》强调了合理分配风险，在通用条款第11条确定了合理调价条款，在市场波动、法律变化等引起合同价格变化时，可依据相应约定调整合同价格。

针对发包人不按约定支付工程款问题，2017版《建设工程施工合同（示范文本)》规定了双倍利息制度；针对变更、索赔问题，2017版《建设工程施工合同（示范文本)》明确了相应的变更、索赔期限、操作流程、审批期限及逾期不予审批的后果等；针对工程质量问题，2017版《建设工程施工合同（示范文本)》规定了缺陷责任和质量保修条款等。

同时，2017版《建设工程施工合同（示范文本）》保持与国际接轨，引入及规定了“双向担保制度、合理调价制度、缺陷责任期制度、工程系列保险制度、商定或确定制度、双倍赔偿制度、索赔期限制度及争议评审解决制度”等八大制度，基本解决实践中施工合同签约、履行过程中存在的主要问题，对发承包双方均是公平可行的。

三、关注2017版《建设工程施工合同（示范文本)》，提升施工合同管理水平，提高防范合同风险

由于现阶段大多数发承包人合同管理意识淡薄，合同管理水平较低，在执行《建设工程施工合同（示范文本）》的过程中，基本还是靠经验进行合同管理，并未严格按建设工程施工合同所规定的程序和赋予双方的权利，形成规范的合同履行文件，以至于发生争议时，各执一词。现在，2017版《建设工程施工合同（示范文本）》已经颁布执行，发承包双方有必要关注并认真学习理解2017版《建设工程施工合同（示范文本）》的重要条款，严格按建设工程施工合同规定的程序形成工程往来函件，提升合同管理水平，提高防范合同风险的能力。也正是基于此，我们按照建设工程合同管理的一般流程，结合2017版《建设工程施工合同（示范文本）》的主要条款，特别关注到司法实践中的案例、处理规则和最前沿的司法动向，分九章节拟写了相关合同条款的解读和操作建议，以期共同提高合同管理水平，防范合同风险，减少争议。

第二章　建设工程施工合同的效力

发包人、承包人就某一建设工程项目的发承包一般通过多轮洽谈达成一致意见签订建设工程施工合同；或者通过公开招标投标程序确定中标人后，双方根据招标投标文件等签订建设工程施工合同。建设工程施工合同是确定双方权利义务的基本依据，所以确保建设工程施工合同合法有效显得尤其重要。合同是否有效，将会影响到工程价款的结算、工期的认定、违约责任的追究等。通读2017版《建设工程施工合同（示范文本)》，我们会发现示范文本协议书中有与施工合同效力相关的条款，这类条款提示我们要关注项目的审批手续，提示我们要依法进行承包、分包等；如发包人未完全按照协议约定履行项目审批义务，承包人也未谨慎审查项目审批的相关文件；或承包人非法转包或违法分包等，则可能会导致双方签订的施工合同无效，从而影响到双方权利义务，影响到双方合同目的的实现。本章结合2017版《建设工程施工合同（示范文本)》中与合同效力有关条款的解读、合同无效的情形及处理，防范建议等分别作介绍。

第一节　施工合同效力相关条款规定

2017版《建设工程施工合同（示范文本)》协议书中的以下条款，如承包人未谨慎审查或任一方未完全按协议约定履行义务，则可能会影响到合同的效力。

一、协议书第一条工程概况中需填写的“工程立项批准文号”及第七条第1款规定的“发包人承诺按照法律规定履行项目审批手续……”。

二、协议书第七条第2款规定的“承包人承诺按照法律规定及合同约定组织完成工程施工，确保工程质量和安全，不进行转包及违法分包……”。

三、协议书第七条第3款规定的“发包人和承包人通过招投标形式签订合同的，双方理解并承诺不再就同一工程另行签订与合同实质性内容相背离的协议”。

上述条款中规定的“发包人承诺执照法律规定履行项目审批手续”及“工程立项批准文号”的明确填写，旨在要求发包人要依法办理建设工程项目的审批手续，包括该工程项目的立项、建设用地规划许可、土地使用权属、建设工程规划许可等项目审批手续；承包人在承接工程项目签订施工合同前，要审查所涉工程项目的上述审批手续，否则所涉工程项目可能属于违法建筑，双方签订的施工合同因所涉标的为违法建筑而无效。

上述条款中规定的承包人不进行转包及违法分包，以及通过招投标签订合同的，双方不再另行签订与合同实质性内容相背离的协议，如有违反，则会因违反《中华人民共和国建筑法》、《中华人民共和国招标投标法》的规定，建设工程施工合同被认定为无效。

第二节 施工合同无效的情形

司法实践中，施工合同无效的情形远不止上述所涉及的几种情形，《中华人民共和国合同法》、《中华人民共和国建筑法》、《中华人民共和国招标投标法》、《最高人民法院关于审理建设工程施工合同纠纷案件适用法律问题的解释》及《最高人民法院关于审理建设工程施工合同纠纷案件适用法律若干问题的解释（二）（征求意见稿）》等均对合同无效做了规定，建设工程施工合同无效的情形主要有：（一）承包人未取得建筑施工企业资质或者超越资质等级的；（二）没有资质的实际施工人借用有资质的建筑施工企业名义的；（三）建设工程必须进行招标而未招标或者中标无效的；（四）承包人非法转包、违法分包建设工程的；（五）发包人未取得建设用地规划许可证、建设工程规划许可证的；（六）招标人和中标人另行订立背离合同实质性内容的其他协议的。建设工程中标无效的情形包括：(1) 泄露应保密的资料或透露有关招投标情况影响中标结果的；(2) 串通投标；(3) 行贿手段中标；(4) 以他人名义投标或其他方式弄虚作假，骗取中标；(5) 招标人违反规定进行实质性谈判的，影响中标结果的；(6) 招标人在评标委员会推荐的中标候选人以外确定中标人或在所有投标被否决后自行确定中标人的。

案例 2-1：建设工程项目违法用地，承包人未谨慎审查所签施工合同无效

2011 年 5 月，江苏某旅游度假发展有限公司（下称旅游度假发展公司）与江苏某建工建设集团有限公司（下称建工集团公司）签订建设工程施工合同一份，合同约定建工集团公司承包施工旅游度假发展公司开发建设的别墅项目中一标段部分的土建安装工程，合同同时对工程价款、支付时间及违约责任等进行了约定。合同签订后，建工集团公司安排施工队伍、材料、机械等进场施工。2011 年 9 月，江苏省国土资源厅以旅游发展公司因所涉项目违法用地叫停项目。旅游发展公司下发停工令给建工集团公司，项目至今未复工建设。截止至停工时，建工集团公司完成施工造价 1500 万元，但旅游发展公司仅支付了 500 万元进度款。后建工集团公司诉讼至法院要求旅游发展公司支付工程款、赔偿损失及确认享有优先受偿权等，法院经审理认定所涉建设工程项目违法用地，施工合同无效。

案例 2-2：承包人转包工程，合同被认定无效

2007 年 12 月，江苏某房地产开发公司（下称江苏公司）与福建某建筑工程有限公司（下称福建公司）经招投标方式签订《建设工程施工合同》一份，合同约定由福建公司承包施工江苏公司开发建设的某住宅小区工程，合同约定以单价 1200 元/平方米，合同同时对双方的其他权利义务进行了约定。合同签订后，福建公司以内部承包的名义与杨某签订内部承包协议，将工程转包给杨某承包施工，内部承包单价为 850 元/平方米。2009 年 7 月，工程经竣工验收合格。后杨某因工程结算要求增加造价与福建公司发生争议，将福建公司、江苏公司一并诉讼至法院。法院经审理认为，福建公司转包案涉工程，违反法律规定，内部承包协议无效。

案例 2-3：串通投标施工合同无效

2010 年 6 月，江苏某建工集团有限公司（下称建工集团公司）与安徽某房地产开发有限公司（下称安徽房地产公司）签订《建设工程施工合同》一份，约定由建工集团公司承包施工安徽房地产公司开发的某住宅小区 1＃～6＃楼和地下人防工程，工期 360 天，合同价款 4500 万元。2010 年 8 月，安徽房地产公司通过招投标程序确定建工集团公司为承包人，安徽房地产公司签发了中标通知书。安徽房地产公司将 2010 年 6 月双方签订的《建设工程施工合同》报主管部门备案。后安徽房地产公司拖延工程结算，建工集团公司提起诉讼，法院经审理认定双方串通投标所签施工合同无效。

第三节　施工合同无效的处理

施工合同无效，承包人完成施工的工程价款如何确定，合同中约定的违约责任是否有效，发承包双方各自的损失如何处理等问题，将是困扰发承包双方的难题，我们对此进行了梳理。

一、工程价款的处理：参照合同约定结算支付，任一方不得获得额外利益

根据《最高人民法院关于审理建设工程施工合同纠纷案件适用法律问题的解释》第二条“建设工程施工合同无效，但建设工程经竣工验收合格，承包人请求参照合同约定支付工程价款的，应予支持”的规定，施工合同被认定无效后，只要建设工程经竣工验收合格的，发承包人均有权要求参照合同约定支付工程价款。那么，工程未经竣工验收或工程中途停工情形，是否可以参照合同约定支付工程价款呢？我们认为按照司法解释确定的原则，只要有证据证明已完成工程质量合格或有证据证明发包人擅自使用等，即可参照合同约定结算支付工程价款。

实践中，有观点认为，既然合同无效，那么承包人特别是个人包工头承包施工的承包人只能主张合同约定价款中的直接费和间接费，不能获得利润及税金等。对此，最高人民法院在审理齐河环盾钢结构有限公司与济南永君物资有限责任公司建设工程施工合同纠纷一案（最高人民法院公报案例，2012 年第 9 期）和莫志华、深圳市东深工程有限公司与东莞市长富广场房地产开发有限公司建设工程合同纠纷再审一案（最高人民法院公报案例，2013 年第 11 期）中认为，如果合同无效后承包人只能主张合同约定价款中的直接费和间接费，则承包人融入建筑工程产品当中的利润及税金，将被发包人获得，发包人依据无效合同取得了利润，这与无效合同中任一方不应获得比合同有效时更多利益的处理原则不符，对施工方不公平，违反了等价有偿的原则。因此，合同无效情形下参照合同约定支付工程价款的基本原则就是任一方不可能因合同无效而获得更多的利益，即发包人不可能因合同无效而少支付工程价款，承包人不可能因合同无效而多获得工程价款。

二、违约责任：条款无效，不再适用

施工合同中一般会对工期、质量、工程款的支付、工程结算及发承包双方的义务约定

相应的违约责任条款，因施工合同无效，合同中约定的违约责任条款也是无效，故任一方不能直接要求违约方按照合同中约定的违约责任条款承担相应的违约责任。

三、损失赔偿：有过错的减轻赔偿责任

建设工程施工合同无效，任一方无法依据合同中约定的违约责任条款追究违约方的违约责任，但如任一方因此遭受损失，仍可要求对方承担相应的损失。发包人可以就以下损失请求承包人予以赔偿：承包人承建的工程不符合合同约定的质量标准造成的损失，承包人承建的工程不符合合同约定的工期造成的损失，承包人过错导致的其他损失。承包人可以就以下损失请求发包人予以赔偿：发包人未参照合同约定支付工程价款造成的损失，发包人原因导致承包人停工、窝工的损失，发包人过错导致的其他损失。上述造成的损失，发承包人有过错的，应承担相应的责任。

第四节 避免施工合同无效的防范建议

通过上述施工合同无效处理及案例的介绍，施工合同无效对双方的权益影响是较大的，因此实践中，我们应依法发包工程承包工程，签订施工合同，尽可能地避免施工合同因违法被认定无效。具体建议如下：

一、承包人在承接项目前要认真审查项目的审批手续

为确保承接的项目是经过依法批准建设的工程项目，承包人在承接项目前，应认真审查建设工程项目的立项文件、建设用地规划许可、建设工程规划许可等审批手续，谨防项目因系违法建筑，施工合同被认定为无效。

二、发包人依法进行招标，承包人依法参加投标

近年来，因串通投标发承包双方被处罚甚至被追究刑事责任的案例不在少数，文中案例也因串通投标施工合同被认定为无效，因此，发承包双方应严格按《中华人民共和国招标投标法》的规定，依法进行招标和投标。

三、承包人不非法转包，不违法分包

承包人承接工程后禁止转包和违法分包，是法律规定的义务，也是2017版《建设工程施工合同（示范文本）》明确的合同义务，因此，承包人承接工程后不得非法转包和违法分包。

四、经招投标形式签订的施工合同，不再另行签订与合同实质性内容相背离的协议

根据《中华人民共和国招标投标法》，招标人和中标人不得再行订立背离合同实质性内容的其他协议。所谓合同实质性内容，主要是指有关工程范围、建设工期、工程质量、工程造价等约定内容。

第三章　合同价格形式与合同价格调整

建设工程施工合同的合同价格形式是指发承包双方就建设工程项目工程价款计价结算的形式。1999 版《建设工程施工合同（示范文本）》明确的三种合同价格形式为固定价格合同、可调价格合同、成本加酬金合同，其中固定价格合同又分为固定总价合同和固定单价合同。2013 版和 2017 版《建设工程施工合同（示范文本）》基于建设工程实践和惯例，对施工合同常用的价格形式进行归纳和总结，为防止歧义和曲解，将固定价格合同中的“固定”两字删除，同时将实践中不常见的成本加酬金合同形式予以删除，明确规定了三种合同价格形式，即单价合同、总价合同、其他价格形式合同，其中其他价格形式合同中可包括定额计价合同和成本加酬金合同。近年来，建设施工合同大多数采用单价合同、总价合同价格形式，但对单价合同、总价合同价格形式下，价格是否调整经常发生争议，本章从 2017 版《建设工程施工合同（示范文本）》中的合同价格形式、价格调整条款的约定出发，结合司法实践中的风险分担规则，重点阐述单价或总价合同价格形式下有关价格如何调整问题。

第一节　合同价格形式与合同价格调整相关条款规定

一、协议书第四条关于签约合同价与合同价格形式的约定

四、签约合同价与合同价格形式

1. 签约合同价为：

人民币（大写）____________________（¥________________元）；

其中：

(1) 安全文明施工费：

人民币（大写）____________________（¥________________元）；

(2) 材料和工程设备暂估价金额：

人民币（大写）____________________（¥________________元）；

(3) 专业工程暂估价金额：

人民币（大写）____________________（¥________________元）；

(4) 暂列金额：

人民币（大写）____________________（¥________________元）。

2. 合同价格形式：______________________________________。

二、通用条款和专用条款第 11 条关于价格调整的约定

其中通用条款为：

11 价格调整

11.1 市场价格波动引起的调整

除专用合同条款另有约定外，市场价格波动超过合同当事人约定的范围，合同价格应当调整。合同当事人可以在专用合同条款中约定选择以下一种方式对合同价格进行调整：

第1种方式：采用价格指数进行价格调整。

第2种方式：采用造价信息进行价格调整。

第3种方式：专用合同条款约定的其他方式。

专用条款为：

11 价格调整

11.1 市场价格波动引起的调整

市场价格波动是否调整合同价格的约定：＿＿＿＿＿＿＿＿＿＿＿＿＿＿＿＿。

因市场价格波动调整合同价格，采用以下第＿＿种方式对合同价格进行调整：

第1种方式：采用价格指数进行价格调整。

关于各可调因子、定值和变值权重，以及基本价格指数及其来源的约定：＿＿＿＿＿＿＿＿＿＿＿＿＿＿＿＿＿＿＿＿＿＿＿＿＿＿＿＿＿＿；

第2种方式：采用造价信息进行价格调整。

(2) 关于基准价格的约定：＿＿＿＿＿＿＿＿＿＿＿＿＿＿＿＿＿＿＿＿。

专用合同条款①承包人在已标价工程量清单或预算书中载明的材料单价低于基准价格的：专用合同条款合同履行期间材料单价涨幅以基准价格为基础超过＿%时，或材料单价跌幅以已标价工程量清单或预算书中载明材料单价为基础超过＿%时，其超过部分据实调整。

②承包人在已标价工程量清单或预算书中载明的材料单价高于基准价格的：专用合同条款合同履行期间材料单价跌幅以基准价格为基础超过＿%时，材料单价涨幅以已标价工程量清单或预算书中载明材料单价为基础超过＿%时，其超过部分据实调整。

③承包人在已标价工程量清单或预算书中载明的材料单价等于基准单价的：专用合同条款合同履行期间材料单价涨跌幅以基准单价为基础超过±＿%时，其超过部分据实调整。

第3种方式：其他价格调整方式：＿＿＿＿＿＿＿＿＿＿＿＿＿＿＿＿＿＿＿＿。

11.2 法律变化引起的调整

基准日期后，法律变化导致承包人在合同履行过程中所需要的费用发生除第11.1款〔市场价格波动引起的调整〕约定以外的增加时，由发包人承担由此增加的费用；减少时，应从合同价格中予以扣减。基准日期后，因法律变化造成工期延误时，工期应予以顺延。

三、通用条款和专用条款第12条关于合同价格、计量与支付的约定

其中通用条款为：

12 合同价格、计量与支付

12.1 合同价格形式

发包人和承包人应在合同协议书中选择下列一种合同价格形式：

1. 单价合同

单价合同是指合同当事人约定以工程量清单及其综合单价进行合同价格计算、调整和确认的建设工程施工合同，在约定的范围内合同单价不作调整。合同当事人应在专用合同条款中约定综合单价包含的风险范围和风险费用的计算方法，并约定风险范围以外的合同价格的调整方法，其中因市场价格波动引起的调整按第 11.1 款〔市场价格波动引起的调整〕约定执行。

2. 总价合同

总价合同是指合同当事人约定以施工图、已标价工程量清单或预算书及有关条件进行合同价格计算、调整和确认的建设工程施工合同，在约定的范围内合同总价不作调整。合同当事人应在专用合同条款中约定总价包含的风险范围和风险费用的计算方法，并约定风险范围以外的合同价格的调整方法，其中因市场价格波动引起的调整按第 11.1 款〔市场价格波动引起的调整〕、因法律变化引起的调整按第 11.2 款〔法律变化引起的调整〕约定执行。

3. 其他价格形式

合同当事人可在专用合同条款中约定其他合同价格形式。

专用条款为：

12　合同价格、计量与支付

12.1　合同价格形式

1. 单价合同。

综合单价包含的风险范围：______________________________。

风险费用的计算方法：______________________________。

风险范围以外合同价格的调整方法：______________________________。

2. 总价合同。

总价包含的风险范围：______________________________。

风险费用的计算方法：______________________________。

风险范围以外合同价格的调整方法：______________________________。

3. 其他价格方式：______________________________。

第二节　与合同价格有关的风险及承担规则

实践中，如发承包双方能够严格按照《建设工程施工合同（示范文本）》的通用条款及专用条款提示明确约定相关价格的调整条款，则一般不会发生争议。但发承包双方签订的建设工程施工合同往往没有就该部分价格调整条款进行明确约定，有的发包人甚至约定单价合同或总价合同价格形式下发生与价格有关的风险均不对价格进行调整。由于施工合同履行时间较长，合同履行过程中经常会出现人工、材料、工程设备和机械台班等市场价格起伏或法律变化引起的价格波动的现象，这种变化一般会引起承包人施工成本的增加或减少，进而影响到合同价格调整，最终影响到合同当事人的权益。因此，在施工合同对价格调整问题没有约定或对价格调整约定不明确或约定所有风险均由承包人承担，价格一律不予调整时，如何确定与合同价格有关的风险及承担规则，将会影响到发承包双方的权益。

哪些风险可能会影响到合同价格？这些风险究竟由哪一方承担较公平合理呢？

一、施工技术、方案引起的合同价格变化风险

合同履行过程中，施工技术、方案的变化可能引起合同价格变化，导致施工成本增加，我们认为，因承包人较发包人具备较强的专业技术和专业经验，应对施工技术、方案负责，因此，此类风险原则上是承包人应当完全承担的风险，由此引起的价格调整原则不予调整，除非是发包人提供的地勘资料、施工图纸、基础资料等存在重大瑕疵导致施工技术、方案变化。

二、施工组织管理水平引起的合同价格变化风险

施工组织管理水平高低也会影响到施工成本的高低，进而引起合同价格变化，我们认为，施工组织管理水平高低是承包人自身内部管理的问题，故施工组织管理水平高低引起的合同价格变化风险也应由承包人完全承担。

三、人工、材料、工程设备和机械台班引起的合同价格变化风险

施工合同履行时间一般较长，履行过程中经常会出现人工、材料、工程设备和机械台班费用等市场价格波动，特别是价格上涨，而承包人投标报价时对市场价格很难预测，同时受低价中标规则影响，客观上承包人也不可能考虑市场价格上涨因素进行报价。市场价格上涨引起的合同价格变化，我们认为承包人仅应承担有限的市场风险。何为有限的市场风险，原则上尊重发承包双方当事人在合同中约定的风险范围及调整方法，如双方当事人没有约定，应当参照当地建设行政主管部门关于处理人工费、材料差价及机械台班费用的文件执行。司法实践中，最高人民法院及部分省市高院的指导意见也是如此规定的。如最高人民法院《关于审理建设工程施工合同纠纷案件的暂行意见》第27条规定“因情势变更导致建材价格大幅上涨明显不利于承包人的，承包人可请求增加工程款。但建材涨价属于正常的市场风险范畴，涨价部分应由承包人承担”。北京市高级人民院《关于审理建设工程施工合同纠纷案件若干疑难问题的解答》第12条明确“建设工程施工合同约定工程价款实行固定价结算，在实际履行过程中，钢材、木材、水泥、混凝土等对工程造价影响较大的主要建筑材料价格发生重大变化，超出了正常市场风险的范围，合同对建材价格变动风险负担有约定的，原则上依照其约定处理；没有约定或约定不明，该当事人要求调整工程价款的，可在市场风险范围和幅度之外酌情予以支持，具体数额可委托鉴定机构参照施工地建设行政主管部门关于处理建材差价问题的意见予以确定。”

案例3-1：福建某建筑公司诉江苏某房地产开发公司建设工程施工合同案

2007年12月，福建某建筑公司经招标投标形式被确定为中标人，与江苏某房地产公司签订建设工程施工合同一份，合同约定福建某建筑公司承包施工江苏某房地产公司开发建设的住宅小区工程，承包单价为每平方米850元，合同约定价格固定，人工费、材料费上涨等均不调整价格。合同签订后，福建某建筑公司即安排人员，组织材料和机械进场施工。施工过程中，2008年4月，项目所在地建设主管部门发布人工费调价文件，调整人工费，同时，钢材、水泥、混凝土等材料价格也存在不同程度的上涨。项目于2009年7月经竣工验收合格。竣工结算过程中，因福建某建筑公司提出要求调整增加人工费、材料费等致双方未能就竣工结算达成一致意见。后福建某建筑公司提起诉讼，要求增加人工费、材料费等计人民币900万元。诉讼过程中，法院委托司法鉴定机构就人工费、材料费等上涨引起的价格调整进行了鉴定，司法鉴定机构鉴定意见显示，因工程开工后不久，当地即下发了人工费调整的文件，而所涉工程项目施工的大部分期间均面临人工费上涨问题，鉴定意见明确，人工费调整增加数额为280万元；另合同履行期间材料上涨，鉴定机构参照当地建设主管部门颁发的材料价格调整意见，鉴定意见明确，钢材、水泥、混凝土等材料调整增加数额为350万元。法院经审理认为，人工、材料上涨均已超过了承包人承担的风险范围，采纳了鉴定机构根据当地建设主管部门颁发的有关文件作出鉴定意见，并据此作出判决。

四、法律变化引起的合同价格变化风险

2017版《建设工程施工合同（示范文本）》通用条款第11.2款约定，基准日期后，法律变化导致承包人在合同履行过程中所需要的费用发生除第11.1款〔市场价格波动引起的调整〕约定以外的增加时，由发包人承担由此增加的费用；减少时，应从合同价格中予以扣减。依此款约定可以得出，基准日期前，因法律规定对合同价格有影响的，应由承包人在报价（投标报价）时予以考虑，该因素对合同价格有影响的，由承包人自行承担相应的费用。

那么，基准日期究竟是哪一天，法律范围究竟有多大，是否包括规范性文件。

2017版《建设工程施工合同（示范文本）》通用条款第1.1.4.6目对基准日期作出了界定，所谓基准日期是指招标发包的工程以投标截止日前28天的日期为基准日期，直接发包的工程以合同签订日前28天的日期为基准日期。

2017版《建设工程施工合同（示范文本）》通用条款第1.3款对示范文本中的法律也作出了相应的定义，即本合同所称法律是指中华人民共和国法律、行政法规、部门规章，以及工程所在地的地方性法规、自治条例、单行条例和地方政府规章等。同时，明确合同当事人可以在专用合同条款中约定合同适用的其他规范性文件。由此可见规范性文件并不在示范文本规定的法律范围内，而建设主管部门发布的规范性文件往往会对施工合同特别是合同价格调整产生重要影响，因此，发承包人双方应在专用条款中明确约定所适用规范性文件，特别是建设行政主管部门颁发的关于人工费、材料费、机械台班等调差的文件。

第三节　应对合同价格调整的有关建议

一、发包人发布的招标文件中应明确单价合同、总价合同价格形式下，投标人投标报价所应考虑的影响价格的因素及价格调整规则。

二、承包人投标报价时应充分考虑影响报价的所有因素，正确报价。

三、双方签订的建设工程施工合同中应明确约定发生市场价格波动、法律变化等时，合同价格的调整方式及各自承担的风险范围。

四、承包人应根据施工合同约定及时向发包人报送要求价格调整的联系函，并附相关依据。

第四章 工　期

在建设工程施工合同争议中，单独的工期纠纷形成案件的一般较为少见，往往在承包人向发包人主张工程价款提起诉讼时，发包人通常通过提起反诉或另案提起诉讼，要求承包人承担巨额的工期违约赔偿责任。同时，工期作为建设工程施工合同的主要条款、必备条款和实质性内容，其法律意义涉及承包人是否构成迟延履行以及是否需要承担违约责任、工程风险转移时点、支付工程款及利息的起算时点、竣工结算审价期限的起算时点、缺陷责任期和保修期的确定，以及优先受偿权的行使期间起算时点等诸多问题，因此，研究并关注《建设工程施工合同（示范文本）》中的关于工期、工期延误及顺延、工期签证与索赔等的约定，加强工期测算、工期管理，有利于减少工期争议。

第一节 工期相关条款规定

一、协议书第二条的约定

二、合同工期

计划开工日期：______年______月______日。

计划竣工日期：______年______月______日。

工期总日历天数：______天。工期总日历天数与根据前述计划开竣工日期计算的工期天数不一致的，以工期总日历天数为准。

二、通用条款关于开工日期、竣工日期及工期的定义

1.1.4.1 开工日期：包括计划开工日期和实际开工日期。计划开工日期是指合同协议书约定的开工日期；实际开工日期是指监理人按照第7.3.2项〔开工通知〕约定发出的符合法律规定的开工通知中载明的开工日期。

1.1.4.2 竣工日期：包括计划竣工日期和实际竣工日期。计划竣工日期是指合同协议书约定的竣工日期；实际竣工日期按照第13.2.3项〔竣工日期〕的约定确定。

1.1.4.3 工期：是指在合同协议书约定的承包人完成工程所需的期限，包括按照合同约定所做的期限变更。

三、通用条款第7条工期和进度中的有关规定

7 工期和进度

7.3 开工

7.3.2 开工通知

发包人应按照法律规定获得工程施工所需的许可。经发包人同意后，监理人发出的开

工通知应符合法律规定。监理人应在计划开工日期7天前向承包人发出开工通知，工期自开工通知中载明的开工日期起算。

除专用合同条款另有约定外，因发包人原因造成监理人未能在计划开工日期之日起90天内发出开工通知的，承包人有权提出价格调整要求，或者解除合同。发包人应当承担由此增加的费用和（或）延误的工期，并向承包人支付合理利润。

7.5　工期延误

7.5.1　因发包人原因导致工期延误

在合同履行过程中，因下列情况导致工期延误和（或）费用增加的，由发包人承担由此延误的工期和（或）增加的费用，且发包人应支付承包人合理的利润：

（1）发包人未能按合同约定提供图纸或所提供图纸不符合合同约定的；

（2）发包人未能按合同约定提供施工现场、施工条件、基础资料、许可、批准等开工条件的；

（3）发包人提供的测量基准点、基准线和水准点及其书面资料存在错误或疏漏的；

（4）发包人未能在计划开工日期之日起7天内同意下达开工通知的；

（5）发包人未能按合同约定日期支付工程预付款、进度款或竣工结算款的；

（6）监理人未按合同约定发出指示、批准等文件的；

（7）专用合同条款中约定的其他情形。

因发包人原因未按计划开工日期开工的，发包人应按实际开工日期顺延竣工日期，确保实际工期不低于合同约定的工期总日历天数。因发包人原因导致工期延误需要修订施工进度计划的，按照第7.2.2项〔施工进度计划的修订〕执行。

7.5.2　因承包人原因导致工期延误

因承包人原因造成工期延误的，可以在专用合同条款中约定逾期竣工违约金的计算方法和逾期竣工违约金的上限。承包人支付逾期竣工违约金后，不免除承包人继续完成工程及修补缺陷的义务。

四、通用条款第10条变更条款中有关工期的约定

10.6　变更引起的工期调整

因变更引起工期变化的，合同当事人均可要求调整合同工期，由合同当事人按照第4.4款〔商定或确定〕并参考工程所在地的工期定额标准确定增减工期天数。

五、通用条款第13条验收和工程试车条款中有关竣工日期的约定

13.2.3　竣工日期

工程经竣工验收合格的，以承包人提交竣工验收申请报告之日为实际竣工日期，并在工程接收证书中载明；因发包人原因，未在监理人收到承包人提交的竣工验收申请报告42天内完成竣工验收，或完成竣工验收不予签发工程接收证书的，以提交竣工验收申请报告的日期为实际竣工日期；工程未经竣工验收，发包人擅自使用的，以转移占有工程之日为实际竣工日期。

第二节 工期是否延误认定的几个关键要素

一、合同约定的工期

根据2017版《建设工程施工合同（示范文本）》协议书第二条的规定，合同工期约定采用工期总日历天数，同时约定计划开工日期和计划竣工日期的约定方式，因此，确定一个工程项目工期是否延误，需首先根据合同约定确定工期总日历天数。

二、开工日期的认定

开工日期是指承包人进场开始施工的日期。依2017版《建设工程施工合同（示范文本）》的规定，一般包括计划开工日期和实际开工日期。计划开工日期是指合同协议书约定的开工日期；实际开工日期是指监理人按照约定发出的符合法律规定的开工通知中载明的开工日期。但实践中，开工日期往往体现在与建设工程施工相关的不同书面文件材料中，如开工报告中注明的开工日期、发包人或监理人颁发的开工通知中载明的开工日期，以及建设工程施工许可证上注明的开工日期等。如发包人、承包人对开工日期并无争议，则以上文件材料就开工日期的确定并无太大意义，但如发包人、承包人对开工日期存在争议，则究竟如何认定开工日期，则显得尤其重要。我们认为，开工日期的认定宜以客观上承包人是否进场施工为认定标准，即建设工程施工的开工时间以开工通知或开工报告上注明的开工时间为准，开工通知或开工报告发出后，不具备施工条件的，以具备施工条件的时间确定开工日期。没有开工通知或开工报告的，以实际开工时间确定开工日期。建设工程施工许可证仅是建设行政主管部门行政管理的需要，且实践中普遍存在建设工程施工许可证补发的现象，因此，不宜以建设工程施工许可证上载明的开工日期为依据认定开工日期。

最高人民法院在审理青海方升建筑安装工程有限责任公司与青海隆豪置业有限公司建设工程施工合同纠纷一案（最高人民法院公报案例，2015年第12期）中认为，在《建设工程施工合同》、《开工报告》、《建筑施工许可证》三份文件记载的开工与竣工日期均不相同的情形下，应当以监理单位确认的《开工报告》中载明的日期为准。2017版《建设工程施工合同（示范文本）》中规定实际开工日期是指监理人按照约定发出的符合法律规定的开工通知中载明的开工日期，与最高院审理案件确定的原则是一致的。

《最高人民法院关于审理建设工程施工合同纠纷案件适用法律若干问题的解释（二）（征求意见稿）》第十条关于开工时间认定的规定也充分体现上述原则。该条规定明确：当事人双方对建设工程实际开工日期有争议的，人民法院应当分别按照以下情形予以认定：（1）开工日期为监理人发出的开工通知中载明的开工日期；开工通知发出后，尚不具备开工条件的，以开工条件具备的时间为开工日期，但因承包人原因导致实际开工时间推迟的，以开工通知载明的时间为开工日期。（2）监理人未发开工通知，亦无相关证据证明实际开工日期的，应当综合考虑开工报告、合同约定、开工许可证载明的时间，并结合是否具备开工条件的事实，认定开工日期；（3）承包人在开工通知发出前已经实际进场施工的，以实际开工时间为开工日期。

三、竣工日期的认定

竣工日期是指承包人完成建设工程施工任务的日期。一般包括计划竣工日期和实际竣工日期。计划竣工日期是指合同协议书约定的竣工日期；实际竣工日期是指承包人实际完成建设工程施工任务的日期。但实际竣工日期往往迟于计划竣工日期，且发包人、承包人发生争议时，双方对实际竣工日期往往各执一词。究竟以哪个时间作为实际竣工日期至关重要，直接关系到工程款支付的时间、利息的起算时点、缺陷责任期与质量保修期的起算时点、发包人审价的起算时点、优先受偿权的起算时点以及承包人是否构成工期违约等。

2017版《建设工程施工合同（示范文本）》规定，工程经竣工验收合格的，以承包人提交竣工验收申请报告之日为实际竣工日期，并在工程接收证书中载明；因发包人原因，未在监理人收到承包人提交的竣工验收申请报告42天内完成竣工验收，或完成竣工验收不予签发工程接收证书的，以提交竣工验收申请报告的日期为实际竣工日期；工程未经竣工验收，发包人擅自使用的，以转移占有工程之日为实际竣工日期。《最高人民法院关于审理建设工程施工合同纠纷案件适用法律若干问题的解释》第十四条对实际竣工日期也作出了相应的规定，当事人对建设工程实际竣工日期有争议的，按照以下情形分别处理：（一）建设工程竣工验收合格的，以竣工验收合格之日为竣工日期；（二）承包人已经提交竣工验收报告，发包人拖延验收的，以承包人提交验收报告之日为竣工日期；（三）建设工程未经竣工验收，发包人擅自使用的，以转移占有建设工程之日为竣工日期。结合上述规定，建设工程的竣工日期，应按以下原则认定：

1. 以双方确定的日期为竣工日期。

双方当事人对竣工日期均予以确认，并以书面文件形式记载，当然应以双方确定的日期为竣工日期。

2. 建设工程竣工验收合格的，以承包人提交竣工验收申请报告之日为实际竣工日期。

因承包人提交竣工验收申请报告之日即已完成施工任务，组织竣工验收是发包人的权利也是义务，发包人组织竣工验收至竣工验收合格之日这一期间不应计算为承包人的工期，最高院司法解释确定的建设工程竣工验收合格的，以竣工验收合格之日为竣工日期，对承包人不公平，我们认为应以建筑行业的惯例即示范文本中确定的原则来确定竣工日期，即建设工程竣工验收合格的，以承包人提交竣工验收申请报告之日为竣工日期。如竣工验收需整改修复的，修复后的建设工程经竣工验收合格的，以承包人修复后提交竣工验收申请报告之日为竣工日期。

3. 发包人拖延验收的，以承包人提交竣工验收申请报告之日为实际竣工日期。

承包人提交竣工验收申请报告后，发包人拖延验收的，此为发包人的主观恶意，应视为条件已成就，否则不利于承包人利益的保护。故该种情形下，仍以承包人提交竣工验收申请报告之日为竣工日期。

4. 建设工程未经竣工验收，发包人擅自使用的，以转移占有建设工程之日为竣工日期。

建设工程未经竣工验收，发包人擅自使用，违反了法律规定和合同约定，应由发包人承担不利后果。从另一角度来看，结合《最高人民法院关于审理建设工程施工合同纠纷案件适用法律若干问题的解释》第十三条“建设工程未经竣工验收，发包人擅自使用后，又以使用部分质量不符合约定为由主张权利的，不予支持”的规定，发包人使用工程也即意味着其对工程质量的认可。因此该种情形下，以转移占有建设工程之日为竣工日期更为妥当。

四、工期顺延的认定

工期顺延是指在合同履行过程中，承包人对于非由自己的原因造成的工期延误，向发包人提出要求对合同约定的工期相应延长的情形。常见的工期顺延情形主要有：

1. 发包人未能按合同约定提供图纸或所提供图纸不符合合同约定的；
2. 发包人未能按合同约定提供施工现场、施工条件、基础资料、许可、批准等开工条件的；
3. 发包人提供的测量基准点、基准线和水准点及其书面资料存在错误或疏漏的；
4. 发包人未能在计划开工日期之日起 7 天内同意下达开工通知的；
5. 发包人未能按合同约定日期支付工程预付款、进度款或竣工结算款的；
6. 发包人原因导致隐蔽工程重新检查或发包人原因造成工程不合格的；
7. 发包人变更、增加工程量的；
8. 发包人原因暂停施工；
9. 监理人未按合同约定发出指示、批准等文件的；
10. 不利物质条件及异常恶劣的气候条件；
11. 其他非承包人的原因导致工期延误的。

发包人、承包人双方因工期发生争议，我们认为应当根据上述要素分别从开工日期、竣工日期、合同约定工期及可顺延的工期几个方面来确定承包人是否存在工期延误。

案例 4-1：承包人形成规范的工程联系单，发包人巨额工期违约赔偿请求被驳回

江苏某建设集团股份有限公司（下称江苏集团）与东莞市某房地产开发有限公司（下称东莞公司）经招投标于 2009 年 4 月签订建设工程施工合同一份，合同约定总价款 7990 万元，总工期为 460 天，承包人工期每延误一天支付违约金 6 万元，合同同时对双方的其他权利义务进行了约定。合同签订后，工程的实际开工日期为 2007 年 8 月 1 日，实际竣工验收时间为 2009 年 6 月 10 日。因双方就工程竣工结算不能达成一致，江苏集团向法院提起诉讼要求东莞公司支付工程款 4000 万元及逾期付款利息。诉讼过程中，东莞公司提起反诉，要求江苏集团承担工期违约金 1200 万元，东莞公司认为江苏集团实际施工日历天数为 680 天，工程竣工日期延期 220 天，其确认其中 20 天可予以顺延，现江苏集团实际延误 200 天工期。江苏集团对东莞公司提起的工期违约赔偿请求，抗辩认为因发包人设计变更、指令等原因增加工程量及甲方直接发包工程配合不及时、不按时支付工程款等原因，导致工程严重延期，并向法院提供了一系列工程联系单，认为工程工期予以顺延 338.5 天，东莞公司工作人员均在工程联系单签字确认收到相应单证，但未对是否同意顺延注明明确意见。江苏集团认为根据

双方通用条款“发包人在收到承包人工程联系单后14天内应给予审查，逾期不审查也未提出异议的，视为认可承包人报送的工程联系单的内容”的规定，应确认东莞公司均认可承包人报送的工程联系单上明确工期顺延要求。法院经审理认为，现承包人提交的工程联系单发包人均签字确认收到，但发包人均未在合同约定的期限内予以审查，也未提出异议，依据双方施工合同通用条款相关规定，应视为发包人认可承包人报送的工程联系单上要求顺延工期的要求。根据该组工程联系单载明的内容，承包人要求顺延的工期为338.5天，远远超过发包人本案中主张的200天，故本案不存在承包人工期延误的事实，遂驳回了东莞公司要求江苏集团承担1200万违约金的反诉请求。

案例4-2：发包人任意压缩合理工期，工期条款无效

2010年6月21日，江苏某建工集团有限公司与安徽某房地产开发有限公司签订《建设工程施工合同》一份，合同约定由江苏某建工集团有限公司承建某住宅小区的1#～6#楼和地下人防工程，开工日期以实际开工报告批准日为准，工期360天，不含法定节假日、春节和雨雪天气，合同价款4200万元，承包人工期每延误一天支付违约金5000元等。合同签订后，工程实际于2010年8月6日开工，2013年3月2日竣工验收合格。双方后因工程价款结算发生争议诉讼至法院，安徽某房地产公司另案提起诉讼，要求江苏某建工集团公司支付工期违约金400万元，赔偿小业主损失560万元，赔偿其他损失280万元。经江苏某建工集团公司申请，法院委托安徽某造价咨询有限公司鉴定，确认涉案工程的定额工期为799天。江苏某建工集团提出，依据最高人民法院《2011年全国民事审判工作会议纪要》第24条“对建设工程施工合同中有关违反工程建设强制性标准，任意压缩合理工期、降低工程质量标准的约定内容，应认定为无效。”的规定，涉案工程依法应确认为无效，法院依法应参照鉴定机构鉴定的定额工期确定涉案工程的合理工期，加上发包人变更、增加工程量、不按约定支付工程款及其他可顺延工期的事由，承包人不存在工期延误的事实。法院经审理认为，施工合同约定的工期360天，较定额工期799天相比，系任意压缩合理工期的约定，该条款无效，本案所涉工程应以定额工期为依据确定合理工期，遂结合其他可顺延的事由，仅认定延误工期80天。

第三节 做好工期管理，避免巨额工期违约赔偿争议

一、发包人要根据有关规定，合理确定建设工程项目的工期。

二、承包人投标前或签订合同前要合理测算工期。

三、承包人要关注施工合同中有关工期的条款，尽可能在施工合同中增加约定工期违约责任的上限责任条款。

四、合同履行过程中，承包人要科学合理地制订施工进度计划和方案，根据合同约定工期要求分解节点工期。

五、施工过程中，承包人要加强对工程项目的工期管理，及时找出工期延误原因，制订赶工方案，减少工期延误。

六、施工过程中，承包人对非己方原因导致的工期延误，承包人要加强工期签证和索赔，并保管好签证索赔资料。

七、发生争议涉及诉讼的，要对工期违约事实和违约责任进行充分论证，制订最佳诉讼方案。

第五章　工　程　质　量

建设工程质量是指建设工程满足业主需要且符合国家有关法律、法规、技术规范、标准、设计文件及合同约定的，对工程的安全、适用、经济、环保、美观等特性的综合要求。《中华人民共和国建筑法》、《建设工程质量管理条例》对建设工程质量相关主体包括勘察设计单位、施工单位以及监理单位的责任和义务做了相应的规定。住房和城乡建设部于2014年9月开展的《工程质量治理两年行动方案》中再一次重点强调要落实五方主体项目负责人质量终身责任，并先后颁布了《建筑工程五方责任主体项目负责人质量终身责任追究暂行办法》和《建筑施工项目经理质量安全责任十项规定》，这些法律、法规和规范性文件为避免和解决建设工程质量纠纷和追究相关责任人的法律责任提供了法律依据。

2017版《建设工程施工合同（示范文本）》从合同层面对工程质量、工程质量奖项、质量缺陷责任、质量保修等在通用条款部分做了相应的规定及给予发承包双方在专用条款中予以约定，旨在确定发承包双方在工程质量方面的权利义务和责任。实践中，发承包双方常因工程质量是否合格、是否达到工程质量目标奖项并给予奖励或处罚、质量保证金返还与质量保修期限有关、工程质量造成的损失如何赔偿等发生争议。

第一节　工程质量相关条款规定

一、协议书第三条的约定

三、质量标准

工程质量符合____________________________________标准。

二、通用条款第5条和专用条款第5条的规定

通用条款第5条的规定：

5　工程质量

5.1　质量要求

5.1.1　工程质量标准必须符合现行国家有关工程施工质量验收规范和标准的要求。有关工程质量的特殊标准或要求由合同当事人在专用合同条款中约定。

5.1.2　因发包人原因造成工程质量未达到合同约定标准的，由发包人承担由此增加的费用和（或）延误的工期责任，并支付承包人合理的利润。

5.1.3　因承包人原因造成工程质量未达到合同约定标准的，发包人有权要求承包人返工直至工程质量达到合同约定的标准为止，并由承包人承担由此增加的费用和（或）延误的工期。

5.2　质量保证措施

5.2.1 发包人的质量管理

发包人应按照法律规定及合同约定完成与工程质量有关的各项工作。

5.2.2 承包人的质量管理

承包人按照第7.1款〔施工组织设计〕约定向发包人和监理人提交工程质量保证体系及措施文件，建立完善的质量检查制度，并提交相应的工程质量文件。对于发包人和监理人违反法律规定和合同约定的错误指示，承包人有权拒绝实施。

承包人应对施工人员进行质量教育和技术培训，定期考核施工人员的劳动技能，严格执行施工规范和操作规程。

承包人应按照法律规定和发包人的要求，对材料、工程设备以及工程的所有部位及其施工工艺进行全过程的质量检查和检验，并作详细记录，编制工程质量报表，报送监理人审查。此外，承包人还应按照法律规定和发包人的要求，进行施工现场取样试验、工程复核测量和设备性能检测，提供试验样品、提交试验报告和测量成果以及其他工作。

5.2.3 监理人的质量检查和检验

监理人按照法律规定和发包人授权对工程的所有部位及其施工工艺、材料和工程设备进行检查和检验。承包人应为监理人的检查和检验提供方便，包括监理人到施工现场，或制造、加工地点，或合同约定的其他地方进行察看和查阅施工原始记录。监理人为此进行的检查和检验，不免除或减轻承包人按照合同约定应当承担的责任。

监理人的检查和检验不应影响施工正常进行。监理人的检查和检验影响施工正常进行的，且经检查检验不合格的，影响正常施工的费用由承包人承担，工期不予顺延；经检查检验合格的，由此增加的费用和（或）延误的工期由发包人承担。

5.3 隐蔽工程检查

5.3.1 承包人自检

承包人应当对工程隐蔽部位进行自检，并经自检确认是否具备覆盖条件。

5.3.2 检查程序

除专用合同条款另有约定外，工程隐蔽部位经承包人自检确认具备覆盖条件的，承包人应在共同检查前48小时书面通知监理人检查，通知中应载明隐蔽检查的内容、时间和地点，并应附有自检记录和必要的检查资料。

监理人应按时到场并对隐蔽工程及其施工工艺、材料和工程设备进行检查。经监理人检查确认质量符合隐蔽要求，并在验收记录上签字后，承包人才能进行覆盖。经监理人检查质量不合格的，承包人应在监理人指示的时间内完成修复，并由监理人重新检查，由此增加的费用和（或）延误的工期由承包人承担。

除专用合同条款另有约定外，监理人不能按时进行检查的，应在检查前24小时向承包人提交书面延期要求，但延期不能超过48小时，由此导致工期延误的，工期应予以顺延。监理人未按时进行检查，也未提出延期要求的，视为隐蔽工程检查合格，承包人可自行完成覆盖工作，并作相应记录报送监理人，监理人应签字确认。监理人事后对检查记录有疑问的，可按第5.3.3项〔重新检查〕的约定重新检查。

5.3.3 重新检查

承包人覆盖工程隐蔽部位后，发包人或监理人对质量有疑问的，可要求承包人对已覆盖的部位进行钻孔探测或揭开重新检查，承包人应遵照执行，并在检查后重新覆盖恢复原状。经检查证明工程质量符合合同要求的，由发包人承担由此增加的费用和（或）延误的工期，并支付承包人合理的利润；经检查证明工程质量不符合合同要求的，由此增加的费用和（或）延误的工期由承包人承担。

5.3.4　承包人私自覆盖

承包人未通知监理人到场检查，私自将工程隐蔽部位覆盖的，监理人有权指示承包人钻孔探测或揭开检查，无论工程隐蔽部位质量是否合格，由此增加的费用和（或）延误的工期均由承包人承担。

5.4　不合格工程的处理

5.4.1　因承包人原因造成工程不合格的，发包人有权随时要求承包人采取补救措施，直至达到合同要求的质量标准，由此增加的费用和（或）延误的工期由承包人承担。无法补救的，按照第 13.2.4 项〔拒绝接收全部或部分工程〕约定执行。

5.4.2　因发包人原因造成工程不合格的，由此增加的费用和（或）延误的工期由发包人承担，并支付承包人合理的利润。

5.5　质量争议检测

合同当事人对工程质量有争议的，由双方协商确定的工程质量检测机构鉴定，由此产生的费用及因此造成的损失，由责任方承担。

合同当事人均有责任的，由双方根据其责任分别承担。合同当事人无法达成一致的，按照第 4.4 款〔商定或确定〕执行。

专用条款第 5 条的规定：

5　工程质量

5.1　质量要求

5.1.1　特殊质量标准和要求：________________________________。

关于工程奖项的约定：________________________________。

5.3　隐蔽工程检查

5.3.2　承包人提前通知监理人隐蔽工程检查的期限的约定：____________。

监理人不能按时进行检查时，应提前________小时提交书面延期要求。

关于延期最长不得超过：__________小时。

三、通用条款第 15 条和专用条款第 15 条的规定

通用条款第 15 条的规定：

15　缺陷责任与保修

15.1　工程保修的原则

在工程移交发包人后，因承包人原因产生的质量缺陷，承包人应承担质量缺陷责任和保修义务。缺陷责任期届满，承包人仍应按合同约定的工程各部位保修年限承担保修义务。

15.2　缺陷责任期

15.2.1　缺陷责任期从工程通过竣工验收之日起计算，合同当事人应在专用合同条款约定缺陷责任期的具体期限，但该期限最长不超过 24 个月。

单位工程先于全部工程进行验收，经验收合格并交付使用的，该单位工程缺陷责任

期自单位工程验收合格之日起算。因承包人原因导致工程无法按合同约定期限进行竣工验收的，缺陷责任期从实际通过竣工验收之日起计算。因发包人原因导致工程无法按合同约定期限进行竣工验收的，在承包人提交竣工验收报告90天后，工程自动进入缺陷责任期；发包人未经竣工验收擅自使用工程的，缺陷责任期自工程转移占有之日起开始计算。

15.2.2 缺陷责任期内，由承包人原因造成的缺陷，承包人应负责维修，并承担鉴定及维修费用。如承包人不维修也不承担费用，发包人可按合同约定从保证金或银行保函中扣除，费用超出保证金额的，发包人可按合同约定向承包人进行索赔。承包人维修并承担相应费用后，不免除对工程的损失赔偿责任。发包人有权要求承包人延长缺陷责任期，并应在原缺陷责任期届满前发出延长通知。但缺陷责任期（含延长部分）最长不能超过24个月。

由他人原因造成的缺陷，发包人负责组织维修，承包人不承担费用，且发包人不得从保证金中扣除费用。

15.2.3 任何一项缺陷或损坏修复后，经检查证明其影响了工程或工程设备的使用性能，承包人应重新进行合同约定的试验和试运行，试验和试运行的全部费用应由责任方承担。

15.2.4 除专用合同条款另有约定外，承包人应于缺陷责任期届满后7天内向发包人发出缺陷责任期届满通知，发包人应在收到缺陷责任期满通知后14天内核实承包人是否履行缺陷修复义务，承包人未能履行缺陷修复义务的，发包人有权扣除相应金额的维修费用。发包人应在收到缺陷责任期届满通知后14天内，向承包人颁发缺陷责任期终止证书。

15.3 质量保证金

经合同当事人协商一致扣留质量保证金的，应在专用合同条款中予以明确。

在工程项目竣工前，承包人已经提供履约担保的，发包人不得同时预留工程质量保证金。

15.3.1 承包人提供质量保证金的方式

承包人提供质量保证金有以下三种方式：

(1) 质量保证金保函；

(2) 相应比例的工程款；

(3) 双方约定的其他方式。

除专用合同条款另有约定外，质量保证金原则上采用上述第（1）种方式。

15.3.2 质量保证金的扣留

质量保证金的扣留有以下三种方式：

(1) 在支付工程进度款时逐次扣留，在此情形下，质量保证金的计算基数不包括预付款的支付、扣回以及价格调整的金额；

(2) 工程竣工结算时一次性扣留质量保证金；

(3) 双方约定的其他扣留方式。

除专用合同条款另有约定外，质量保证金的扣留原则上采用上述第（1）种方式。

发包人累计扣留的质量保证金不得超过工程价款结算总额的3%。如承包人在发包人签发竣工付款证书后28天内提交质量保证金保函，发包人应同时退还扣留的作为质量保证金的工程价款；保函金额不得超过工程价款结算总额的3%。

发包人在退还质量保证金的同时按照中国人民银行发布的同期同类贷款基准利率支付利息。

15.3.3　质量保证金的退还

缺陷责任期内，承包人认真履行合同约定的责任，到期后，承包人可向发包人申请返还保证金。

发包人在接到承包人返还保证金申请后，应于14天内会同承包人按照合同约定的内容进行核实。如无异议，发包人应当按照约定将保证金返还给承包人。对返还期限没有约定或者约定不明确的，发包人应当在核实后14天内将保证金返还承包人，逾期未返还的，依法承担违约责任。发包人在接到承包人返还保证金申请后14天内不予答复，经催告后14天内仍不予答复，视同认可承包人的返还保证金申请。

发包人和承包人对保证金预留、返还以及工程维修质量、费用有争议的，按本合同第20条约定的争议和纠纷解决程序处理。

15.4　保修

15.4.1　保修责任

工程保修期从工程竣工验收合格之日起算，具体分部分项工程的保修期由合同当事人在专用合同条款中约定，但不得低于法定最低保修年限。在工程保修期内，承包人应当根据有关法律规定以及合同约定承担保修责任。

发包人未经竣工验收擅自使用工程的，保修期自转移占有之日起算。

15.4.2　修复费用

保修期内，修复的费用按照以下约定处理：

(1) 保修期内，因承包人原因造成工程的缺陷、损坏，承包人应负责修复，并承担修复的费用以及因工程的缺陷、损坏造成的人身伤害和财产损失；

(2) 保修期内，因发包人使用不当造成工程的缺陷、损坏，可以委托承包人修复，但发包人应承担修复的费用，并支付承包人合理利润；

(3) 因其他原因造成工程的缺陷、损坏，可以委托承包人修复，发包人应承担修复的费用，并支付承包人合理的利润，因工程的缺陷、损坏造成的人身伤害和财产损失由责任方承担。

15.4.3　修复通知

在保修期内，发包人在使用过程中，发现已接收的工程存在缺陷或损坏的，应书面通知承包人予以修复，但情况紧急必须立即修复缺陷或损坏的，发包人可以口头通知承包人并在口头通知后48小时内书面确认，承包人应在专用合同条款约定的合理期限内到达工程现场并修复缺陷或损坏。

15.4.4　未能修复

因承包人原因造成工程的缺陷或损坏，承包人拒绝维修或未能在合理期限内修复缺陷或损坏，且经发包人书面催告后仍未修复的，发包人有权自行修复或委托第三方修复，所需费用由承包人承担。但修复范围超出缺陷或损坏范围的，超出范围部分的修复费用由发包人承担。

15.4.5　承包人出入权

在保修期内，为了修复缺陷或损坏，承包人有权出入工程现场，除情况紧急必须立即修复缺陷或损坏外，承包人应提前24小时通知发包人进场修复的时间。承包人进入工程现场前应获得发包人同意，且不应影响发包人正常的生产经营，并应遵守发包人有关保安和保密等规定。

专用条款第15条的规定：

15　缺陷责任期与保修

15.2　缺陷责任期

缺陷责任期的具体期限：____。

15.3　质量保证金

关于是否扣留质量保证金的约定：________________。在工程项目竣工前，承包人按专用合同条款第3.7条提供履约担保的，发包人不得同时预留工程质量保证金。

15.3.1　承包人提供质量保证金的方式

质量保证金采用以下第____种方式：

(1) 质量保证金保函，保证金额为：________________________________；

(2) ______%的工程款；

(3) 其他方式：____。

15.3.2　质量保证金的扣留

质量保证金的扣留采取以下第____种方式：

(1) 在支付工程进度款时逐次扣留，在此情形下，质量保证金的计算基数不包括预付款的支付、扣回以及价格调整的金额；

(2) 工程竣工结算时一次性扣留质量保证金；

(3) 其他扣留方式：____。

关于质量保证金的补充约定：____________________________________。

15.4　保修

15.4.1　保修责任

工程保修期为：____。

15.4.3　修复通知

承包人收到保修通知并到达工程现场的合理时间：____________________。

第二节　发承包双方因工程质量发生的争议

一、建设工程未经竣工验收合格，不得交付使用，承包人不得主张工程价款，并负责修复和赔偿损失

《中华人民共和国建筑法》第六十一条规定，交付竣工验收的建筑工程，必须符合规定的建筑工程质量标准，有完整的工程技术经济资料和经签署的工程保修书，并具备国家规定的其他竣工条件。建筑工程竣工经验收合格后，方可交付使用；未经验收或者验收不合格的，不得交付使用。《中华人民共和国合同法》第二百七十九条规定，建设工程竣工后，发包人应当根据施工图纸及说明书、国家颁发的施工验收规范和质量检验标准及时进

行验收。验收合格的，发包人应当按照约定支付价款，并接收该建设工程。建设工程竣工经验收合格后，方可交付使用；未经验收或者验收不合格的，不得交付使用。第二百八十一条规定，因施工人的原因致使建设工程质量不符合约定的，发包人有权要求施工人在合理期限内无偿修理或者返工、改建。经过修理或者返工、改建后，造成逾期交付的，施工人应当承担违约责任。第二百八十二条规定，因承包人的原因致使建设工程在合理使用期限内造成人身和财产损害的，承包人应当承担损害赔偿责任。《最高人民法院关于审理建设工程施工合同纠纷案件适用法律问题的解释》第三条规定，建设工程施工合同无效，且建设工程经竣工验收不合格的，按照以下情形分别处理：（一）修复后的建设工程经竣工验收合格，发包人请求承包人承担修复费用的，应予支持；（二）修复后的建设工程经竣工验收不合格，承包人请求支付工程价款的，不予支持。因建设工程不合格造成的损失，发包人有过错的，也应承担相应的民事责任。

依上述规定，建设工程未经竣工验收合格，不得交付使用，承包人不得主张工程价款，同时承包人要负责无偿修理或者返工、改建等，并承担由此产生的违约责任和损害赔偿责任。当然，发包人如有过错的，也应承担相应的民事责任。

最高人民法院在海擎重工机械有限公司与江苏中兴建设有限公司、中国建设银行股份有限公司泰兴支行建设工程施工合同纠纷一案（最高人民法院公报案例，2015 年第 6 期）再审中认为，案涉工程质量出现重大问题，建设单位与施工单位均有过错。海擎公司违反诚信原则，在签订合同之前未提交岩土工程详细勘查报告，未提交经过审核的施工图纸，违反《建设工程质量管理条例》规定的基本建设程序，为质量事故发生埋下隐患；海擎公司未能会同监理单位、设计单位对于施工单位提出的“增加桩长、提高承台”的合理建议予以充分重视并研究相应措施，亦未能会同监理单位对施工单位的土方开挖方案进行审查及组织论证，且在施工过程中，使用载重汽车参与土方开挖及运输导致道路碾压，海擎公司一味强调工程造价为不变价，并以中兴公司施工应当采取何种方案与建设单位无关为由，对施工单位调整设计方案的建议未予重视与答复，故应承担相应的责任。作为专业施工单位，中兴公司在没有看到岩土详细勘查报告及经过审核的施工图情况下，即投标承揽工程，本身就不够慎重，发现特殊地质情况后虽提出建议，但在海擎公司不予认可之后仍不计后果冒险施工，对桩基出现的质量问题采取了一种放任态度。这种主观状态和做法应得到否定性评价。中兴公司明知工程无法继续应当采取措施避免损失扩大，但其为了自己的合同利益，一味蛮干，故应对工程质量事故承担相应的责任。据此确定海擎公司、中兴公司对所涉工程质量问题的发生分别承担 70%、30%的责任。

二、工程质量问题引发的刑事法律责任

《中华人民共和国建筑法》第七十四条规定，建筑施工企业在施工中偷工减料的，使用不合格的建筑材料、建筑构配件和设备的，或者有其他不按照工程设计图纸或者施工技术标准施工的行为的，责令改正，处以罚款；情节严重的，责令停业整顿，降低资质等级或者吊销资质证书；造成建筑工程质量不符合规定的质量标准的，负责返工、修理，并赔偿因此造成的损失；构成犯罪的，依法追究刑事责任。2009 年 6 月 27 日发生的上海倒楼事故即是典型的一个案例。

案例 5-1：上海“楼倒倒”事故数人被追究刑事责任

2009 年 6 月 27 日 5 时 30 分，上海市闵行区莲花南路一在建楼盘共十幢楼，其中 7 号楼发生楼体倒覆事件，致 1 名工人死亡。经调查，倒塌 7 号楼北侧在短期内堆土高达 10 米，南侧正在开挖 4.6 米深的地下车库基坑，两侧压力差导致土体产生水平位移，过大的水平力超过了桩基的抗侧能力，导致房屋倾倒。事故发生后，各级部门介入调查，上海市闵行区人民法院对“莲花河畔景苑”倒楼案 6 名被告人作出一审判决，分别以重大责任事故罪判处秦永林有期徒刑 5 年、张耀杰有期徒刑 5 年、夏建刚有期徒刑 4 年、陆卫英有期徒刑 3 年、张耀雄有期徒刑 4 年、乔磊有期徒刑 3 年。法院经审理认定，项目工程作业中，秦永林作为建设方现场负责人，秉承张志琴（另案处理）的指令，将属于施工方总包范围的地下车库开挖工程直接交予没有公司机构且不具备资质的张耀雄组织施工，并违规指令施工人员开挖堆土。张耀杰身为施工方主要负责人，使用他人专业资质证书投标承接工程，且放任建设单位违规分包土方工程给其没有专业资质的亲属，对倒楼事故的发生负有领导和管理责任。夏建刚作为施工方众欣公司的现场负责人，其任由工程施工在没有项目经理实施专业管理的状态下进行，且放任建设方违规分包土方工程、违规堆土，致使工程管理脱节。陆卫英虽然挂名担任工程项目经理，实际未从事相应管理工作。张耀雄违规承接工程项目，盲从进行土方开挖和堆土施工，最终导致倒楼事故发生。

上述案例虽已过去多年，但我们仍需紧绷工程质量这根弦，工程质量是百年大计，不能有任何懈怠。

三、质量保证金的退还与缺陷责任期、保修期之争

实践中，关于质量保证金的退还究竟是在缺陷责任期满退还还是保修期满退还经常发生争议。这其实是混淆了缺陷责任期与保修期概念。所谓建设工程质量保证金是指发包人与承包人在建设工程承包合同中约定，从应付的工程款中预留，用以保证承包人在缺陷责任期内对建设工程出现的缺陷进行维修的资金。缺陷责任期是指建设工程质量不符合工程建设强制性标准、设计文件以及承包合同的约定，承包人应负责维修，且发包人预留建设工程质量保证金，用以保证承包人在缺陷责任期内对出现的缺陷进行维修的期限，一般为六个月、一年，最长不得超过两年，由发承包双方在合同中约定。保修期是指承包人根据国家规定向发包人明确的承担保修责任的期限，一般承包人会出具质量保修书或在签订建设工程施工合同的同时一并签署质量保修协议，明确保修期、保修范围和保修责任。建设工程在保修范围和保修期内发生质量问题，承包人应当履行保修义务。由此可见，工程保修阶段实质上包括缺陷责任期与工程保修期，在缺陷责任期内，承包人当然是要承担保修义务的，这一阶段，承包人的保修责任与缺陷修复责任是重叠的，当然在这一阶段，保修期与缺陷责任期也是重合的，在缺陷责任期满后，发包人应退还承包人质量保证金，但承包人仍应按合同约定的工程各部位保修年限承担保修义务。因此，实践中发包人常以保修期未满特别是防水工程的保修期是 5 年未满为由拒不退还质量保证金是不符合法律规定的。

四、质量目标奖项的奖励与处罚

实践中，不少建设工程项目发承包方为提高建设工程施工质量，通常会在建设工程施工合同中约定关于工程质量方面的奖项，如要求所涉建设工程项目要创鲁班奖、黄山杯、扬子杯、某某样板工程等，有的则要求项目工地要达到省级文明工地、市级文明工地等，随之而来的，双方往往会在合同中约定如承包人施工的工程达到合同约定质量目标则给予奖励，否则要承包人支付相应的违约金，通常会约定合同价款的一定比例作为违约金。对承包人按合同要求顺利取得合同约定的质量目标给予一定奖励，往往争议较少。争议较多的是承包人按照合同约定及有关奖项要求进行了投入，并积极申请有关奖项，但由于发包人不积极配合，以致所涉建设工程未取得施工合同所约定的奖项，这种情形况下发包方要求承包人承担相应的质量目标违约责任，在应付工程款扣除质量目标违约金，此时极易产生争议。

案例 5-2：某建设工程质量目标违约案

江苏某建设集团股份有限公司（下称江苏集团）与东莞市某房地产开发有限公司（下称东莞公司）经招投标于 2009 年 4 月签订建设工程施工合同一份，合同约定总价款 7990 万元，总工期为 460 天，施工合同约定，工程质量为合格，同时创东莞市样板文明工程，否则，承包人按合同价款的 2% 支付质量目标违约金。合同同时对双方的其他权利义务进行了约定。合同履行过程中，江苏集团严格按东莞市样板文明工程的要求进行施工，积极进行东莞市样板文明工程的创建，并组织了专家论证，备齐了相关工程资料进行申报，但东莞公司不予配合，未在东莞市样板文明工程的申报表签章，致江苏集团未能申领到东莞市样板文明工程。后双方因工程结算发生争议诉讼到法院，东莞公司要求江苏集团按合同价款的 2% 支付违约金，承担质量目标违约责任。诉讼过程中，江苏集团提供了一系列证据证明其严格按照东莞市样板文明工程的要求施工，并积极申报该奖项，申报过程中多次发函要求东莞公司配合，并将申报表发送至东莞公司予以签章。法院经审理认定，案涉工程未创达东莞市样板文明工程的责任不在江苏集团，故驳回了东莞公司关于要求江苏集团承担质量目标违约责任的诉讼请求。

因建设工程项目创达工程质量奖项一般均会要求建设单位即发包人在相关申报材料盖章确认，如发包人怠于协助，则合同约定的要求承包人创达相应质量奖项则可能会落空。该案给我们带来的启示是在合同约定有创达质量奖项时，一定要明确约定发包人的义务和责任；同时，承包人在创达合同约定的质量目标奖项时，一定要注意保存要求发包人予以协助的证据，只有这样才能避免可能因举证不能需承担相应的违约责任。

第三节 工程质量风险的防范建议

为切实防范工程因质量问题产生的法律风险，建议发承包双方一定要：

一、严守质量底线，严格依国家强制性规定、规范和标准组织进行工程项目的建设、施工；

二、加强项目管理，加强项目监理，在施工过程中及时发现质量问题，及时采取补救措施确保质量和避免损失扩大；

三、依法发分包给具有相应资质的单位施工，避免不具备施工资质的单位和个人承揽工程；

四、加强建筑材料、构配件等的检测，确保合格方可用于工程；

五、就可能涉及质量问题或存在质量隐患的，发承包双方要加强沟通，加强联系，必要时会同监理、专家等共同商定有关方案。

第六章　变 更 与 索 赔

变更、索赔是建设工程施工合同履行过程中的常见现象。那么，何为变更？何为索赔？依《建设工程工程量清单计价规范》（GB 50500—2013）的规定，工程变更是指工程项目实施过程中由发包人提出或由承包人提出经发包人批准的合同工程任何一项工作的增、减、取消或施工工艺、顺序、时间的改变；设计图纸的修改；施工条件的改变；招标工程量清单的错、漏从而引起合同条件的改变或工程量的增减变化。索赔是指在施工合同履行过程中，合同当事人一方因非己方的原因而遭受损失，按合同约定或法律法规规定应由对方承担责任，从而向对方提出补偿的要求。建设工程施工合同履行过程中，发承包双方可能会基于管理习惯形成“变更单、签证单、洽商单、工程联系单、工程联系”等多种形式的文件，有的文件中可能既有变更涉及的价款调整，又有要求增加工期的内容，有的文件中可能既有要求增加费用的索赔，又有增加工期的索赔。发承包双方关于变更、索赔形成的文件不规范、不严谨，特别是接收文件一方并未对文件内容给予明确意见，这些问题在竣工结算阶段极易引起争议。司法裁判时对变更、索赔文件的认定也认识不一，极易影响双方当事人的权益，因此，发承包双方均应当关注到2017版《建设工程施工合同（示范文本）》中有关变更、索赔条款的规定，规范操作，以减少该类争议。

第一节　变更、索赔相关条款规定

一、通用条款第10条的规定

10　变更

10.1　变更的范围

除专用合同条款另有约定外，合同履行过程中发生以下情形的，应按照本条约定进行变更：

（1）增加或减少合同中任何工作，或追加额外的工作；

（2）取消合同中任何工作，但转由他人实施的工作除外；

（3）改变合同中任何工作的质量标准或其他特性；

（4）改变工程的基线、标高、位置和尺寸；

（5）改变工程的时间安排或实施顺序。

10.2　变更权

发包人和监理人均可以提出变更。变更指示均通过监理人发出，监理人发出变更指示前应征得发包人同意。承包人收到经发包人签认的变更指示后，方可实施变更。未经许可，承包人不得擅自对工程的任何部分进行变更。

涉及设计变更的，应由设计人提供变更后的图纸和说明。如变更超过原设计标准或批准的建设规模时，发包人应及时办理规划、设计变更等审批手续。

10.3 变更程序

10.3.1 发包人提出变更

发包人提出变更的，应通过监理人向承包人发出变更指示，变更指示应说明计划变更的工程范围和变更的内容。

10.3.2 监理人提出变更建议

监理人提出变更建议的，需要向发包人以书面形式提出变更计划，说明计划变更工程范围和变更的内容、理由，以及实施该变更对合同价格和工期的影响。发包人同意变更的，由监理人向承包人发出变更指示。发包人不同意变更的，监理人无权擅自发出变更指示。

10.3.3 变更执行

承包人收到监理人下达的变更指示后，认为不能执行，应立即提出不能执行该变更指示的理由。承包人认为可以执行变更的，应当书面说明实施该变更指示对合同价格和工期的影响，且合同当事人应当按照第10.4款〔变更估价〕约定确定变更估价。

10.4 变更估价

10.4.1 变更估价原则

除专用合同条款另有约定外，变更估价按照本款约定处理：

(1) 已标价工程量清单或预算书有相同项目的，按照相同项目单价认定；

(2) 已标价工程量清单或预算书中无相同项目，但有类似项目的，参照类似项目的单价认定；

(3) 变更导致实际完成的变更工程量与已标价工程量清单或预算书中列明的该项目工程量的变化幅度超过15%的，或已标价工程量清单或预算书中无相同项目及类似项目单价的，按照合理的成本与利润构成的原则，由合同当事人按照第4.4款〔商定或确定〕确定变更工作的单价。

10.4.2 变更估价程序

承包人应在收到变更指示后14天内，向监理人提交变更估价申请。监理人应在收到承包人提交的变更估价申请后7天内审查完毕并报送发包人，监理人对变更估价申请有异议，通知承包人修改后重新提交。发包人应在承包人提交变更估价申请后14天内审批完毕。发包人逾期未完成审批或未提出异议的，视为认可承包人提交的变更估价申请。

因变更引起的价格调整应计入最近一期的进度款中支付。

10.5 承包人的合理化建议

承包人提出合理化建议的，应向监理人提交合理化建议说明，说明建议的内容和理由，以及实施该建议对合同价格和工期的影响。

除专用合同条款另有约定外，监理人应在收到承包人提交的合理化建议后7天内审查完毕并报送发包人，发现其中存在技术上的缺陷，应通知承包人修改。发包人应在收到监理人报送的合理化建议后7天内审批完毕。合理化建议经发包人批准的，监理人应及时发出变更指示，由此引起的合同价格调整按照第10.4款〔变更估价〕约定执行。发包人不同意变更的，监理人应书面通知承包人。

合理化建议降低了合同价格或者提高了工程经济效益的，发包人可对承包人给予奖励，奖励的方法和金额在专用合同条款中约定。

10.6　变更引起的工期调整

因变更引起工期变化的，合同当事人均可要求调整合同工期，由合同当事人按照第4.4款〔商定或确定〕并参考工程所在地的工期定额标准确定增减工期天数。

二、专用条款第10条的规定

10.4　变更估价

10.4.1　变更估价原则

关于变更估价的约定：______________________________。

10.5　承包人的合理化建议

监理人审查承包人合理化建议的期限：______________________________。

发包人审批承包人合理化建议的期限：______________________________。

承包人提出的合理化建议降低了合同价格或者提高了工程经济效益的奖励的方法和金额为：______________________________。

三、通用条款第19条的规定

19　索赔

19.1　承包人的索赔

根据合同约定，承包人认为有权得到追加付款和（或）延长工期的，应按以下程序向发包人提出索赔：

(1) 承包人应在知道或应当知道索赔事件发生后28天内，向监理人递交索赔意向通知书，并说明发生索赔事件的事由；承包人未在前述28天内发出索赔意向通知书的，丧失要求追加付款和（或）延长工期的权利；

(2) 承包人应在发出索赔意向通知书后28天内，向监理人正式递交索赔报告；索赔报告应详细说明索赔理由以及要求追加的付款金额和（或）延长的工期，并附必要的记录和证明材料；

(3) 索赔事件具有持续影响的，承包人应按合理时间间隔继续递交延续索赔通知，说明持续影响的实际情况和记录，列出累计的追加付款金额和（或）工期延长天数；

(4) 在索赔事件影响结束后28天内，承包人应向监理人递交最终索赔报告，说明最终要求索赔的追加付款金额和（或）延长的工期，并附必要的记录和证明材料。

19.2　对承包人索赔的处理

对承包人索赔的处理如下：

(1) 监理人应在收到索赔报告后14天内完成审查并报送发包人。监理人对索赔报告存在异议的，有权要求承包人提交全部原始记录副本；

(2) 发包人应在监理人收到索赔报告或有关索赔的进一步证明材料后的28天内，由监理人向承包人出具经发包人签认的索赔处理结果。发包人逾期答复的，则视为认可承包人的索赔要求；

(3) 承包人接受索赔处理结果的，索赔款项在当期进度款中进行支付；承包人不接受索赔处理结果的，按照第20条〔争议解决〕约定处理。

19.3 发包人的索赔

根据合同约定，发包人认为有权得到赔付金额和（或）延长缺陷责任期的，监理人应向承包人发出通知并附有详细的证明。

发包人应在知道或应当知道索赔事件发生后28天内通过监理人向承包人提出索赔意向通知书，发包人未在前述28天内发出索赔意向通知书的，丧失要求赔付金额和（或）延长缺陷责任期的权利。发包人应在发出索赔意向通知书后28天内，通过监理人向承包人正式递交索赔报告。

19.4 对发包人索赔的处理

对发包人索赔的处理如下：

(1) 承包人收到发包人提交的索赔报告后，应及时审查索赔报告的内容、查验发包人证明材料；

(2) 承包人应在收到索赔报告或有关索赔的进一步证明材料后28天内，将索赔处理结果答复发包人。如果承包人未在上述期限内作出答复的，则视为对发包人索赔要求的认可；

(3) 承包人接受索赔处理结果的，发包人可从应支付给承包人的合同价款中扣除赔付的金额或延长缺陷责任期；发包人不接受索赔处理结果的，按第20条〔争议解决〕约定处理。

19.5 提出索赔的期限

(1) 承包人按第14.2款〔竣工结算审核〕约定接收竣工付款证书后，应被视为已无权再提出在工程接收证书颁发前所发生的任何索赔。

(2) 承包人按第14.4款〔最终结清〕提交的最终结清申请单中，只限于提出工程接收证书颁发后发生的索赔。提出索赔的期限自接受最终结清证书时终止。

第二节 变更、索赔常见的争议

一、变更、索赔单证签字人员包括发包人代表、项目经理及监理人员签字的权限及法律效力

建设工程施工合同中发包人会委托代表在授权范围内代表发包人对工程项目进行管理，同时会委托监理人对工程的质量、安全、进度等进行专业管理。承包人会派驻项目经理在现场代表承包人组织人员、材料、机械等进行工程项目的承包施工。实践中，发承包双方除上述人员参与项目现场管理外，一般还会有其他管理人员参与项目管理。发承包双方在施工合同履行过程中，形成的变更、索赔单证上的签字人员并非施工合同中约定的代表的现象较为普遍，因此对签字人员有无权限代表某一方签字确认相关事实，各执一词。司法实践中，有的从有利于发包人的角度出发，有的从有利于承包的角度出发，已基本形成以下意见：(1) 当事人在施工合同中就有权对工程量和价款洽商变更等材料进行签证确认的具体人员有明确约定的，依照其约定，除法定代表人外，其他人员所作的签证确认对当事人不具有约束力，但相对方有理由相信该签证人员有代理权的除外；没有约定或约定不明，当事人工作人员所作的签证确认是职务行为的，对该当事人具有约束力，但该当事

人有证据证明相对方知道或应当知道该签证人员没有代理权的除外。（2）施工合同履行过程中，承包人的项目经理在签证文件签字确认、加盖项目部章或者收取工程款、接受发包人供材等行为，原则上应当认定职务行为或表见代理行为，对承包人具有约束力，但施工合同另有约定或承包人有证据证明相对方知道或者应当知道项目经理没有代理权的除外。（3）工程监理人员在监理过程中签字确认的签证文件，涉及工程量、工期及工程质量等事实的，原则上对发包人具有约束力，涉及工程价款洽商变更等经济决策的，原则上对发包人不具有约束力，但施工合同对监理人员的授权另有约定的除外。因此，发承包双方要严格按照施工合同约定的流程就变更、索赔等事项报送有关变更单证或索赔单证，并要求有权签字确认人员签字确认有关内容，如任一方有关有权签字人员发生调整，应通过书面文件形式予以确认。

二、任一方对另一方报送的变更、索赔单证未按合同约定期限进行审批或提出异议，将产生视为认可对方报送的变更、索赔单证的法律后果

2017版《建设工程施工合同（示范文本）》第10.4.2项规定，发包人应在承包人提交变更估价申请后14天内审批完毕。发包人逾期未完成审批或未提出异议的，视为认可承包人提交的变更估价申请。第19.2款规定，发包人应在监理人收到索赔报告或有关索赔的进一步证明材料后的28天内，由监理人向承包人出具经发包人签认的索赔处理结果。发包人逾期答复的，则视为认可承包人的索赔要求。第19.4款规定，承包人应在收到索赔报告或有关索赔的进一步证明材料后28天内，将索赔处理结果答复发包人。如果承包人未在上述期限内作出答复的，则视为对发包人索赔要求的认可。除这三个条款外，2017版《建设工程施工合同（示范文本）》通用条款中还很多类似的条款，这就是法律上所讲的“不作为的默示条款”，即当事人就某一事项不积极作为，将会产生视为认可对方报送的文件的法律后果。如下述案例所述江苏某建设集团股份有限公司与东莞某房地产开发有限公司建设工程施工合同一案中，法院经审理认为，现承包人提交的工程联系单发包人均签字确认收到，但发包人均未在合同约定的期限内予以审查，也未提出异议，依据双方施工合同通用条款相关规定，应视为发包人认可承包人报送的工程联系单上要求顺延工期的要求，即是例证。

案例6-1：发包人逾期未审查承包人报送的工期联系单，巨额工期违约赔偿请求被驳回

江苏某建设集团股份有限公司（下称江苏集团）与东莞市某房地产开发有限公司（下称东莞公司）经招投标于2009年4月签订建设工程施工合同一份，合同约定总价款7990万元，总工期为460天，承包人工期每延误一天支付违约金6万元，合同同时对双方的其他权利义务进行了约定。合同签订后，工程的实际开工日期为2007年8月1日，实际竣工验收时间为2009年6月10日。因双方就工程竣工结算不能达成一致，江苏集团向法院提起诉讼要求东莞公司支付工程款4000万元及逾期付款利息。诉讼过程中，东莞公司提起反诉，要求江苏集团承担工期违约金1200万元，东莞公司认为江苏集团实际施工日历天数为680天，工程竣工日期延期220天，其确认其中20天可予以顺延，现江苏集团实际延误200天工期。江苏集团对东莞公司提起的工期违约赔偿请求，抗辩认为因发包人设计变更、指令等原因增加工程量及甲方直接发

包工程配合不及时、不按时支付工程款等原因，导致工程严重延期，并向法院提供了一系列工程联系单，认为工程工期予以顺延338.5天，东莞公司工作人员均在工程联系单签字确认收到相应单证，但未对是否同意顺延注明明确意见。江苏集团认为根据双方通用条款“发包人在收到承包人工程联系单后14天内应给予审查，逾期不审查也未提出异议的，视为认可承包人报送的工程联系单的内容”的规定，应确认东莞公司均认可承包人报送的工程联系单上明确工期顺延要求。法院经审理认为，现承包人提交的工程联系单发包人均签字确认收到，但发包人均未在合同约定的期限内予以审查，也未提出异议，依据双方施工合同通用条款相关规定，应视为发包人认可承包人报送的工程联系单上要求顺延工期的要求。根据该组工程联系单载明的内容，承包人要求顺延的工期为338.5天，远远超过发包人本案中主张的200天，故本案不存在承包人工期延误的事实，遂驳回了东莞公司要求江苏集团承担1200万违约金的反诉请求。

三、逾期提出索赔意向通知书将丧失的权利

2017版《建设工程施工合同（示范文本）》第19.1款规定，承包人应在知道或应当知道索赔事件发生后28天内，向监理人递交索赔意向通知书，并说明发生索赔事件的事由；承包人未在前述28天内发出索赔意向通知书的，丧失要求追加付款和（或）延长工期的权利；第19.3款规定，发包人应在知道或应当知道索赔事件发生后28天内通过监理人向承包人提出索赔意向通知书，发包人未在前述28天内发出索赔意向通知书的，丧失要求赔付金额和（或）延长缺陷责任期的权利。发包人应在发出索赔意向通知书后28天内，通过监理人向承包人正式递交索赔报告。这两个条款中涉及未在索赔事件发生后28天内，向对方提交索赔意向书，丧失索赔的权利，常常为发承包双方所忽视，当引起重视。最高人民法院在审理中铁二十二局集团第四工程有限公司与安徽瑞讯交通开发有限公司、安徽省高速公路控股集团有限公司建设工程施工合同纠纷一案（最高人民法院公报案例，2016年第4期）中，已作出类似认定。最高人民法院在该案中认为，承包人应根据合同约定的索赔条款在索赔事件发生后约定的期限内提交索赔意向书，否则可根据“承包人提出的索赔要求未能遵守索赔条款的约定，承包人无权得到索赔”的约定，认定承包人无权获得相应部分的赔偿请求。

四、索赔最终期限的规定，也当引起承包人重视

2017版《建设工程施工合同（示范文本）》还明确规定了索赔的最后期限，即承包人接收竣工付款证书后，应被视为已无权再提出在工程接收证书颁发前所发生的任何索赔。以及承包人提交的最终结清申请单中，只限于提出工程接收证书颁发后发生的索赔。提出索赔的期限自接受最终结清证书时终止。这一规定与此前建筑施工行业的操作习惯不尽一致，应当引起承包人重视。

第三节 变更、索赔风险防范建议

一、发承包双方在建设工程施工合同中明确约定有权签证人员及权限，如合同履行过程中有权签证人员及权限有所调整，应通过书面函件形式予以确认。

二、发承包双方应按建设工程施工合同的规定包括时期、流程要求等向对方报送有关变更单证、索赔单证等文件。

三、发承包方在收到对方报送的变更单证、索赔单证等文件，应按合同约定进行审查或审批或提出异议，以免产生视为认可的法律后果。

四、发承包方应在索赔事件发生后 28 天内向对方报送索赔意向书，以免丧失索赔的权利，陷于被动。

五、承包人要重视索赔最后期限的规定，及时向发包人索赔。

六、发承包方均应当重视建立、健全变更单证、索赔单证等文件台账及保管制度，确保文件齐全有效。

第七章　工程款支付与优先受偿权

建设工程施工合同是承包人进行工程承包建设，发包人支付价款的合同。因此承包人获得工程价款是其主要合同目的。工程价款依据施工合同的约定包括工程预付款、工程进度款、竣工结算款以及最终结清款。实践中，发包人不按合同约定支付工程价款的现象比较常见，一旦发包人逾期支付工程价款，势必会影响到承包人施工的组织、承包人财务成本的增加等，为保护承包人的合法权益，《建设工程施工合同（示范文本）》对发包人逾期支付工程款的违约责任进行了约定，《中华人民共和国合同法》第二百八十六条还特别规定了建设工程价款的优先受偿权。本章重点介绍工程款逾期支付及优先受偿权的常见法律风险及防范措施。

第一节　工程款支付相关条款规定

一、通用条款和专用条款关于预付款的规定

通用条款：

12.2　预付款

12.2.1　预付款的支付

预付款的支付按照专用合同条款约定执行，但至迟应在开工通知载明的开工日期7天前支付。预付款应当用于材料、工程设备、施工设备的采购及修建临时工程、组织施工队伍进场等。

除专用合同条款另有约定外，预付款在进度付款中同比例扣回。在颁发工程接收证书前，提前解除合同的，尚未扣完的预付款应与合同价款一并结算。

发包人逾期支付预付款超过7天的，承包人有权向发包人发出要求预付的催告通知，发包人收到通知后7天内仍未支付的，承包人有权暂停施工，并按第16.1.1项（发包人违约的情形）执行。

12.2.2　预付款担保

发包人要求承包人提供预付款担保的，承包人应在发包人支付预付款7天前提供预付款担保，专用合同条款另有约定除外。预付款担保可采用银行保函、担保公司担保等形式，具体由合同当事人在专用合同条款中约定。在预付款完全扣回之前，承包人应保证预付款担保持续有效。

发包人在工程款中逐期扣回预付款后，预付款担保额度应相应减少，但剩余的预付款担保金额不得低于未被扣回的预付款金额。

专用条款：

12.2　预付款

12.2.1　预付款的支付

预付款支付比例或金额：________________________________。

预付款支付期限：________________________________。

预付款扣回的方式：________________________________。

12.2.2　预付款担保

承包人提交预付款担保的期限：________________________________。

预付款担保的形式为：________________________________。

二、通用条款和专用条款关于工程进度款的规定

通用条款：

12.4　工程进度款支付

12.4.1　付款周期

除专用合同条款另有约定外，付款周期应按照第12.3.2项〔计量周期〕的约定与计量周期保持一致。

12.4.2　进度付款申请单的编制

除专用合同条款另有约定外，进度付款申请单应包括下列内容：

(1) 截至本次付款周期已完成工作对应的金额；

(2) 根据第10条〔变更〕应增加和扣减的变更金额；

(3) 根据第12.2款〔预付款〕约定应支付的预付款和扣减的返还预付款；

(4) 根据第15.3款〔质量保证金〕约定应扣减的质量保证金；

(5) 根据第19条〔索赔〕应增加和扣减的索赔金额；

(6) 对已签发的进度款支付证书中出现错误的修正，应在本次进度付款中支付或扣除的金额；

(7) 根据合同约定应增加和扣减的其他金额。

12.4.3　进度付款申请单的提交

(1) 单价合同进度付款申请单的提交

单价合同的进度付款申请单，按照第12.3.3项〔单价合同的计量〕约定的时间按月向监理人提交，并附上已完成工程量报表和有关资料。单价合同中的总价项目按月进行支付分解，并汇总列入当期进度付款申请单。

(2) 总价合同进度付款申请单的提交

总价合同按月计量支付的，承包人按照第12.3.4项〔总价合同的计量〕约定的时间按月向监理人提交进度付款申请单，并附上已完成工程量报表和有关资料。

总价合同按支付分解表支付的，承包人应按照第12.4.6项〔支付分解表〕及第12.4.2项〔进度付款申请单的编制〕的约定向监理人提交进度付款申请单。

(3) 其他价格形式合同的进度付款申请单的提交

合同当事人可在专用合同条款中约定其他价格形式合同的进度付款申请单的编制和提交程序。

12.4.4　进度款审核和支付

(1) 除专用合同条款另有约定外，监理人应在收到承包人进度付款申请单以及相关资

料后7天内完成审查并报送发包人，发包人应在收到后7天内完成审批并签发进度款支付证书。发包人逾期未完成审批且未提出异议的，视为已签发进度款支付证书。

发包人和监理人对承包人的进度付款申请单有异议的，有权要求承包人修正和提供补充资料，承包人应提交修正后的进度付款申请单。监理人应在收到承包人修正后的进度付款申请单及相关资料后7天内完成审查并报送发包人，发包人应在收到监理人报送的进度付款申请单及相关资料后7天内，向承包人签发无异议部分的临时进度款支付证书。存在争议的部分，按照第20条〔争议解决〕的约定处理。

(2) 除专用合同条款另有约定外，发包人应在进度款支付证书或临时进度款支付证书签发后14天内完成支付，发包人逾期支付进度款的，应按照中国人民银行发布的同期同类贷款基准利率支付违约金。

(3) 发包人签发进度款支付证书或临时进度款支付证书，不表明发包人已同意、批准或接受了承包人完成的相应部分的工作。

12.4.5　进度付款的修正

在对已签发的进度款支付证书进行阶段汇总和复核中发现错误、遗漏或重复的，发包人和承包人均有权提出修正申请。经发包人和承包人同意的修正，应在下期进度付款中支付或扣除。

12.4.6　支付分解表

1. 支付分解表的编制要求

(1) 支付分解表中所列的每期付款金额，应为第12.4.2项〔进度付款申请单的编制〕第(1)目的估算金额；

(2) 实际进度与施工进度计划不一致的，合同当事人可按照第4.4款〔商定或确定〕修改支付分解表；

(3) 不采用支付分解表的，承包人应向发包人和监理人提交按季度编制的支付估算分解表，用于支付参考。

2. 总价合同支付分解表的编制与审批

(1) 除专用合同条款另有约定外，承包人应根据第7.2款〔施工进度计划〕约定的施工进度计划、签约合同价和工程量等因素对总价合同按月进行分解，编制支付分解表。承包人应当在收到监理人和发包人批准的施工进度计划后7天内，将支付分解表及编制支付分解表的支持性资料报送监理人。

(2) 监理人应在收到支付分解表后7天内完成审核并报送发包人。发包人应在收到经监理人审核的支付分解表后7天内完成审批，经发包人批准的支付分解表为有约束力的支付分解表。

(3) 发包人逾期未完成支付分解表审批的，也未及时要求承包人进行修正和提供补充资料的，则承包人提交的支付分解表视为已经获得发包人批准。

3. 单价合同的总价项目支付分解表的编制与审批

除专用合同条款另有约定外，单价合同的总价项目，由承包人根据施工进度计划和总价项目的总价构成、费用性质、计划发生时间和相应工程量等因素按月进行分解，形成支付分解表，其编制与审批参照总价合同支付分解表的编制与审批执行。

12.5　支付账户

发包人应将合同价款支付至合同协议书中约定的承包人账户。

专用条款：

12.4　工程进度款支付

12.4.1　付款周期

关于付款周期的约定：________________。

12.4.2　进度付款申请单的编制

关于进度付款申请单编制的约定：________________。

12.4.3　进度付款申请单的提交

（1）单价合同进度付款申请单提交的约定：________________。

（2）总价合同进度付款申请单提交的约定：________________。

（3）其他价格形式合同进度付款申请单提交的约定：________________。

12.4.4　进度款审核和支付

（1）监理人审查并报送发包人的期限：________________。

发包人完成审批并签发进度款支付证书的期限：________________。

（2）发包人支付进度款的期限：________________。

发包人逾期支付进度款的违约金的计算方式：________________。

12.4.6　支付分解表的编制

2. 总价合同支付分解表的编制与审批：________________。

3. 单价合同的总价项目支付分解表的编制与审批：________________。

三、通用条款和专用条款关于竣工结算、最终结清的规定

通用条款：

14.2　竣工结算审核

（1）除专用合同条款另有约定外，监理人应在收到竣工结算申请单后 14 天内完成核查并报送发包人。发包人应在收到监理人提交的经审核的竣工结算申请单后 14 天内完成审批，并由监理人向承包人签发经发包人签认的竣工付款证书。监理人或发包人对竣工结算申请单有异议的，有权要求承包人进行修正和提供补充资料，承包人应提交修正后的竣工结算申请单。

发包人在收到承包人提交竣工结算申请书后 28 天内未完成审批且未提出异议的，视为发包人认可承包人提交的竣工结算申请单，并自发包人收到承包人提交的竣工结算申请单后第 29 天起视为已签发竣工付款证书。

（2）除专用合同条款另有约定外，发包人应在签发竣工付款证书后的 14 天内，完成对承包人的竣工付款。发包人逾期支付的，按照中国人民银行发布的同期同类贷款基准利率支付违约金；逾期支付超过 56 天的，按照中国人民银行发布的同期同类贷款基准利率的两倍支付违约金。

（3）承包人对发包人签认的竣工付款证书有异议的，对于有异议部分应在收到发包人签认的竣工付款证书后 7 天内提出异议，并由合同当事人按照专用合同条款约定的方式和程序进行复核，或按照第 20 条〔争议解决〕约定处理。对于无异议部分，发包人应签发临时竣工付款证书，并按本款第（2）项完成付款。承包人逾期未提出异议的，视为认可

发包人的审批结果。

14.4 最终结清

14.4.1 最终结清申请单

(1) 除专用合同条款另有约定外，承包人应在缺陷责任期终止证书颁发后7天内，按专用合同条款约定的份数向发包人提交最终结清申请单，并提供相关证明材料。

除专用合同条款另有约定外，最终结清申请单应列明质量保证金、应扣除的质量保证金、缺陷责任期内发生的增减费用。

(2) 发包人对最终结清申请单内容有异议的，有权要求承包人进行修正和提供补充资料，承包人应向发包人提交修正后的最终结清申请单。

14.4.2 最终结清证书和支付

(1) 除专用合同条款另有约定外，发包人应在收到承包人提交的最终结清申请单后14天内完成审批并向承包人颁发最终结清证书。发包人逾期未完成审批，又未提出修改意见的，视为发包人同意承包人提交的最终结清申请单，且自发包人收到承包人提交的最终结清申请单后15天起视为已颁发最终结清证书。

(2) 除专用合同条款另有约定外，发包人应在颁发最终结清证书后7天内完成支付。发包人逾期支付的，按照中国人民银行发布的同期同类贷款基准利率支付违约金；逾期支付超过56天的，按照中国人民银行发布的同期同类贷款基准利率的两倍支付违约金。

(3) 承包人对发包人颁发的最终结清证书有异议的，按第20条〔争议解决〕的约定办理。

专用条款：

14. 竣工结算

14.1 竣工结算申请

承包人提交竣工结算申请单的期限：________________。

竣工结算申请单应包括的内容：________________。

14.2 竣工结算审核

发包人审批竣工付款申请单的期限：________________。

发包人完成竣工付款的期限：________________。

关于竣工付款证书异议部分复核的方式和程序：________________。

14.4 最终结清

14.4.1 最终结清申请单

承包人提交最终结清申请单的份数：________________。

承包人提交最终结算申请单的期限：________________。

14.4.2 最终结清证书和支付

(1) 发包人完成最终结清申请单的审批并颁发最终结清证书的期限：________。

(2) 发包人完成支付的期限：________________。

第二节　工程款支付与优先受偿权常见的法律风险及防范

一、发包人逾期支付工程款的违约责任

2017版《建设工程施工合同（示范文本）》通用条款部分对发包人逾期支付工程预付款、工程进度款、竣工结算款及最终结清款均明确约定了相应的违约责任。其中发包人逾期支付工程预付款时，承包人可以催告其履行，并采取停工措施；发包人逾期支付工程进度款时，发包人应按照中国人民银行发布的同期同类贷款基准利率支付违约金，并允许双方当事人在专用条款中对发包人逾期支付工程进度款的违约责任进行另行约定；对逾期支付竣工结算款及最终结清款的，按照中国人民银行发布的同期同类贷款基准利率支付违约金，逾期超过56天的，按照中国人民银行发布的同期同类贷款基准利率的两倍支付违约金，此即双倍赔偿责任。

《最高人民法院关于审理建设工程施工合同纠纷适用法律问题的解释》第十七条规定，当事人对欠付工程价款利息计付标准有约定的，按照约定处理，没有约定的，按照中国人民银行发布的同期同类贷款利率计息。安徽省高级人民法院《关于审理建设工程施工合同纠纷案件适用法律问题的指导意见（二）》第十六条规定，当事人同时主张违约金和利息的，可予支持。当事人主张的总额在中国人民银行公布的同期同类贷款利率或贷款基础利率4倍范围内的，应当综合违约行为的情节、程度，给守约方造成损失的大小等因素进行确定。依上述规定，发承包双方可在施工合同明确约定发包人逾期支付工程价款的违约责任，其标准最高不得超过中国人民银行发布的同期同类贷款利率的4倍。

二、发包人逾期支付工程价款，承包人能否采取停工措施？

根据2017版《建设工程施工合同（示范文本）》通用条款第12.2.1项的规定“发包人逾期支付预付款超过7天的，承包人有权向发包人发出要求预付的催告通知，发包人收到通知后7天内仍未支付的，承包人有权暂停施工”及通用条款第16.1款发包人违约的规定，发包人原因未能按合同约定支付合同价款的，承包人可向发包人发出通知，要求发包人采取有效措施纠正违约行为。发包人收到承包人通知后28天内仍不纠正违约行为的，承包人有权暂停相应部位工程施工，并通知监理人。因此，发包人逾期支付工程价款包括预付款、进度款的，承包人可根据合同约定采取暂停施工措施。但如果施工合同约定承包人不得因任何原因包括发包人未按合同约定支付工程款采取停工措施，因承包人已有预见，承包人应谨慎采取停工措施。

三、发包人逾期支付工程价款，承包人能否解除施工合同？

2017版《建设工程施工合同（示范文本）》第16.1.3项规定，除专用条款另有约定外，承包人按第16.1.1项【发包人违约的情形】约定暂停施工满28天后，发包人仍不纠正其违约行为并致使合同目的不能实现的，承包人有权解除合同。《最高人民法院关于审理建设工程施工合同纠纷案件适用法律问题的解释》第九条规定，发包人具有下列情形之一，致使承包人无法施工，且在催告的合理期限内仍未履行相应义务，承包人请求解除建

设工程施工合同的，应予支持：（一）未按约定支付工程价款的。因此，依上述合同约定及法律规定，发包人逾期支付工程价款，承包人可以解除施工合同。

四、建设工程价款优先受偿权

1. 建设工程价款优先受偿权行使的期限

最高人民法院关于建设工程价款优先受偿权问题的批复》（以下简称《批复》）第四条规定，建设工程承包人行使优先权的期限为六个月，自建设工程竣工之日或者建设工程合同约定的竣工之日起计算。该期限为除斥期限，不得延长、中断、中止，也即建设工程价款优先受偿权必须在六个月内行使，否则将丧失权利。司法实践中确定建设工程价款优先受偿权行使期限有以下几种方式。

（1）建设工程实际竣工的，自建设工程竣工之日或建设工程合同约定的竣工之日起算，并以日期在后的为准。如对实际竣工日期有争议，依最高人民法院《关于审理建设工程施工合同纠纷案件适用法律问题的解释》第十四条规定确定竣工日期。

如广东省高级人民法院《关于在审判工作中如何适用〈合同法〉第二百八十六条的指导意见》（粤高法发【2004】2号）规定：承包人在2002年12月28日之后行使建设工程价款优先受偿权的期限为六个月，自建设工程竣工之日或者建设工程承包合同约定的竣工之日起计算。建设工程竣工之日与建设工程承包合同约定的竣工之日不一致的，以日期在后的为准。该意见既遵循了《批复》确定的原则，同时又对建设工程竣工之日与建设工程合同约定的竣工之日不一致如何处理作出了规定，即实际竣工之日晚于合同约定竣工之日的，以实际竣工之日起计算六个月；实际竣工之日早于合同约定竣工之日的，以合同约定竣工之日起计算六个月，规定以日期在后的为准起算既体现了尊重实际竣工的事实，同时对提前竣工又兼顾到合同约定，并未损害发包人的利益，更有利于保护承包人关于建设工程价款优先受偿权的行使。

如果某一工程建设工程价款优先受偿权的行使期限已确定以实际竣工日期为起算点，但当事人对建设工程实际竣工日期有争议，则依最高人民法院《关于审理建设工程施工合同纠纷案件适用法律问题的解释》第十四条规定，按以下情形分别处理，建设工程经竣工验收合格的，以竣工验收合格之日为竣工日期；承包人已经提交竣工验收报告，发包人拖延验收的，以承包人提交验收报告之日为竣工日期；建设工程未经竣工验收，发包人擅自使用的，以转移占有建设工程之日为竣工日期。

（2）建设工程未实际竣工，建设工程合同有约定竣工日期的，自建设工程合同约定的竣工之日起算，但约定的竣工日期早于停工日期的除外。

如浙江省高级人民法院执行局《执行中处理建设工程价款优先受偿权有关问题的解答》（浙高法执【2012】2号）规定：发生建设工程施工合同纠纷时工程已实际竣工的，工程实际竣工之日为六个月的起算点；发生建设工程施工合同纠纷时工程未实际竣工的，约定的竣工之日为六个月的起算点。江苏省高级人民法院《关于审理建设工程施工合同纠纷案件若干问题的意见》（苏高法审委【2008】26号）规定：建设工程已经竣工的，承包人的工程价款优先受偿权的行使期限自建设工程竣工之日起六个月；建设工程未竣工的，承包人的工程价款优先受偿权的行使期限自建设工程合同约定的竣工之日起六个月。

（3）建设工程未实际竣工，建设工程合同也没有约定竣工日期或建设工程合同有约定竣工日期但约定的竣工日期早于停工日期的，自建设工程停工或建设工程合同解除或终止履行之日起算。

如浙江省高级人民法院执行局《执行中处理建设工程价款优先受偿权有关问题的解答》（浙高法执【2012】2号）规定：发生建设工程施工合同纠纷时工程已实际竣工的，工程实际竣工之日为六个月的起算点；发生建设工程施工合同纠纷时工程未实际竣工的，约定的竣工之日为六个月的起算点；约定的竣工日期早于实际停工日期的，实际停工之日为六个月的起算点。最高人民法院《关于印发〈全国民事审判工作会议纪要〉的通知》（法办【2011】442号）（以下简称《纪要》），其中第26条指出，非因承包人的原因，建设工程未能在约定期间内竣工，承包人依据《中华人民共和国合同法》第二百八十六条规定享有的优先受偿权不受影响；承包人行使优先受偿权的期限为六个月，自建设工程合同约定的竣工之日起计算；建设工程合同未约定竣工日期，或者由于发包人的原因，合同解除或终止履行时已经超出合同约定的竣工日期的，承包人行使优先受偿权的期限自合同解除或终止履行之日起计算。

（4）发承包双方对建设工程竣工之日或建设工程合同约定的竣工之日均无异议，但建设工程合同约定的发包人审价期限或付款期限超过竣工之日起六个月的，自审价期限届满或债权应受清偿时起算。

实践中，还存在一种典型的情形即发承包双方对建设工程竣工之日或建设工程合同约定的竣工之日均无异议，但是双方的建设工程施工合同中关于发包人审价期限的约定或结算款付款期限的约定超过竣工之日起六个月的，鉴于发承包双方尚在审价期间或付款期限尚未届满，承包人一般也不会考虑到发包人会拖延支付工程款，更不可能在这期间去行使优先受偿权，这种情形下，等到发包人逾期审价或故意拖延审价或不按按约定支付工程款时，承包人再去主张优先受偿权时，早已超过了《批复》规定的六个月的行使期限。显然《批复》的规定不利于保护承包人，与《中华人民共和国合同法》第二百八十六条的规定精神也不相一致。江苏省高级人民法院在审理南通某集团有限公司与江苏某光电有限公司建设工程施工合同纠纷一案（（2014）苏民终字第0289号）认为，对于承包人的优先受偿权的判断应当结合《中华人民共和国合同法》第二百八十六条规定和《批复》第四条的规定处理，一般从建设工程竣工之日或建设工程合同约定的竣工之日起计算，但工程款债权在建设工程竣工之日或建设工程合同约定的竣工之日尚未届清偿期时，建设工程价款优先受偿权的起算点应当从债权应受清偿时起算，即在发包人未按约定支付价款，承包人在合理期限内催告后，发包人仍未支付的，从此时起算建设工程价款优先受偿权的行使期间。我们赞同江苏省高级人民法院在上述案例中的观点，建设工程价款优先受偿权的起算点应当从债权应受清偿时起算，这将更好的解决建设工程合同约定的发包人审价期限或付款期限超过竣工之日起六个月，承包人主、客观上无法在竣工之日起六个月内行使优先受偿权的困惑。

2. 建设工程价款优先受偿权的行使方式

《中华人民共和国合同法》第二百八十六条规定，发包人未按照约定支付价款的，承包人可以催告发包人在合理期限内支付价款。发包人逾期不支付的，除按照建设工程的性质不宜折价、拍卖的以外，承包人可以与发包人协议将该工程折价，也可以申请人民法院将该工程依法拍卖。建设工程的价款就该工程折价或拍卖的价款优先受偿。依该条规定，建设工程价款可以由承包人与发包人协议将工程折价实现受偿，也可以由承包人申请人民法院拍卖，就拍卖的价款实现受偿。但该条规定过于原则，实务中通过何种方式实现建设工程价款优先受偿权，仍有争议。我们认为，建设工程价款优先受偿权可以通过以下几种方式行使。

（1）承包人与发包人协议将工程折价优先受偿建设工程价款。

根据《中华人民共和国合同法》第二百八十六条的规定，承包人可以与发包人协议将该工程折价，建设工程价款就该工程折价优先受偿，因此承包人与发包人协议将工程折价优先受偿建设工程价款符合《中华人民共和国合同法》该条的立法规定，也具有操作性。

（2）建设工程价款经生效裁判文书（或调解书）确定或仲裁裁决（或调解书）确定或公证机关就确定的建设工程价款进行公证并赋予强制执行力，承包人可申请人民法院拍卖工程，承包人就拍卖的价款优先受偿。

根据《中华人民共和国合同法》第二百八十六条规定，建设工程的价款就拍卖的价款优先受偿，但承包人能否直接依据建设工程合同、单方主张的建设工程价款数额直接申请人民法院拍卖工程，实现建设工程价款优先受偿，法律没有明确规定，实践中，法院似乎也很少有如此操作的。但我们认为，如双方的建设工程价款已经生效裁判文书（或调解书）确定或仲裁裁决（或调解书）确定或公证机关就确定的建设工程价款进行公证并赋予强制执行力，且未超过优先受偿权的行使期限，承包人即可申请人民法院拍卖工程，承包人就拍卖的价款优先受偿。

（3）发包人未按约定支付工程价款，经催告后仍未支付的，承包人可在优先权行使期限内向法院提起诉讼或向仲裁机构申请仲裁，要求裁决支付工程价款，同时确认对所涉工程拍卖、变卖的价款享有优先受偿权。这种方式为实践中建设工程价款优先受偿权行使的常见方式。

（4）发包人未按约定支付工程款，经催告后仍未支付但双方尚未发生重大争议，为避免因承包人未在建设工程价款优先受偿权行使期限内行使优先受偿权而超过六个月的行使期限，承包人可发函给发包人要求行使或保留优先受偿权。

在江苏省高级人民法院审理的华兴公司与天成公司建设工程施工合同一案中，江苏省高级人民法院认为，华兴公司于2008年2月4日竣工验收之后，于同年5月12日以“工作联系单”形式主张优先受偿权，该主张在法定期间之内。因此，华兴公司主张天成国贸中心工程的优先受偿权，无论是约定，还是法定，以及实际履行的相关证据，华兴公司主张天成国贸中心工程优先受偿权均应当得到支持。后最高人民法院二审（（2012）民一终字第41号民事判决书）认为：天成国贸中心一期工程在2008年2月4日竣工验收后，华兴公司于同年5月12日以“工作联系单”方式向天成公司主张案涉工程的优先受偿权，并未超出法定的优先受偿权除斥期间。天成公司认为华兴公司起诉时主张优先受偿权超出法定的期间缺乏事实和法律依据，不能成立。一审判决认定华兴公司享有天成国贸中心8-24轴裙楼工程优先受偿权正确，应予维持。该案的观点确认，发包人未按约定支付工程款，经催告后仍未支付但双方尚未发生重大争议，为避免因承包人未在建设工程价款优先受偿权行使期限内行使优先受偿权，承包人可通过发函的方式要求行使或保留优先受偿权。这种方式应当成为承包人避免因超过六个月的行使期限（除斥期限）未主张优先受偿权而丧失建设工程价款优先受偿权的主要行使方式。

3. 建设工程价款优先受偿权受偿的范围

《批复》第三条规定“建筑工程价款包括承包人为建设工程应当支付的工作人员报酬、材料款等实际支出的费用，不包括承包人因发包人违约所造成的损失。”根据该条中“实际支出的费用”的规定，有人提出建设工程价款优先受偿的范围仅限于工程价款中的人工费、材料费、机械费用等实际支出的费用，不应包括工程价款中的利润。我们认为，优先受偿的范围是否包括工程价款组成的利润，不应仅从《批复》第三条规定的实际支出的费用字眼来得出结论，而应结合《中华人民共和国合同法》第二百八十六条规定的基本精神来确定。《中华人民共和国合同法》第二百八十六条规定，发包人未按照约定支付价款的，承包人可以催告发包人在合理期限内支付价款。发包人逾期不支付的，除按照建设工程的性质不宜折价、拍卖的以外，承包人可以与发包人协议将该工程折价，也可以申请人民法院将该工程依法拍卖。建设工程的价款就该工程折价或拍卖的价款优先受偿。而建设工程的价款无论是依据住房和城乡建设部《建设工程发包与承包价格管理暂行规定》的定额计价，还是依《建设工程工程量清单计价规范》的清单计价，其中均包括有利润，根据《中华人民共和国合同法》第二百八十六条规定的立法精神是保护建筑施工企业被拖欠的工程款，而利润又是工程款的重要组成部分，因此建设工程价款优先受偿的范围包括建设工程价款中的利润，《批复》中明确的“不包括承包人因发包人违约所造成的损失”中也没有明确利润包括在内，也印证了该观点。

4. 合同无效对建设工程价款优先受偿权的影响

建设工程施工合同无效，承包人或者实际施工人在建设工程通过竣工验收、工程质量合格的前提下，能否依据《中华人民共和国合同法》第二百八十六条之规定，向发包人主张工程款优先受偿权？

实践中，有的法院认为合同无效，仍可主张工程价款优先受偿权。如浙江省高级人民法院民事审判第一法庭印发《关于审理建设工程施工合同案件若干疑难问题的解答》的通知（2012）第22条规定，建设工程施工合同无效，但工程经竣工验收合格，承包人可以主张工程价款优先受偿权。分包人或实际施工人完成了合同约定的施工义务且工程质量合格，在总承包人或转包人怠于行使工程价款优先受偿权时，就其承建的工程在发包人欠付工程价款范围内可以主张工程价款优先受偿权。安徽省高级人民法院《关于审理建设工程施工合同纠纷意见案件适用法律问题的指导意见》（2009）第17条规定，建设工程施工合同无效，但工程经竣工验收合格的，承包人主张工程款优先受偿权，可予支持。

有的法院认为合同无效，不支持工程价款优先受偿权。如江苏省高级人民法院《建设工程施工合同案件审理指南》（2010），该规定认为，合同无效而取得合法的工程款优先受偿权不符合立法精神，《中华人民共和国合同法》第二百八十六条的语境是合同有效为前提。工程款优先受偿权作为一种担保物权，是从主权利派生出来的，即对主债权工程款具有依附性，主权利无效从权利也无效，作为约定主债权的担保物权的工程款优先受偿权亦当然无效。故，建设工程合同无效，承包人或实际施工人主张建设工程价款优先受偿的，人民法院不应当支持。广东省高级人民法院《关于在审判工作中如何适用〈合同法〉第二百八十六条的指导意见》（2004）第7条规定，在建设工程承包合同无效的情形下，承包人主张建设工程价款优先受偿权的，人民法院不予支持。

2015年最高人民法院在浙江杭州召开的全国民事审判工作会议形成的《2015年全国

民事审判工作会议纪要》第53条对建设工程施工合同无效，实际施工人请求享有优先受偿权也形成了两种意见，即第一种意见：建设工程施工合同无效，但建设工程经竣工验收合格，实际施工人请求依据《中华人民共和国合同法》第二百八十六条规定对承建的建设工程享有优先受偿权的，应予支持。第二种意见：建设工程施工合同无效，实际施工人请求对承建的建设工程享有优先受偿权的，不予支持。

我们认为，合同无效，承包人或者实际施工人在建设工程通过竣工验收、工程质量合格的前提下，有权依据《中华人民共和国合同法》第二百八十六条及《批复》的规定，向发包人主张工程款优先受偿权。理由是：一、工程价款优先受偿权的立法目的是为解决建设工程领域发包人拖欠承包人工人工资即农民工的工资问题。虽然合同无效，但建设工程经竣工验收合格的，承包人或实际施工人投入的材料及大量人工价值已经物化到建设工程中，这时由发包人就其得到的建设工程价值向承包人予以折价补偿，而该补偿款中包含建筑工人的工资，故合同无效，承包人或实际施工人在建设工程通过竣工验收、工程质量合格的前提下，有权主张工程价款优先受偿权。二、工程价款优先受偿权系法定优先权，该优先权是以工程款债权的存在为前提的，只要工程款债权存在，即使建设工程施工合同无效，也并不必然导致承包人或实际施工人丧失该权利。这与最高人民法院《关于审理建设工程施工合同纠纷案件适用法律问题的解释》第二条规定的合同无效，承包人仍可取得工程款债权的本意是一致的。三、在建设工程施工合同纠纷案件审理中，由于建筑市场违法违规行为的普遍，建设工程施工合同被认定为无效占有很大比例，如果认定合同无效时，承包人就不享有工程款的优先受偿权，则很难平衡双方当事的人的利益关系，承包人处于不利的地位，工程款债权很难实现，相对应地，建筑施工企业施工人员的工资亦难以保护。从《中华人民共和国合同法》规定的工程价款优先受偿权的立法目的考虑，应尽可能保护承包人的优先受偿权。

5. 承包人放弃建设工程价款优先受偿权的效力

由于《批复》规定，人民法院在审理房地产纠纷案件和办理执行案件中，应当依照《中华人民共和国合同法》第二百八十六条的规定，认定建筑工程的承包人的优先受偿权优于抵押权和其他债权。有些银行为保障自身放贷安全，往往会要求发包人与承包人另行签订建设工程施工合同补充协议或由承包人出具承诺书，明确放弃工程价款优先受偿权。那么，承包人预先放弃行使工程价款优先受偿权的约定是否有效？实践中也存在争议，有的认为，既然工程价款优先受偿权一种权利，就可以放弃。有的认为，工程价款优先受偿权是法定权利，其立法目的是为了保护建筑企业工人的工资权利，当事人不能约定放弃。《2015年全国民事审判工作会议纪要》第52条也规定了两种不同的意见，一种意见认为，发包人与承包人在建设工程施工合同中约定承包人预先放弃行使优先受偿权，承包人起诉请求确认上述约定无效的，人民法院应在确定该预先放弃承包人真实意思的基础上，对承包人的请求不予支持。一种意见认为，发包人与承包人在建设工程施工合同中约定承包人预先放弃行使优先受偿权，承包人起诉请求确认上述约定无效的，人民法院应对该请求予以支持。

我们认为，考虑到工程价款优先受偿权立法的背景和目的是解决建设工程领域内拖欠工程款这一比较普遍的问题，拖欠工程款已严重影响到建筑领域大量农民工工资能否及时兑现，严重影响到农民工的生存权等，承包人的工程价款优先受偿权不能任意放弃，但同时也并非一概否定工程价款优先受偿权放弃约定的效力，如发包人对承包人放弃该项权利提供了另外有效的担保，或者承包人放弃优先受偿权时工程款已大部分得到清偿，或者承包人放弃优先受偿权已附带条件等，则应该在审查该预先放弃为承包人真实意思表示的基础上，确认该放弃有效。

6. 发包人非建设工程的所有权人，承包人对该建设工程是否享有优先受偿权

实践中，有的建设工程发包人并非建设工程的所有权人，而是建设工程所有权人选定的投资商，如 BT 模式下，建设工程施工合同往往由建设工程所有权人选定的投资商或成立的项目公司与承包人签订。这种情况下，承包人对该建设工程是否享有优先受偿权。我们认为，建设工程发包人非建设工程的所有权人，承包人对建设工程价款不享有优先受偿权，但建设工程的所有权人与承包人另有合同约定愿意承担工程款给付义务及同意以建设工程拍卖、变卖的价款或折价优先支付工程款的除外。其理由是：一、工程价款优先受偿权以工程款债权为基础，从属于工程价款债权，建设工程所有权人并非建设工程施工合同中的发包人，本身就不承担工程款给付义务，这时要求其以建设工程拍卖、变卖的价款或折价优支付工程款自然没有任何基础。二、根据债权的相对性原理，工程价款为债权，其优先受偿权亦为债权，故要求并不是发包人的建设工程所有权人承担该义务，违反债权的相对性原理。三、建设工程施工合同的发包人非建设工程的所有权人，承包人作为施工合同的另一方是清楚的，其签订合同时意味着清楚建设工程将不能作为工程价款支付优先受偿的客体。四、结合最高人民法院《关于装修装饰工程款是否享有合同法第二百八十六条规定的优先受偿权的函复》中“但装修装饰工程的发包人不是该建筑物的所有权人或者承包人与该建筑物的所有权人之间没有合同关系的除外”的规定，建设工程的所有权人如非发包人，承包人对所涉建设工程应不享有建设工程价款优先受偿权。

7. 建设工程价款优先受偿权与消费者购买权冲突的解决

《批复》第二条规定：“消费者交付购买商品房的全部或大部分款项后，承包人就该商品房享有的工程价款优先受偿权不得对抗买受人。”该条规定为实践中如何处理建设工程价款优先受偿权与消费者购买权之间的冲突提供了解决方案，但如何认定消费者身份问题容易引起争议。我们认为，此处的消费者身份的认定应严格按照《消费者权益保护法》的规定来确定。《消费者权益保护法》第二条明确规定“消费者为生活消费需要购买、使用商品或者接受服务，其权益受本法保护”，根据该规定，购买商品房需系以生活消费需要即居住需要而购买，非投资；同时，消费者必须是自然人，非企业法人或其他组织、社会团体等；当然，如购买的商品房规划用途非住宅或住宅式公寓而是写字楼、商铺等，也不属于该规定中的消费者。

第三节　工程款支付、优先受偿权的风险防范建议

一、在施工合同中就发包人逾期支付工程款包括预付款、进度款、结算款等情形，明确约定高于中国人民银行发布的同期同类银行贷款利率标准的违约责任，加大发包人违约成本，减少承包人工程款逾期收回的损失。

二、在发包人逾期支付工程价款，经催告后仍不纠正的，承包人可采取暂停施工措施，必要时解除合同，避免损失进一步扩大。

三、在发包人拖欠工程价款的情形下，承包人要及时依法行使建设工程价款优先受偿权，特别是发包人作为房地产开发商或资信较差时，避免发包人将楼盘销售一空或背负严重债务，申请破产重组或破产清算时，产生工程价款的损失。

案例 7-1：承包人诉讼主张工程进度款未请求确认优先受偿权，发包人申请破产承包人巨额工程款无法收回

2013 年 7 月，江苏某建设集团股份有限公司（下称江苏集团）与安徽某房地产开发有限公司（下称安徽公司）就某住宅小区签订建设工程施工合同一份，合同对工程价款、工期、质量等进行了约定。合同签订后，江苏集团组织施工队伍、材料、机械等进场施工。合同履行过程中，安徽公司不能按合同约定支付工程进度款，江苏集团遂暂停施工。停工期间，江苏集团与安徽公司达成补充协议，补充协议确认安徽公司欠付江苏集团工程进度款 12000 万元，协议对复工、工程进度款的支付等进行了约定，但安徽公司仍未能履行补充协议约定的支付工程进度款的义务，致复工条件不成就，江苏集团未能复工。江苏集团为维护自身的合法权益，依法向法院提起诉讼，要求安徽公司支付补充协议中约定工程进度款 12000 万元，但未要求法院确认对在建工程享有优先受偿权。法院经审理作出判决，裁决安徽公司支付 12000 万元及相应利息，并承担诉讼费用。判决后，江苏集团向法院申请强制执行，但一直未有结果。2016 年 5 月，安徽公司所在地法院通知江苏集团，告知安徽公司已申请破产，要求江苏集团申报债权。江苏集团申报债权时，要求享有优先受偿权。但破产管理人认为，江苏集团在主张工程价款时未同时主张优先受偿权，现优先受偿权已超过法律规定的期限，故不予确认。

第八章　暂　停　施　工

由于建设工程项目周期长、技术复杂、参与主体多，加之合同履行过程中影响工程建设的因素多，因此，建设工程项目在建设过程中，经常会出现暂停施工的情形，从而对工程的进度、质量、安全以及发承包双方的权益产生重大影响。针对暂停施工中可能出现的问题，2017 版《建设工程施工合同（示范文本）》作出一系列较为全面的规定，以明确暂停施工责任的承担，保障双方当事人的合法权益，保证工程建设的顺利进行。实践中，发承包双方经常会因暂停施工发生的工期延误、费用增加等、暂停施工所引起的价格是否调整，合同是否解除问题等发生争议。因此，如何依据《建设工程施工合同（示范文本）》设置的条款，形成有效的工程文件就显得尤为重要。

第一节　暂停施工相关条款规定

一、通用条款第 7.8 款的规定

7.8　暂停施工

7.8.1　发包人原因引起的暂停施工

因发包人原因引起暂停施工的，监理人经发包人同意后，应及时下达暂停施工指示。情况紧急且监理人未及时下达暂停施工指示的，按照第 7.8.4 项〔紧急情况下的暂停施工〕执行。

因发包人原因引起的暂停施工，发包人应承担由此增加的费用和（或）延误的工期，并支付承包人合理的利润。

7.8.2　承包人原因引起的暂停施工

因承包人原因引起的暂停施工，承包人应承担由此增加的费用和（或）延误的工期，且承包人在收到监理人复工指示后 84 天内仍未复工的，视为第 16.2.1 项〔承包人违约的情形〕第（7）目约定的承包人无法继续履行合同的情形。

7.8.3　指示暂停施工

监理人认为有必要时，并经发包人批准后，可向承包人作出暂停施工的指示，承包人应按监理人指示暂停施工。

7.8.4　紧急情况下的暂停施工

因紧急情况需暂停施工，且监理人未及时下达暂停施工指示的，承包人可先暂停施工，并及时通知监理人。监理人应在接到通知后 24 小时内发出指示，逾期未发出指示，视为同意承包人暂停施工。监理人不同意承包人暂停施工的，应说明理由，承包人对监理人的答复有异议，按照第 20 条〔争议解决〕约定处理。

7.8.5　暂停施工后的复工

暂停施工后，发包人和承包人应采取有效措施积极消除暂停施工的影响。在工程复工前，监理人会同发包人和承包人确定因暂停施工造成的损失，并确定工程复工条件。当工程具备复工条件时，监理人应经发包人批准后向承包人发出复工通知，承包人应按照复工通知要求复工。

承包人无故拖延和拒绝复工的，承包人承担由此增加的费用和（或）延误的工期；因发包人原因无法按时复工的，按照第7.5.1项〔因发包人原因导致工期延误〕约定办理。

7.8.6　暂停施工持续56天以上

监理人发出暂停施工指示后56天内未向承包人发出复工通知，除该项停工属于第7.8.2项〔承包人原因引起的暂停施工〕及第17条〔不可抗力〕约定的情形外，承包人可向发包人提交书面通知，要求发包人在收到书面通知后28天内准许已暂停施工的部分或全部工程继续施工。发包人逾期不予批准的，则承包人可以通知发包人，将工程受影响的部分视为按第10.1款〔变更的范围〕第（2）项的可取消工作。

暂停施工持续84天以上不复工的，且不属于第7.8.2项〔承包人原因引起的暂停施工〕及第17条〔不可抗力〕约定的情形，并影响到整个工程以及合同目的实现的，承包人有权提出价格调整要求，或者解除合同。解除合同的，按照第16.1.3项〔因发包人违约解除合同〕执行。

7.8.7　暂停施工期间的工程照管

暂停施工期间，承包人应负责妥善照管工程并提供安全保障，由此增加的费用由责任方承担。

7.8.8　暂停施工的措施

暂停施工期间，发包人和承包人均应采取必要的措施确保工程质量及安全，防止因暂停施工扩大损失。

二、通用条款第16.1款的规定

16.1　发包人违约

16.1.1　发包人违约的情形

在合同履行过程中发生的下列情形，属于发包人违约：

（1）因发包人原因未能在计划开工日期前7天内下达开工通知的；

（2）因发包人原因未能按合同约定支付合同价款的；

（3）发包人违反第10.1款〔变更的范围〕第（2）项约定，自行实施被取消的工作或转由他人实施的；

（4）发包人提供的材料、工程设备的规格、数量或质量不符合合同约定，或因发包人原因导致交货日期延误或交货地点变更等情况的；

（5）因发包人违反合同约定造成暂停施工的；

（6）发包人无正当理由没有在约定期限内发出复工指示，导致承包人无法复工的；

（7）发包人明确表示或者以其行为表明不履行合同主要义务的；

（8）发包人未能按照合同约定履行其他义务的。

发包人发生除本项第（7）目以外的违约情况时，承包人可向发包人发出通知，要求发包人采取有效措施纠正违约行为。发包人收到承包人通知后28天内仍不纠正违约行为的，承包人有权暂停相应部位工程施工，并通知监理人。

第二节 暂停施工有关的法律风险

一、暂停施工期间工程照管责任由哪一方负责？

暂停施工期间，由于承包人较发包人具有专业的资质和技术能力，且合同仍需履行，承包人仍为项目的施工单位，因此仍应由承包人负责妥善照管工程，对工程进行合理养护，以防因暂停施工影响工程安全和工程质量，但由此发生的照管费用由造成暂停施工的责任方承担。

二、暂停施工引起的工期延误和费用增加由哪一方承担？

暂停施工的情形一般有因发包人的原因导致的暂停施工、因承包人原因导致的暂停施工、因不可抗力等不可归责于合同双方的原因导致的暂停施工。其中发包人原因导致的暂停施工又分为发包人违法、发包人违约如示范文本第 16.1 款所列情形导致的暂停施工、发包人提出变更等情形；承包人原因导致的暂停施工又分为承包人违法与承包人违约两大类情形。因此暂停施工引起的工期延误和费用增加原则根据暂停施工引起的原因来确定由哪一方承担。但暂停施工期间，发承包双方均应采取必要的措施防止损失的扩大。最高院在审理河南省偃师市鑫龙建安工程有限公司与洛阳理工学院、河南省第六建筑工程公司索赔及工程欠款纠纷再审一案（最高人民法院公报案例，2013 年第 6 期）中认为，发包人对于停工、撤场应当持有明确的意见，并应承担合理的停工损失，承包人、分包人也不应盲目等待而放任停工损失的扩大，而应当采取适当措施如及时将有关停工事宜告知相关各方，自行做好人员和机械的撤离等，以减少自身的损失。

实践中，一般对由哪一方原因引起的暂停施工没有争议，但对暂停施工引起的工期延误和费用增加或赔偿损失常发生争议。这时往往需要主张权利方提供证据予以证实其需延长的工期，需增加的费用或赔偿损失的数额，但由于发承包双方没有及时形成有关工程联系文件的习惯和风险防范意识淡薄，发生争议时往往很难提供完整的证据，以致于自身的合法权益难以得到保护。

案例 8-1：发包人原因暂停施工，承包人疏于发函主张损失，法院驳回主张损失的请求

2011 年 5 月，江苏某旅游度假发展有限公司（下称旅游度假发展公司）与江苏某建工建设集团有限公司（下称建工集团公司）签订建设工程施工合同一份，合同约定建工集团公司承包施工旅游度假发展公司开发建设的别墅项目中一标段部分的土建安装工程，合同同时对工程价款、支付时间及违约责任等进行了约定。合同签订后，建工集团公司安排施工队伍、材料、机械等进场施工。2011 年 9 月，江苏省国土资源厅以旅游发展公司因所涉项目违法用地叫停项目。旅游发展公司下发停工令给建工集团公司，项目至今未复工建设。截止至停工时，建工集团公司完成施工造价 1500 万元，但旅游发展公司仅支付了 500 万元进度款。后建工集团公司诉讼至法院要求旅

游发展公司支付工程款、赔偿损失及确认享有优先受偿权等，法院经审理查明，项目停工后，建工集团公司未向旅游度假发展公司发函主张过损失及损失的组成，旅游度假发展公司对损失也不予认可，故法院认定建工集团公司主张的损失欠缺事实依据，但考虑到停工责任在于旅游度假发展公司，且建工集团公司客观上也必定会损失，故酌定损失10万元。

上述案例中，因承包人未及时按合同约定向发包人主张停工产生的损失，导致主张损失依据不充分。如承包人严格按施工合同约定在停工的次月起即向发包人报送要求赔偿损失的函件并附有关损失的依据，如承包人严格按合同约定形成一系列完整的工程联系函件，在主张权利时，相信法院采信并支持承包人要求赔偿损失的概率将会大大增加。

三、发包人原因暂停施工情形下，承包人可采取的措施有哪些？

2017版《建设工程施工合同（示范文本）》通用条款规定，暂停施工达56天以上，承包人可向发包人提交书面通知，要求发包人在收到书面通知后28天内准许已暂停施工的部分或全部工程继续施工。发包人逾期不予批准的，则承包人可以通知发包人，将工程受影响的部分视为按变更中的可取消工作处理。暂停施工持续84天以上不复工的，且不属于承包人原因引起的暂停施工及不可抗力约定的情形，并影响到整个工程以及合同目的实现的，承包人有权提出价格调整要求，或者解除合同。依上述合同规定，发包人原因暂停施工情形下，承包人可根据情形采取要求复工、取消相应部分工程的施工、提出价格调整及解除合同等措施。

第三节　暂停施工的风险防范建议

一、发承包双方要固定暂停施工的原因及暂停施工的现状，以便确定暂停施工延误工期及增加费用的责任方、已完成工程部分的造价等。

二、暂停施工期间，发承包双方要采取必要的措施，确保工程质量和安全，避免损失扩大，同时承包人要做好工程照管工作。

三、暂停施工期间，发承包双方要按合同约定履行停工所引起的工期延误及增加费用的函件报送及审查确认工作，就暂停施工事宜形成完整的工程联系文件。

四、如系发包人原因暂停施工，承包人要合理利用合同赋予的价格调整和解除合同权利，根据具体情形决定提出价格调整或解除合同。

案例8-2：发包人资金链断裂，承包人果断暂停施工并解除合同

江苏某机电安装有限公司（下称机电公司）与江苏某房地产开发有限公司（下称江苏公司）就其开发的某办公用房工程的机电安装签订建设工程施工合同一份。合同约定工程造价3000万元，工期十个月，每月支付已完工程量80%的进度款，逾期支付按同期银行贷款利率的两倍利息，合同同时对双方的其他权利义务进行了约定。合同签订后，机电公司组织人员、材料、机械等进场施工，施工过程中，江苏公司不能

按约定支付工程进度款，机电公司完成工程造价1000万元时，江苏公司仅支付了100万元，严重违约，且据了解由于江苏公司所在集团公司资金链紧张，不可能按合同约定支付工程进度款。此时，如承包人继续施工将意味着需要垫付更多的资金施工且暂时还不能收回工程进度款，在这种情况下，机电公司果断采取暂停施工措施，要求江苏公司按约定支付工程进度款，但未果。后机电公司决定解除合同并依法向江苏公司发送解除合同的通知，避免了继续施工垫付资金的风险。

第九章　合　同　解　除

建设工程施工合同的解除是指建设工程施工合同有效成立后，根据法律规定或合同约定，当解除条件具备时，发包人或承包人通过单方行为或者经双方合意，终止双方之间的工程建设合同关系。合同解除的，未履行部分不必继续履行，已经履行的部分根据具体情况进行清算。2017版《建设工程施工合同（示范文本）》主要规定了因发包人违约解除合同、因承包人违约解除合同以及不可抗力解除合同三种情形，《最高人民法院关于审理建设工程施工合同纠纷案件适用法律问题的解释》对发包人解除合同、承包人解除合同也分别作了相应的规定。实践中，合同解除后如何结算已完成的建设工程的价款、违约方应承担的违约金和赔偿损失如何确定等问题将直接关系到双方的权利义务。

第一节　合同解除相关条款规定

一、关于因发包人违约解除合同

16.1.3　因发包人违约解除合同

除专用合同条款另有约定外，承包人按第16.1.1项〔发包人违约的情形〕约定暂停施工满28天后，发包人仍不纠正其违约行为并致使合同目的不能实现的，或出现第16.1.1项〔发包人违约的情形〕第（7）目约定的违约情况，承包人有权解除合同，发包人应承担由此增加的费用，并支付承包人合理的利润。

16.1.4　因发包人违约解除合同后的付款

承包人按照本款约定解除合同的，发包人应在解除合同后28天内支付下列款项，并解除履约担保：

（1）合同解除前所完成工作的价款；

（2）承包人为工程施工订购并已付款的材料、工程设备和其他物品的价款；

（3）承包人撤离施工现场以及遣散承包人人员的款项；

（4）按照合同约定在合同解除前应支付的违约金；

（5）按照合同约定应当支付给承包人的其他款项；

（6）按照合同约定应退还的质量保证金；

（7）因解除合同给承包人造成的损失。

合同当事人未能就解除合同后的结清达成一致的，按照第20条〔争议解决〕的约定处理。

承包人应妥善做好已完工程和与工程有关的已购材料、工程设备的保护和移交工作，并将施工设备和人员撤出施工现场，发包人应为承包人撤出提供必要条件。

二、关于因承包人违约解除合同

16.2.3　因承包人违约解除合同

除专用合同条款另有约定外，出现第 16.2.1 项〔承包人违约的情形〕第（7）目约定的违约情况时，或监理人发出整改通知后，承包人在指定的合理期限内仍不纠正违约行为并致使合同目的不能实现的，发包人有权解除合同。合同解除后，因继续完成工程的需要，发包人有权使用承包人在施工现场的材料、设备、临时工程、承包人文件和由承包人或以其名义编制的其他文件，合同当事人应在专用合同条款约定相应费用的承担方式。发包人继续使用的行为不免除或减轻承包人应承担的违约责任。

16.2.4　因承包人违约解除合同后的处理

因承包人原因导致合同解除的，则合同当事人应在合同解除后 28 天内完成估价、付款和清算，并按以下约定执行：

（1）合同解除后，按第 4.4 款〔商定或确定〕商定或确定承包人实际完成工作对应的合同价款，以及承包人已提供的材料、工程设备、施工设备和临时工程等的价值；

（2）合同解除后，承包人应支付的违约金；

（3）合同解除后，因解除合同给发包人造成的损失；

（4）合同解除后，承包人应按照发包人要求和监理人的指示完成现场的清理和撤离；

（5）发包人和承包人应在合同解除后进行清算，出具最终结清付款证书，结清全部款项。

因承包人违约解除合同的，发包人有权暂停对承包人的付款，查清各项付款和已扣款项。发包人和承包人未能就合同解除后的清算和款项支付达成一致的，按照第 20 条〔争议解决〕的约定处理。

16.2.5　采购合同权益转让

因承包人违约解除合同的，发包人有权要求承包人将其为实施合同而签订的材料和设备的采购合同的权益转让给发包人，承包人应在收到解除合同通知后 14 天内，协助发包人与采购合同的供应商达成相关的转让协议。

三、关于不可抗力解除合同

17.4　因不可抗力解除合同

因不可抗力导致合同无法履行连续超过 84 天或累计超过 140 天的，发包人和承包人均有权解除合同。合同解除后，由双方当事人按照第 4.4 款〔商定或确定〕商定或确定发包人应支付的款项，该款项包括：

（1）合同解除前承包人已完成工作的价款；

（2）承包人为工程订购的并已交付给承包人，或承包人有责任接受交付的材料、工程设备和其他物品的价款；

（3）发包人要求承包人退货或解除订货合同而产生的费用，或因不能退货或解除合同而产生的损失；

（4）承包人撤离施工现场以及遣散承包人人员的费用；

（5）按照合同约定在合同解除前应支付给承包人的其他款项；

(6) 扣减承包人按照合同约定应向发包人支付的款项；

(7) 双方商定或确定的其他款项。

除专用合同条款另有约定外，合同解除后，发包人应在商定或确定上述款项后 28 天内完成上述款项的支付。

第二节 合同解除有关的法律问题

一、建设工程施工合同解除权的行使

当建设工程施工合同约定的解除合同条件成就时，解除权人如何行使合同解除权。

1. 发承包人协商一致，可以解除建设工程施工合同

《中华人民共和国合同法》第九十三条规定，当事人协商一致，可以解除合同。当建设工程施工合同约定的解除合同条件成就时，发承包双方当事人可以协商一致，达成补充协议解除施工合同。

2. 解除权人发送书面通知，解除建设工程施工合同

《中华人民共和国合同法》第九十三条第二款规定，当事人可以约定一方解除合同的条件。解除合同的条件成就时，解除权人可以解除合同。第九十六条规定，当事人一方依照本法第九十三条第二款、第九十四条的规定主张解除合同的，应当通知对方。合同自通知到达对方时解除。因此，当建设工程施工合同约定的解除合同条件成就时，解除权人可以发送书面通知，解除施工合同。如《建设工程施工合同（示范文本）》第 16.1.3 项规定的：

"因发包人违约解除合同：除专用合同条款另有约定外，承包人按第 16.1.1 项〔发包人违约的情形〕约定暂停施工满 28 天后，发包人仍不纠正其违约行为并致使合同目的不能实现的，或出现第 16.1.1 项〔发包人违约的情形〕第（7）目约定的违约情况，承包人有权解除合同，发包人应承担由此增加的费用，并支付承包人合理的利润。"当该条中约定的因发包人违约情形导致暂停施工满 28 天，发包人经承包人通知仍不纠正期违约行为并致合同目的不能实现的，承包人即可发送书面通知，解除建设工程施工合同。

案例 9-1：发包人未按合同约定支付工程进度款，承包人通知解除合同

江苏某机电安装有限公司（下称机电公司）与江苏某房地产开发有限公司（下称江苏公司）就其开发的某办公用房工程的机电安装签订建设工程施工合同一份。合同约定工程造价 3000 万元，工期十个月，每月支付已完工程量 80%的进度款，逾期支付按同期银行贷款利率的两倍利息，合同同时对双方的其他权利义务进行了约定。合同签订后，机电公司组织人员、材料、机械等进场施工，施工过程中，江苏公司不能按约定支付工程进度款，机电公司完成工程造价 1000 万元时，江苏公司仅支付了 100 万元，严重违约，且据了解由于江苏公司所在集团公司资金链紧张，不可能按合同约定支付工程进度款。此时，如承包人继续施工将意味着需要垫付更多的资金施工且暂时还不能收回工程进度款，在这种情况下，机电公司果断采取暂停施工措施，并通知要求江苏公司按约定支付工程进度款，但未果。后机电公司决定解除合同并依法向江苏公司发送解除合同的通知，避免了继续施工垫付资金的风险。

3. 解除权人通过诉讼或仲裁的方式，请求解除建设工程施工合同

《最高人民法院关于审理建设工程施工合同纠纷案件适用法律问题的解释》第八条规定，承包人具有下列情形之一，发包人请求解除建设工程施工合同的，应予支持：（一）明确表示或者以行为表明不履行合同主要义务的；（二）合同约定的期限内没有完工，且在发包人催告的合理期限内仍未完工的；（三）已经完成的建设工程质量不合格，并拒绝修复的；（四）将承包的建设工程非法转包、违法分包的。第九条规定，发包人具有下列情形之一，致使承包人无法施工，且在催告的合理期限内仍未履行相应义务，承包人请求解除建设工程施工合同的，应予支持：（一）未按约定支付工程价款的；（二）提供的主要建筑材料、建筑构配件和设备不符合强制性标准的；（三）不履行合同约定的协助义务的。依上述规定，当出现上列情形或合同约定的解除条件时，发承包人可通过提起诉讼或仲裁，请求解除建设工程施工合同。

4. 建设工程施工合同解除行使的注意事项

（1）如法律规定或者建设工程施工合同中有约定解除权行使期限的，期限届满，解除权人不行使解除权的，解除权消灭。法律没有规定或者当事人没有约定解除权行使期限，经对方催告后在合理期限内不行使的，解除权消灭。

《中华人民共和国合同法》第九十五条规定，法律规定或者当事人约定解除权行使期限，期限届满当事人不行使的，该权利消灭。法律没有规定或者当事人没有约定解除权行使期限，经对方催告后在合理期限内不行使的，该权利消灭。因此，如法律规定或建设工程施工合同中有约定解除权行使期限的，期限届满，解除权人不行使解除权的，解除权消灭。没有规定或没有约定，需在对方催告后合理期限内行使解除权，否则解除权消灭。

（2）对书面通知解除建设工程施工合同有异议的，需在合同约定的异议期限内或解除合同通知送达之日起三个月内提出异议并向人民法院提起诉讼，要求确认解除建设工程施工合同的效力。

《中华人民共和国合同法》第九十六条规定，当事人一方依照本法第九十三条第二款、第九十四条的规定主张解除合同的，应当通知对方。合同自通知到达对方时解除。对方有异议的，可以请求人民法院或者仲裁机构确认解除合同的效力。最高人民法院关于适用《中华人民共和国合同法》若干问题的解释（二）第二十四条规定，当事人对合同法第九十六条、第九十九条规定的合同解除或者债务抵销虽有异议，但在约定的异议期限届满后才提出异议并向人民法院起诉的，人民法院不予支持；当事人没有约定异议期间，在解除合同或者债务抵销通知到达之日起三个月以后才向人民法院起诉的，人民法院不予支持。依上述规定，发承包人如对书面通知解除合同有异议，需在合同约定的异议期限内或解除合同通知送达之日起三个月内提出异议并向人民法院提起诉讼，要求确认解除合同的效力。否则，将产生合同解除的不利法律后果。

（3）如依通知形式解除建设工程施工合同的，解除权人应选择合适的方式发送书面通知，必要时可选择通过公证送达的方式送达解除通知，以形成完善的通知送达证据。

二、建设工程施工合同解除后已完成工程的价款结算

《中华人民共和国合同法》第九十七条规定，合同解除后，尚未履行的，终止履行；

已经履行的，根据履行情况和合同性质，当事人可以要求恢复原状、采取其他补救措施，并有权要求赔偿损失。第九十八条规定，合同的权利义务终止，不影响合同中结算和清理条款的效力。建设工程施工合同解除后，承包人已完成工程的价款如何结算呢？

1. 建设工程施工合同约定的合同价格形式为可调价形式的，可依合同约定的定额标准及计价文件等对已完成工程进行审核确认。

2. 建设工程施工合同约定的合同价格形式为单价合同、总价合同形式的，如合同中对解除合同情形如何结算已完成工程的价款有明确约定，且该约定没有无效或可撤销情形的，应按照合同约定结算已完成工程的价款。

3. 建设工程施工合同约定的合同价格形式为单价合同、总价合同形式的，如合同中对解除合同情形如何结算已完成工程的价款没有约定，对于建设工程施工合同约定按单价的形式计价结算的，则应计算出已完成工程的实际工程量，然后按合同约定计算出工程价款；对建设工程施工合同约定按总价的形式计价结算的，则可以采用“按比例折算”方式即按实际施工部分的工程量占全部施工完毕的工程量的比例，再按照合同约定的总价计算出已完成工程价款。

4. 建设工程施工合同约定的合同价格形式为总价合同，合同中未对解除合同情形下如何结算已完成工程的价款的，可依据政府部门发布的定额进行计价。

最高人民法院在审理青海方升建筑安装工程有限责任公司与青海隆豪置业有限公司建设工程施工合同一案（最高人民法院公报，2015年第12期）中认为，双方签订的《建设工程施工合同》约定，合同价款采用按约定建筑面积量价合一计取固定总价，即以一次性包死的承包单价1860元/平方米乘以建筑面积作为固定合同价，合同约定总价款约68345700元。作为承包人的方升公司，其实现合同目的、获取利益的前提是完成全部工程。因此，本案的计价方式，贯彻了工程地下部分、结构施工和安装装修三个阶段，即三个形象进度的综合平衡的报价原则。我国当前建筑市场行业普遍存在地下部分和结构施工薄利或者亏本的现实，这是由于钢筋、水泥、混凝土等主要建筑价格相对较高且大多包死，施工风险和难度较高，承包人需配以技术、安全措施费用才能保持保质保量完成等所导致，而安装、装修施工是在结构工程已完工之后进行，风险和成本相对较低，因此，安装、装修工程大多可能获取相对较高的利润。本案中，方升公司将包括地下室部分、结构施工和安装装修在内的土建加安装工程全部承揽，其一次性包死的承包单价是针对整个工程作出的。如果方升公司单独承包土建工程，其报价一般要高于整体报价中所包含的土建报价。作为发包方单方违约解除了合同，如果仍以合同约定的1860元/平方米作为已完成工程价款的计价单价，则对方升公司明显不公平。

根据本案的实际，确定案涉工程价款，只能通过工程造价鉴定的方式进行。司法实践中通过鉴定方式确定工程价款，一般有三种方法：一是合同约定总价与全部工程预算总价的比值作为下浮比例，再以该比例乘以已完成工程预算价格进行计价；二是已完成施工工期与全部应完成施工工期的比值作为计价系数，再以该系数乘以合同约定的总价进行计价；三是依据政府部门发布的定额进行计价。最高人民法院在审理本案中通过数据测算对比认为采用上述第一种方法和第二种方法计价，忽略了当事人双方利益的平衡以及司法判的价值取向，且可能对其中一方明显不公平，而采用了第三种方法即依据政府部门发布的定额计算已完成工程价款。采用第三种方法计价测算出已完成工程价款的数额与当事人预期较为接近，且政府部门发布的定额属于政府指导价，依据政府部门发布的定额计算已完成工程价款亦符合《中华人民共和国合同法》第六十二条第二项“价款或者报酬不明确的，按照订立合同时履行地的市场价格履行；依法应当执行政府定价或者政府指导价的按照规定履行”以及《民法通则》第八十八条第四项“价格约定不明确，按照国家规定的价格履行，没有国家规定价格的，参照市场价格或者同类物品的价格或者同类劳务的报酬标准履行”等相关规定。

三、建设工程施工合同解除后其他事宜的处理

1. 发包人应支付承包人为工程施工订购并已付款的材料、工程设备和其他物品，并接受相应的材料、工程设备和其他物品。

2. 承包人为实施施工合同而签订的材料和设备等合同权益的转让。

承包人为实施施工合同而签订的材料和设备等合同需进行转让，承包人应将此类合同权益一并转让给发包人，承包人应协助发包人与相关合同当事人达成合同权益转让协议。

3. 现场清理和承包人撤离施工现场并办理现场交接。

合同解除后，依违约情形，分别由发包人或承包人承担费用对现场进行清理，同时承包人应撤离施工现场，并与发包人办理现场交接，保全相关证据，特别是已完成工程部分的证据保全，以防将来对已完成工程的价款发生争议时，便于确定已完成工程部分。

四、建设工程施工合同解除后违约责任的承担

《中华人民共和国合同法》第一百零七条规定，当事人一方不履行合同义务或者履行合同义务不符合约定的，应当承担继续履行、采取补救措施或者赔偿损失等违约责任。2017版《建设工程施工合同（示范文本）》对合同解除后违约方应承担违约责任包括支付违约金、赔偿损失等也做了相应的规定。建设工程施工合同解除后违约责任究竟如何确定和承担？

1. 建设工程施工合同有约定违约金的，违约方按建设工程施工合同约定向守约方支付违约金。

2. 建设工程施工合同有约定违约金的，违约方按建设工程施工合同约定向守约方支付违约金，但支付的违约金不足以弥补守约方损失的，则守约方可要求违约方赔偿违约金与损失之间的差额部分。

3. 建设工程施工合同因发包人擅自解除或发包人违约情形解除的，承包人可主张可得利益损失。

《中华人民共和国合同法》第一百一十三条规定，当事人一方不履行合同义务或者履行合同义务不符合约定，给对方造成损失的，损失赔偿额应当相当于因违约所造成的损失，包括合同履行后可以获得的利益，但不得超过违反合同一方订立合同时预见到或者应当预见到的因违反合同可能造成的损失。关于可得利益的损失的数额可以按以下规则确定：建设工程施工合同有约定或已确认工程可得利益或可得利益计算方式的，按照约定确定；当建设工程施工合同没有约定的，可按照以下原则确定①建设工程施工合同约定的价款结算方式中可以确定利润的，按照该利润计算；②建设工程施工合同中约定的价款结算方式中无法确定利润的，可参照同地区同行业类似工程的可得利润计算。

4. 建设工程施工合同发承包双方均有义务采取措施防止损失扩大，双方均有违约情形的，应各自承担相应的责任。

《中华人民共和国合同法》第一百一十九条规定，当事人一方违约后，对方应当采取适当措施防止损失的扩大；没有采取适当措施致使损失扩大的，不得就扩大的损失要求赔偿。当事人因防止损失扩大而支出的合理费用，由违约方承担。第一百二十条规定，当事人双方都违反合同的，应当各自承担相应的责任。因此，建设工程施工合同履行中，如发承包方任一方违约导致解除合同，另一方应积极采取措施避免损失扩大而非任由损失扩大，如双方均有违约行为，应承担相应的责任。

第三节　解除权行使及解除合同后的风险防范建议

一、建设工程施工合同中应明确合同解除的条件、解除权行使的期限、合同解除后已完成工程的价款结算、撤离现场、采购合同权益转让及违约赔偿责任等，以便出现合同解除条件时，双方按合同约定主张权利。

二、建设工程施工合同履行中应保存好违约方违约事实的证据，谨慎决定行使合同解除权。如决定行使合同解除权，应依法向对方送达合同解除通知，并保存好送达的证据。

三、建设工程施工合同解除后，做好现场清理、撤离现场工作，并保存相应的证据。

四、建设工程施工合同解除后，按合同约定做好已完成工程价款的结算、采购权益转让、违约赔偿责任确定事宜。

第十章　竣工验收与竣工结算

承包人完成施工任务后，一般会提请发包人竣工验收，竣工验收既是发包人的权利，也是发包人的义务，发包人对建设工程组织验收，是建设工程通过竣工验收的必经程序。竣工验收后，承包人按合同约定向发包人报送竣工结算报告，发包人对竣工结算报告进行审核。但实践中经常存在发包人怠于组织验收、竣工日期而发生争议，也有承包人因发包人未按合同约定进行竣工结算审核或未按合同约定支付工程款而拒绝移交工程或工程竣工验收资料的争议。因此，有必要梳理一下《建设工程施工合同（示范文本）》中关于竣工验收、竣工退场及竣工结算的有关条款及相关的法律问题，以防范与此有关的法律风险。

第一节　竣工验收、竣工退场、竣工结算相关条款规定

一、通用条款、专用条款中关于竣工验收的条款

通用条款：

13.2　竣工验收

13.2.1　竣工验收条件

工程具备以下条件的，承包人可以申请竣工验收：

(1) 除发包人同意的甩项工作和缺陷修补工作外，合同范围内的全部工程以及有关工作，包括合同要求的试验、试运行以及检验均已完成，并符合合同要求；

(2) 已按合同约定编制了甩项工作和缺陷修补工作清单以及相应的施工计划；

(3) 已按合同约定的内容和份数备齐竣工资料。

13.2.2　竣工验收程序

除专用合同条款另有约定外，承包人申请竣工验收的，应当按照以下程序进行：

(1) 承包人向监理人报送竣工验收申请报告，监理人应在收到竣工验收申请报告后14天内完成审查并报送发包人。监理人审查后认为尚不具备验收条件的，应通知承包人在竣工验收前承包人还需完成的工作内容，承包人应在完成监理人通知的全部工作内容后，再次提交竣工验收申请报告。

(2) 监理人审查后认为已具备竣工验收条件的，应将竣工验收申请报告提交发包人，发包人应在收到经监理人审核的竣工验收申请报告后28天内审批完毕并组织监理人、承包人、设计人等相关单位完成竣工验收。

(3) 竣工验收合格的，发包人应在验收合格后14天内向承包人签发工程接收证书。发包人无正当理由逾期不颁发工程接收证书的，自验收合格后第15天起视为已颁发工程接收证书。

(4) 竣工验收不合格的，监理人应按照验收意见发出指示，要求承包人对不合格工程

返工、修复或采取其他补救措施，由此增加的费用和（或）延误的工期由承包人承担。承包人在完成不合格工程的返工、修复或采取其他补救措施后，应重新提交竣工验收申请报告，并按本项约定的程序重新进行验收。

（5）工程未经验收或验收不合格，发包人擅自使用的，应在转移占有工程后 7 天内向承包人颁发工程接收证书；发包人无正当理由逾期不颁发工程接收证书的，自转移占有后第 15 天起视为已颁发工程接收证书。

除专用合同条款另有约定外，发包人不按照本项约定组织竣工验收、颁发工程接收证书的，每逾期一天，应以签约合同价为基数，按照中国人民银行发布的同期同类贷款基准利率支付违约金。

13.2.3　竣工日期

工程经竣工验收合格的，以承包人提交竣工验收申请报告之日为实际竣工日期，并在工程接收证书中载明；因发包人原因，未在监理人收到承包人提交的竣工验收申请报告 42 天内完成竣工验收，或完成竣工验收不予签发工程接收证书的，以提交竣工验收申请报告的日期为实际竣工日期；工程未经竣工验收，发包人擅自使用的，以转移占有工程之日为实际竣工日期。

13.2.4　拒绝接收全部或部分工程

对于竣工验收不合格的工程，承包人完成整改后，应当重新进行竣工验收，经重新组织验收仍不合格的且无法采取措施补救的，则发包人可以拒绝接收不合格工程，因不合格工程导致其他工程不能正常使用的，承包人应采取措施确保相关工程的正常使用，由此增加的费用和（或）延误的工期由承包人承担。

13.2.5　移交、接收全部与部分工程

除专用合同条款另有约定外，合同当事人应当在颁发工程接收证书后 7 天内完成工程的移交。

发包人无正当理由不接收工程的，发包人自应当接收工程之日起，承担工程照管、成品保护、保管等与工程有关的各项费用，合同当事人可以在专用合同条款中另行约定发包人逾期接收工程的违约责任。

承包人无正当理由不移交工程的，承包人应承担工程照管、成品保护、保管等与工程有关的各项费用，合同当事人可以在专用合同条款中另行约定承包人无正当理由不移交工程的违约责任。

专用条款：

13.2　竣工验收

13.2.2　竣工验收程序

关于竣工验收程序的约定：________________________。

发包人不按照本项约定组织竣工验收、颁发工程接收证书的违约金的计算方法：________________________。

13.2.5 移交、接收全部与部分工程

承包人向发包人移交工程的期限：________________________。

发包人未按本合同约定接收全部或部分工程的，违约金的计算方法为：____________。

承包人未按时移交工程的，违约金的计算方法为：________________________。

13.3　工程试车

13.3.1　试车程序

工程试车内容：＿＿＿＿＿＿＿＿＿＿＿＿＿＿＿＿＿＿＿＿＿＿＿＿＿＿＿＿＿＿＿＿＿＿。

(1) 单机无负荷试车费用由＿＿＿＿＿＿＿＿＿＿＿＿承担；

(2) 无负荷联动试车费用由＿＿＿＿＿＿＿＿＿＿＿＿承担。

13.3.3　投料试车

关于投料试车相关事项的约定：＿＿＿＿＿＿＿＿＿＿＿＿＿＿＿＿＿＿＿＿＿＿＿＿＿＿＿＿。

二、通用条款、专用条款中关于竣工退场的条款

通用条款：

13.6　竣工退场

13.6.1　竣工退场

颁发工程接收证书后，承包人应按以下要求对施工现场进行清理：

(1) 施工现场内残留的垃圾已全部清除出场；

(2) 临时工程已拆除，场地已进行清理、平整或复原；

(3) 按合同约定应撤离的人员、承包人施工设备和剩余的材料，包括废弃的施工设备和材料，已按计划撤离施工现场；

(4) 施工现场周边及其附近道路、河道的施工堆积物，已全部清理；

(5) 施工现场其他场地清理工作已全部完成。

施工现场的竣工退场费用由承包人承担。承包人应在专用合同条款约定的期限内完成竣工退场，逾期未完成的，发包人有权出售或另行处理承包人遗留的物品，由此支出的费用由承包人承担，发包人出售承包人遗留物品所得款项在扣除必要费用后应返还承包人。

13.6.2　地表还原

承包人应按发包人要求恢复临时占地及清理场地，承包人未按发包人的要求恢复临时占地，或者场地清理未达到合同约定要求的，发包人有权委托其他人恢复或清理，所发生的费用由承包人承担。

专用条款：

13.6　竣工退场

13.6.1　竣工退场

承包人完成竣工退场的期限：＿＿＿＿＿＿＿＿＿＿＿＿＿＿＿＿＿＿＿＿＿＿＿＿＿＿＿＿＿。

三、通用条款、专用条款中关于竣工结算的条款

通用条款：

14. 竣工结算

14.1　竣工结算申请

除专用合同条款另有约定外，承包人应在工程竣工验收合格后28天内向发包人和监理人提交竣工结算申请单，并提交完整的结算资料，有关竣工结算申请单的资料清单和份数等要求由合同当事人在专用合同条款中约定。

除专用合同条款另有约定外，竣工结算申请单应包括以下内容：

(1) 竣工结算合同价格；

(2) 发包人已支付承包人的款项；

(3) 应扣留的质量保证金。已缴纳履约保证金的或提供其他工程质量担保方式的除外；

(4) 发包人应支付承包人的合同价款。

14.2 竣工结算审核

(1) 除专用合同条款另有约定外，监理人应在收到竣工结算申请单后14天内完成核查并报送发包人。发包人应在收到监理人提交的经审核的竣工结算申请单后14天内完成审批，并由监理人向承包人签发经发包人签认的竣工付款证书。监理人或发包人对竣工结算申请单有异议的，有权要求承包人进行修正和提供补充资料，承包人应提交修正后的竣工结算申请单。

发包人在收到承包人提交竣工结算申请书后28天内未完成审批且未提出异议的，视为发包人认可承包人提交的竣工结算申请单，并自发包人收到承包人提交的竣工结算申请单后第29天起视为已签发竣工付款证书。

(2) 除专用合同条款另有约定外，发包人应在签发竣工付款证书后的14天内，完成对承包人的竣工付款。发包人逾期支付的，按照中国人民银行发布的同期同类贷款基准利率支付违约金；逾期支付超过56天的，按照中国人民银行发布的同期同类贷款基准利率的两倍支付违约金。

(3) 承包人对发包人签认的竣工付款证书有异议的，对于有异议部分应在收到发包人签认的竣工付款证书后7天内提出异议，并由合同当事人按照专用合同条款约定的方式和程序进行复核，或按照第20条〔争议解决〕约定处理。对于无异议部分，发包人应签发临时竣工付款证书，并按本款第(2)项完成付款。承包人逾期未提出异议的，视为认可发包人的审批结果。

专用条款：

14. 竣工结算

14.1 竣工结算申请

承包人提交竣工结算申请单的期限：________________________________。

竣工结算申请单应包括的内容：____________________________________。

14.2 竣工结算审核

发包人审批竣工付款申请单的期限：________________________________。

发包人完成竣工付款的期限：______________________________________。

关于竣工付款证书异议部分复核的方式和程序：__________________________。

第二节 与竣工验收、竣工退场、竣工结算有关的法律问题

一、竣工验收的条件

2017版《建设工程施工合同（示范文本）》第13.2.1项竣工验收条件规定，工程具备以下条件的，承包人可以申请竣工验收：(1) 除发包人同意的甩项工作和缺陷修补工作

外，合同范围内的全部工程以及有关工作，包括合同要求的试验、试运行以及检验均已完成，并符合合同要求；（2）已按合同约定编制了甩项工作和缺陷修补工作清单以及相应的施工计划；（3）已按合同约定的内容和份数备齐竣工资料。依上述合同约定，承包人除按合同约定完成合同范围内的全部工程以及有关工作外，特别需要注意的是要同时按合同约定的内容和份数备齐竣工资料，这一点与以前大多数情况下，承包人先是提交竣工验收申请，发包人组织竣工验收，竣工验收合格后，承包人移交竣工资料的习惯做法有所不同，因此承包人要在施工合同履行过程中同步收集整理好相关的竣工的资料。

二、承包人应按合同约定的期限完成竣工退场

2017版《建设工程施工合同（示范文本）》要求，承包人竣工退场时应按以下要求对施工现场进行清理：（1）施工现场内残留的垃圾已全部清除出场；（2）临时工程已拆除，场地已进行清理、平整或复原；（3）按合同约定应撤离的人员、承包人施工设备和剩余的材料，包括废弃的施工设备和材料，已按计划撤离施工现场；（4）施工现场周边及其附近道路、河道的施工堆积物，已全部清理；（5）施工现场其他场地清理工作已全部完成。施工现场的竣工退场费用由承包人承担。且承包人应在合同约定的期限内完成竣工退场。承包人如逾期退场，造成发包人损失的，承包人要承担赔偿责任。

案例10-1：承包人逾期退场被诉赔偿损失

江苏某建设集团与上海某地产开发公司签订建设工程施工合同一份，合同对价款、工期、质量及付款时间等进行了约定。合同签订后，江苏某建设集团按合同约定完成了施工任务，并依合同约定向上海某地产开发公司报送了竣工结算报告，但上海某地产开发公司未按约定进行竣工结算审价。江苏某建设集团因此拒绝向上海某地产开发公司移交工程，后上海某地产开发公司支付了部分工程款，江苏某建设集团移交了工程。江苏某建设集团为主张剩余工程价款8000万元向法院提起诉讼，上海某地产开发公司提起反诉，认为江苏某建设集团迟延移交工程影响其二次装修并对外出租，产生的租金损失8000万元。

三、承包人能否以发包人拖延结算或未支付工程款拒不移交竣工验收资料

建设工程经竣工验收合格后，承包人有先将工程及相关资料交付给发包人的义务。承包人因发包人未按约定支付工程款而拒绝交付工程，致使发包人无法对竣工的工程行使占有、使用和处分权利而发生的损失，由承包人承担。因此，在发包人拖延结算或未支付工程款的情形下，承包人仍负有先将工程及相关资料交付给发包人的义务。对于发包人的违约情形，承包人可依法通过司法途径主张自己的合法权益。承包人如拒绝交付工程及相关资料，造成发包人损失的，承包人要承担赔偿责任。

案例10-2：承包人负有先移交竣工验收资料义务

浙江某建设集团与浙江某集团公司就垃圾发电厂工程经招标签订建设工程施工合同一份，合同约定价款为6800万元，合同同时对工期、质量及工程款支付、违约责

任等进行了约定。浙江某建设集团按约定完成施工任务后与浙江某集团公司就竣工结算发生争议诉讼到法院，浙江某建设集团因竣工结算存在争议，拒绝移交工程竣工验收资料，浙江某集团公司另案向法院提起诉讼，要求浙江某建设集团移交竣工验收资料，法院经审理认为浙江某建设集团不得以工程款结算为由拒绝移交竣工验收资料，其作为承包人负有先将工程竣工验收资料交付给发包人的义务，遂判决浙江某建设集团移交案涉工程竣工验收资料。

四、发包人逾期审核竣工结算文件，承包人能否以提交竣工结算文件主张工程价款

2017版《建设工程施工合同（示范文本）》第14.2款规定发包人在收到承包人提交竣工结算申请书后28天内未完成审批且未提出异议的，视为发包人认可承包人提交的竣工结算申请单。最高人民法院《关于审理建设工程施工合同纠纷案件适用法律问题的解释》第二十条规定，当事人约定，发包人收到竣工结算文件后，在约定期限内不予答复，视为认可竣工结算文件的，按照约定处理，承包人请示按照竣工结算文件结算工程价款的，应予支持。因此，根据2017版《建设工程施工合同（示范文本）》的规定和最高院上述司法解释的规定，如发包人逾期审核竣工结算文件，则承包人可依据竣工结算文件向发包人主张工程价款。

五、发承包双方确认的竣工结算价与审计部门审计的工程决算价款一致时，是否以审计价作为结算依据

财政资金或国有资金投资的建设工程项目均会接受审计部门的审计，实践中也就会出现发承包双方确认的工程竣工结算价与审计部门审计的工程决算价款或财政评审机构作出的评审结论不一致的情形，此时是否需要以审计价或财政评审结论作为结算依据。最高人民法院认为，审计是行政监督的一种手段，不影响合同效力，法院应以合同约定为准。只有合同约定以审计为结算依据或合同无效或约定不明确时，方以审计价为准。

最高人民法院在审理重庆建工集团股份有限公司与中铁十九局集团有限公司建设工程合同纠纷再审一案（最高人民法院公报案例，2014年第4期）中认为，案涉工程款的结算，属于平等民事主体之间的民事法律关系，与法律规定的国家审计的主体、范围、效力等，属于不同性质的法律关系问题，即无论案涉工程是否依法必须经国家审计机关审计，均不能认为国家审计机关的审计结论可以成为确定双方当事人之间结算的当然依据。在民事合同中，当事人对接受行政审计作为民事法律关系依据的约定，应当具体明确，而不能通过解释推定的方式认为合同签订时当事人已经同意接受国家机关的审计行为对民事法律关系的介入。故本案所涉合同中约定的工程结算最终以业主审计为准，应解释为工程最终结算价须通过专业途径或方式，确定工程价款真实性和合理性，该结果须经业主确认，而不应解释为须在业主接受国家审计机关审计后，依据审计结果进行结算。因此，发承包双方确认的竣工结算价与审计部门审计的工程决算价款一致时，应按合同约定确定是否以审计价作为结算依据。

第三节　竣工验收、竣工退场、竣工结算的风险防范建议

一、承包人提请发包人竣工验收时，应按合同约定备齐竣工资料。竣工验收合格及时将工程及相关资料交付给发包人，以免需赔偿由此给发包人造成的损失。

二、承包人应保存好提请发包人竣工验收的证据，以便确定发包人拖延验收情形下建设工程的竣工日期。

三、承包人应按合同约定报送完整的竣工结算文件，并保存好送达竣工结算文件的证据，必要时可通过公证送达的方式报送竣工结算文件，以便发包人拖延审核时，以报送的竣工结算文件主张工程价款。

四、需政府审计或财政评审的工程项目，应根据需要在施工合同中明确约定工程价款结算的依据，以减少是否应以审计价为结算依据方面的争议。

第二篇　管　理　篇

《建设工程施工合同（示范文本）》最早的一版是1991年版，至今历经1999年、2013年和2017年三次改版与升级，即便如此，企业施工合同管理依然存在不少的问题，因施工合同履行发生的争议仍然是有增无减，是什么原因造成的呢？笔者分析，一方面是因为企业对示范文本的理解不准确，对此，本书第一篇法律篇从示范文本出发进行解读，希望能加深读者对示范文本的理解，帮助施工企业最大限度地利用好示范文本为己方设定的公平合理的条款，尽最大可能地防患于未然，减少合同争议，减少损失，维护自身的合法权益；另一方面是因为企业内部合同管理不规范、管理工作不到位，对此，本书第二篇设定为管理篇，从企业如何进行合同管理的角度来撰写本篇内容，以帮助施工企业真正从内部把合同管理运作到位。

本书的合同管理，主要指施工企业与业主方签订的施工承包合同或与联合体一起与业主方签订的施工承包合同，是所谓销售合同。从工作程序上来说，施工合同管理至少包括十个环节：合同起草、合同评审与审查、合同谈判、合同签署与用印管理、合同交底、合同存档、合同变更与解除、合同签证索赔、结算管理、合同履约监控。本篇只针对几个重点环节进行分析：合同评审与审查、合同谈判、合同履行管理、合同管理支持性工作。本书将更加侧重实际操作层面，在合同评审与审查、合同谈判、合同履行管理等几个重点部分均提供了详实而具可操作性的流程图和表单供施工企业参考，希望本篇的内容能为企业施工合同管理工作提供有价值的借鉴，成为企业合同管理的操作手册。

第十一章 合同管理的职责划分、流程与管理规范

在具体分析各个重点环节之前，先看看企业施工合同管理的职责划分、工作流程与管理规范，这些内容一般在企业《组织管理手册》、《合同管理手册》、《合约法务管理手册》、《内控管理手册》、《市场与商务管理手册》、《市场营销管理手册》中有所体现。

第一节 施工企业内部合同管理机构及职能

按照我国法律的规定，企业合同的签订只能由企业法定代表人或其授权的委托代理人完成，合同纠纷的诉权也只能由企业法定代表人或其授权的委托代理人行使，但这并不意味着企业任何合同的签订、解除、管理都需要法定代表人事必亲躬，关键在于加强企业内部合同管理，在企业内部建立起一整套较为成熟的制度与流程，由企业法定代表人/企业总经济师/总法律顾问主管、专职合同归口管理部门统管、相关职能部门分管、具体承办人（项目合同管理人员）专管，形成上下成线、纵横成网、相互协调配合的企业内部合同管理体系，使得合同管理工作层层有人抓、事事有人管，“各司其职、各尽其责、落到实处”。

一般来说，企业内部的合同管理机构分为企业层级和项目部层级。

一、企业层级合同管理机构及职能

企业层级的合同管理机构包括：企业法定代表人、企业总经济师/总法律顾问、企业

合同归口管理部门、企业相关职能部门。

（一）企业法定代表人

企业法定代表人的合同管理一般职责如下：

1. 认真贯彻有关法律、法规，保证国家法律、法规在本企业得到切实落实；

2. 把合同管理工作纳入本企业总体发展规范和目标责任制；

3. 建立健全合同管理机构和各项合同管理制度；

4. 按照法定代表人的职权依法任免合同管理人员和合同业务人员；

5. 签发法定代表人授权委托书，委托代理人签订合同；

6. 授权法务人员或专业律师代表企业去处理合同纠纷的诉讼或仲裁；

7. 依法亲自签订、审查重大合同；

8. 监督、检查本企业合同的签订和履行情况。

（二）企业总经济师/总法律顾问

企业总经济师/总法律顾问的合同管理一般职责如下：

1. 贯彻执行国家法律法规及有关方针、政策及企业有关规章制度与决定；

2. 健全企业合同管理体系，建立企业与项目合同管理责任制，建立合同管理的分级授权评审机制，强化合同风险及效益管理；

3. 建立完善企业合同管理机构及人员队伍管理机制，加强合同管理队伍建设；

4. 主持企业投标报价文件的评审，以及分承包工程的招标、评审等工作；

5. 主持合同评审、合同洽谈，对合同文本提出审定意见，提交授权决策人审批；

6. 组织合同履行管理工作，加强企业商务法务策划，开展项目经济活动分析，处理合同经济纠纷；

7. 组织企业对合同管理制度、手册实施情况的检查，及项目履约情况检查。

（三）企业合同归口管理部门

在大型建筑集团的集团公司层面，一般由法律事务部作为合同归口管理部门；集团事业部、各子企业则应当明确合约商务或法律事务职能部门作为合同归口管理部门。中小型企业的合同归口管理部门，可以是合约商务部、法律事务部、经营管理部、市场营销部等。合同归口管理部门一般职责如下：

1. 配合企业领导，对合同管理进行通盘研究、总体规划；

2. 制定并完善企业合同管理有关制度、业务规程文件，并定期更新维护；

3. 参与本企业重大合同谈判并起草重大合同；

4. 建立完善公司合同管理信息化体系；

5. 组织开展合同管理业务培训，持续提升合同管理队伍业务素质能力；

6. 负责（或牵头组织）合同评审，防止不完善或不合规的合同出现，办理合同审批、授权手续；

7. 建立健全合同档案、台账、报表等基础工作；

8. 保管使用企业合同专用章，并负责用印，对法定代表人授权委托书和空白合同书进行管理；

9. 监督、检查和考核企业合同的订立及履行情况；

10. 参与合同纠纷的调查、调解、仲裁和诉讼活动；

11. 宣传贯彻国家有关法律、法规。

（四）企业相关职能部门

企业层级，除了企业法定代表人、企业总经济师/总法律顾问、合同归口管理部门之外，企业相关的职能部门也属于企业内部合同管理机构。相关职能部门合同管理的一般职责如下：

1. 参与会同评审与审核，就合同与本部门业务相关部分内容提出评审和审核意见，并对相关内容的合法性、合规性、可行性负责，例如：财务管理部，参与合同评审，重点对合同中约定的工程量确认、合同价款支付、票据、税收、担保等相关条款予以评判，提出评审意见；资金管理部，参与合同评审，重点对合同中约定的工程量确认、合同价款支付、担保等条款予以评判，提出评审意见；商务成本管理部，参与合同评审，重点对合同所涉及的计价原则、调价方式、结算方式、分包分供商的管理等相关条款予以评审，提出评审意见；工程管理中心，参与合同评审，重点对合同中涉及的有关工期、保修等相关条款予以评审，提出评审意见；

2. 根据需要，参与合同履行的检查和考核工作；

3. 按企业《合同管理手册》、《合约法务管理手册》、《市场营销管理手册》或《市场与商务管理手册》的规定，参与合同管理签订、履行以及其他环节的相关工作；

4. 制定本部门合同管理相关内容的实施细则或实施办法；

5. 根据需要，积极参与本部门业务相关的合同纠纷的协商调解、仲裁和诉讼活动；

6. 做好本部门与合同有关内容的档案、台账、报表等基础工作；

7. 积极组织本部门相关人员参加《中华人民共和国合同法》的培训和学习。

二、项目部层级合同管理机构及职能

项目部层级的合同管理机构包括：项目合约商务（法务）经理、项目合同管理专员（法务联络专员）。

（一）项目合约商务（法务）经理

项目合约商务（法务）经理的一般职责如下：

1. 参与投标时项目调查分析（包括现场踏勘、业主资信调查、项目所在地相关政策法规和资源调查等）、项目风险分析，参与工程投标商务策划工作；

2. 办理分包分供合同的招标、评标、洽谈、起草及评审等工作；

3. 参与企业层面的合同交底，负责组织项目层面的合同交底，编制项目商务（法务）策划书；

4. 参与项目责任成本的确定，定期组织项目经济活动分析，负责按时完成总、分包分供预结算工作，负责与发包方进行收入确认，对分包分供商进行支付确认；

5. 牵头办理项目合同签证、索赔事宜，撰写索赔报告；

6. 参与对发包人的履约评价，对分包分供合同履约的评价及考核；

7. 接受上级领导和部门的指导和监督，完成上级及项目经理安排的其他工作。

（二）项目合同管理专员（法务联络专员）

项目合同管理专员（法务联络专员）的一般职责如下：

1. 负责收集工程所在区域的相关政策法规、行政主管部门的各项规定，并对接地方相关职能部门；

2. 按企业合同档案要求，及时收集、记录、整理、保存与合同有关的协议、函件等资料；

3. 负责建立各类合同、变更、签证、索赔、中间结算、分包分供结算等台账；

4. 监管所在项目各类合同的履约情况，按要求上报各类商务履约报表。

第二节 施工合同管理的流程

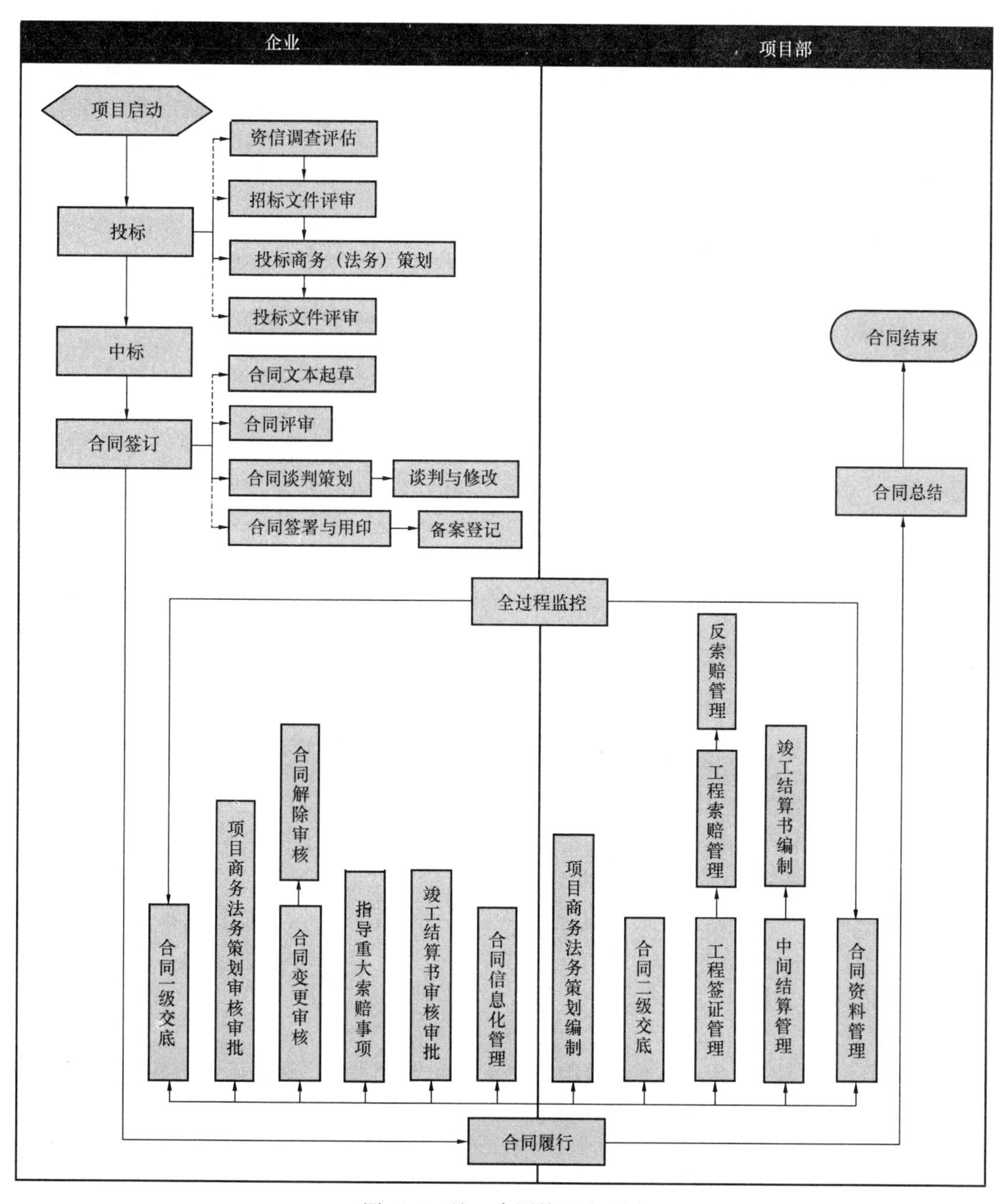

图 11-1 施工合同管理流程图

第三节 施工合同的管理要求

施工合同管理工作至少包括十个基本的环节：合同起草、合同评审与审查、合同谈判、合同签署与用印管理、合同交底、合同存档、合同变更与解除、合同签证索赔、结算管理、合同履约监控，每一个环节的管理要求如下：

一、合同起草管理要求

工程中标后，一般由发包人（业主）提供合同草案供双方洽谈、签约，不过有时发包人（业主）也会商请中标的施工企业起草合同草案，当出现后一种情况时，企业的合同归口管理部门应以招标文件、投标文件、投标期间往来函件为基础初步拟定施工合同。

合同文件应使用国家现行的《建设工程施工合同（示范文本）》（GF-2017-0201）或当地建管部门实行的示范文本。施工企业应建立企业标准文本库，在合同管理方面，实行标准文本管理。除此之外，还要注意：

1. 施工企业应积极争取施工承包合同的起草权，若能获得合同的起草权，则起草合同，坚持拟定的合同条款条件不低于招标时载明的条款。合同归口管理部门负责合同文稿的草拟、修改，法律事务部门、项目管理部门等其他部门予以协助；

2. 合同归口管理部门负责建立本企业标准（示范）合同文本库，合同起草以合同文本库中的文本为标准，除工程名称、范围、价款等因项目差异性要素外，实质性内容需要调整的，需经合同管理部门审核同意；

3. 若不能获得施工承包合同的起草权，合同文本由业主提供（通常是在招标文件中附带提供），合同归口管理部门应与国家、行业示范文本对比，对合同履行有实质性影响的，应当以附件的形式明示在评审意见中。

二、合同文本的评审管理要求

合同文本起草完成后，应当对合同文本进行评审。

1. 合同归口管理部门组织企业相关职能部门进行集体研究与评审，企业相关职能部门按职责分别提出评审意见，各部门只需要在《建设工程施工合同评审表中》填写与本部门有关的表单，最终形成会议纪要和签字记录；合同归口管理部门汇总相关职能部门的评审意见，并提出综合意见，经总法律顾问、总经济师审核，作为进行合同谈判策划的依据；

2. 建立合同文件评审责任机制，明确评审职责分工，完善评审标准。评审分工及标准落实在《建设工程施工合同评审表》上，相关部门应严格填写；

3. 建立评审风险要素分级管理机制，将风险问题分为红、黄、蓝三个等级，存在红色等级风险问题的为重大风险，应报企业法定代表人、董事长或总经理进行签约决策；重大风险合同原则上仅限于战略客户和有特殊需要承接情形下，经过相关部门综合评审、企业法定代表人、董事长或总经理决策后方能签订。

三、合同谈判管理要求

合同谈判的内容包括：成立谈判小组、谈判策划、合同谈判。合同谈判前，要精心做好合同谈判策划，由谈判小组制定谈判原则、方案和目标。

1. 成立合同谈判小组，小组成员由商务合约、工程技术、市场营销、法律、质量安全等相关专业（相关部门）人员组成。由谈判小组会同项目经理与客户进行交流，对合同初稿内容进行初步洽商，必要时由董事长或总经理出面参与谈判；

2. 由合同谈判小组编制《合同谈判策划书》，对经济商务、技术等各方面的风险分别提出底线目标、争取目标、策略目标；

3. 谈判结束后，形成书面记录或纪要，经双方签字认可。合同谈判成果在过程中及时锁定，填写《合同谈判记录表》；

4. 一般要求收到中标通知书后 18 日内完成谈判，总体合同谈判时间控制在中标后一个月内。

四、合同签署与用印管理管理要求

合同定稿后，合同归口管理部门按印章使用流程，盖公章、法定代表人名章后，交业主/发包人盖章。

1. 施工合同审批通过后用印，申请用印按企业《行政管理手册》“印章使用流程”；

2. 实行合同专用章管理，由合同归口管理部门负责保管使用，需加盖骑缝章，并建立合同专用章使用登记台账；

3. 严格用印审核，未经规范审核会签、授权批准等管理程序，不得用印；

4. 加强合同文本管理，严格实行联签、角签、文本借阅使用等程序；

5. 严禁项目实施在先，合同签订在后。

五、合同交底管理要求

1. 实行两级或三级交底，企业对项目部进行一级交底，项目内部进行二级/三级交底；

2. 交底组织、时间、内容要点应符合企业相关管理制度的要求。

六、合同存档管理要求

合同归口管理部门应及时收回双方签字盖章的合同文件，对合同评审与签订过程中产生的文件及时归档。

1. 合同正本原件及全套评审资料需归档到集团总部档案室；

2. 合同借阅需登记并保存记录；

3. 合同签订后应及时录入集团公司法律与合同管理系统，合同签订情况根据合同主体按月报送集团总部进行合同条件分析和评审质量分析；

4. 一般要求合同用印后一个月内归档，月报和月度分析为次月 5 日之前。

七、合同变更与解除管理要求

1. 发生合同变更与解除情形时，项目部应向企业合同管理部门报告，合同管理部门组织法律事务等相关部门进行变更评审，评审意见报总法律顾问、总经济师审核，并报授权批准人审批；

2. 合同变更与解除应及时签订补充协议等合同文件；

3. 施工过程中发生的设计变更本质上也属于合同变更，因此，施工技术部门在执行设计变更的同时应按照合同变更的处理程序评审、审核及审批。

八、合同签证索赔管理要求

1. 遵循“勤签证、精索赔”的原则；签证是索赔的基础，签证可能不索赔，但索赔的前提是必须先有签证，因此，应尽量以签证形式解决问题，选择其中主要的、涉及金额较大或影响工期较长的形成索赔报告，其余的不妨舍弃，以有舍有得的姿态确保较为重大的签证事件索赔成功；坚持单项索赔，一事一议，即使一项索赔事项既有费用索赔也有工期索赔，也要将其分开进行，切忌“算总账”；

2. 梳理完善签证索赔流程，明确各相关岗位及人员责任机制。项目部技术工程师、现场工程师等有责任发起提出签证索赔，项目工程部门计算索赔工期，合约部门计算量、价，签证索赔工作组审核，项目经理批准，重大索赔需报企业合同管理部门、总法律顾问、总经济师审批；不过，项目部负责办理签证的人员应本着“就近、有利”的原则来安排，以有利于签证的顺利达成；

3. 规范签证索赔工期费用计算、提交报告函、证据资料等环节管理，按《签证申请表》、《工程量、费用或工期计算说明书》、《工程工期延误报告》、《工程工期顺延报告》、《工程费用补偿报告》等模板及工期费用计算规范、证据规范等规范执行；

4. 建立反索赔机制。

九、结算管理要求

1. 建立结算策划管理机制。一般情况下，工程完工前二个月即应开始收集结算资料，工程完工 28 天内向业主报送结算书（超过 28 天报送，将丧失留置权；超过六个月还会丧失优先受偿权），六个月内办理完工程结算，一年内工程款回收至结算价的 95%，结算策划书根据实际情况可由项目部编制，也可由企业商务成本部门负责编制，经相关部门审核后，企业总经济师审定，并指导结算工作；

2. 建立结算目标责任机制。项目部依据结算策划编制结算书，填写《项目部工程结算评审表》，经项目部初评后，填写《工程结算报审表》，报合同管理部门、相关部门、总经济师审核，报授权批准人，确定结算目标，企业与项目部签订结算责任状；

3. 签订工程承包合同时，应争取实行中间结算，一般做法是按月结算，实行中间结算可以缩短竣工结算的周期，还可以使进度付款较为及时。

十、合同履约监控管理要求

1. 建立合同履行风险要素分级监控管理机制。合同履行风险要素分为正常波动（蓝色）、黄色预警、红色预警三级，发生属于红色预警风险问题的，项目部及时填写《风险预警及防控表》，报企业合同管理部门、法律事务部门提出措施意见，报总法律顾问、总经济师审定，指导、监督项目应对；

2. 建立项目部月度经济活动分析会机制。

在企业实际操作中，除了管理规范的要求之外，还需要明确每一个环节的时间要求、主要责任部门、相关部门、相应的工作表单等信息。合同签署环节中，对于重大风险合同、限额外合同，还涉及合同联签工作。

第十二章　合同评审与审查

合同评审是建筑施工企业内部各有关部门按照各自的职责、依据企业管理制度规定的评审流程、标准、时限对企业签订的合同，就履约能力方面进行全面把关，保证合同正确签订和履行，是企业施工合同签订之前的必经程序，也是企业合同管理非常重要的一个环节。在这里，“合同评审”是个泛称，它并不单单指对合同文本的评审，还包括了工程投标前后的多轮评审活动（图 12-1），以保证签约质量。评审的内容包括：技术保证能力、质量保证能力、材料保证能力、生产保证能力、资金保证能力和财务结算、价格等。

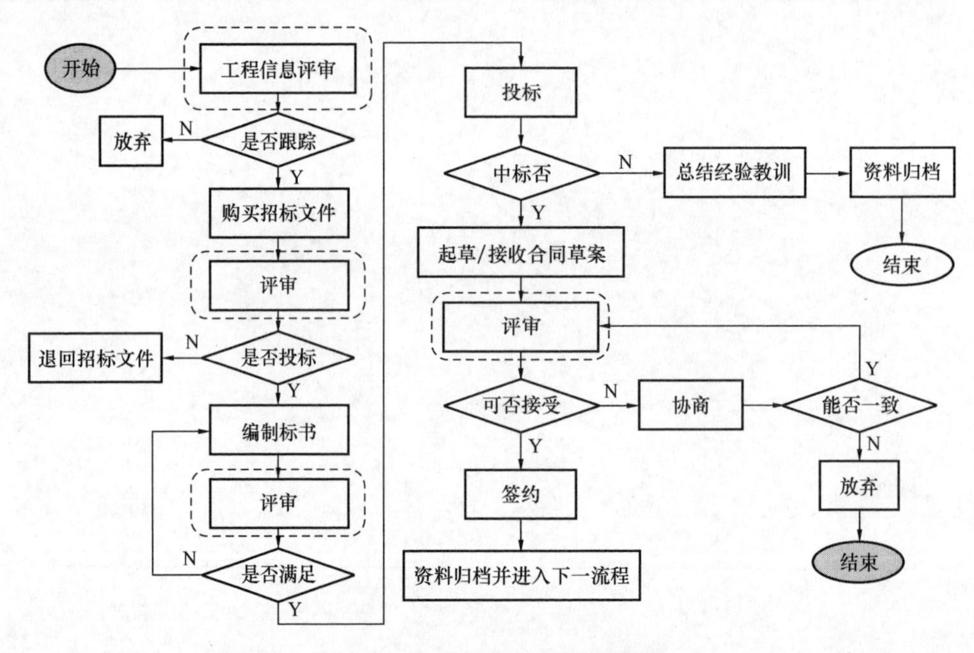

图 12-1　施工合同经历的多轮评审

对一个企业来说，订立合同是一件十分严谨的事情，为了防止合同法律风险，还要对合同的内容以及格式进行审查。简单点说就是：严格合同审查，规避合同风险。围绕这一宗旨，合同审查的内容包括：合同条款审查（全面性、真实性、严谨性）、合同主体一致性审查（招标人、招标通知书发放人、与合同相对方应一致，合同用印与订立合同的主体相符）、合同签字审查（审查合同签字人效力、坚持一合同一授权）、合同用印审查（用印方与合同主体一致性的审查、分支机构用印的审查、加盖骑缝章审查、避免在空白合同书上预先盖章），等。

从以上两个定义可以很明显看出来合同评审和合同审查不是一回事，前者是针对履约能力，后者是针对文本风险。实际工作中，很多施工单位都把合同评审和合同审查混为一谈，或者虽然“审”的内容不一样，但管理流程通常是并行的。为此，本章的标题定为合同评审与审查，具体的内容中，并没有将两个部分严格分开来写，还是根据企业的管理习惯来“统写”。需要说明的一点是，对招标文件的评审的流程、职能分工、审查要点基本上与对施工合同的差不多，所以此部分不再对招标文件评审进行详述。

第一节　合同评审与审查的流程

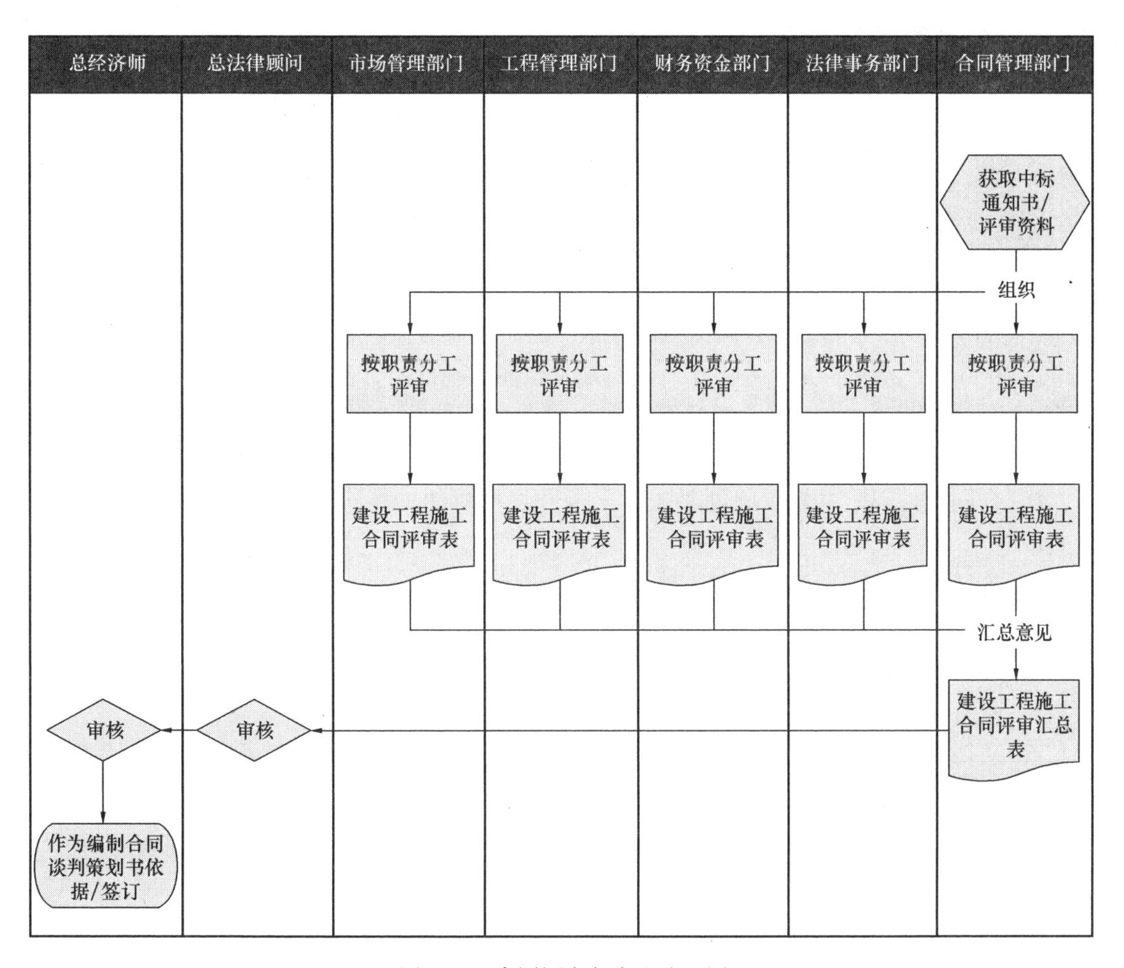

图 12-2　合同评审与审查流程图

注：合同评审与审查应注意时间要求，应在收到需评审/审查的合同资料 2～3 个工作日内完成。

第二节　合同评审与审查所需的资料

合同评审与审查所需的资料包括但不限于：

1. 营销立项审批表；
2. 发包人资信调查评估表；
3. 中标通知书；
4. 签约文本；
5. 合同主要条款摘要；

6. 合同实施单位评审意见；

7. 项目预期利润率分析表；

8. 质量保证大纲/质量计划；

9. 成本概算书；

10. 进度计划、网络计划；

11. 招、投标文件评审等有关资料；

12. 法律意见书（如有）；

13. 其他。

第三节　部门职能分工

各施工企业应该结合自身的合同管理组织架构，明确合同评审与审查的管理流程，明确合同管理部门和相关部门的工作职责。合同评审与审查工作需要相关部门密切配合，充分发挥协作精神，才能确保合同文本的条款完善、内容合法，切实控制和防范风险。施工合同评审与审查涉及的五个主要管理部门是：合同管理部门、市场管理部门、工程管理部门、财务资金部门、法律事务部门等，五个部门的职能分工见表 12-1，可以看到每一项要素都有相应的牵头责任部门、相关责任部门和配合部门。

1. 合同管理部门主要在承包内容、合同价款及调整、竣工验收与结算、保险等方面是牵头责任部门；

2. 市场管理部门主要在合同主体方面是牵头责任部门；

3. 工程管理部门主要在技术内容、工期条款、质量条款、竣工验收、保修期等方面是牵头责任部门；

4. 财务资金部门主要在资金条款、担保条款方面是牵头责任部门；

5. 法律事务部门主要在违约条款、合同生效、争议解决方式、合同解除、合同转让、不可抗力、优先受偿权等方面是牵头责任部门。

施工合同评审与审查分工　　　　**表 12-1**

序号	要素名称	市场管理部门	工程管理部门	财务资金部门	法律事务部门	合同管理部门
一	合同主体					
1	发包人资信	★				
二	承包内容					
1	工程承包内容和范围	▲	■			★
三	技术内容					
1	技术条款		★			▲
四	合同价款及调整					
1	价格条件					★
2	计价方式	▲				★
3	工程量确定方式	▲				★

续表

序号	要素名称	市场管理部门	工程管理部门	财务资金部门	法律事务部门	合同管理部门
4	人工材料价格调整方式	▲				★
5	价格中包含的风险范围	▲				★
6	变更、洽商、签证计价方式、确认时间	▲				★
五	资金条款					
1	垫资	■		★		▲
2	工程预付款	■		★		▲
3	工程进度款支付额度	■		★		▲
4	工程进度款支付时间	■		★		▲
5	结算尾款支付时间	■		★		▲
6	变更、洽商、签证价款支付时间	■		★		▲
7	保修款支付	■		★		▲
六	担保条款					
1	预付款担保			★		■
2	履约担保			★		■
3	农民工工资支付担保			★		■
七	工期条款					
1	工期延误的索赔	■	★			▲
2	工期顺延条件	■	★			▲
3	工期延误的处罚	■	★			▲
八	质量条款					
1	发包人承担造成建设工程质量缺陷责任		★			■
九	竣工验收及结算					
1	竣工验收		★			■
2	结算审核方式、时限及结算尾款支付时间	■		▲		★
3	结算准确性	■				★
十	保险					
1	保险购买		▲			★
十一	违约条款					
1	对发包人的违约罚则	■	▲		★	▲
2	对承包人的违约罚则	■	▲		★	▲
十二	合同生效、争议解决方式、合同解除					
1	关于合同生效				★	▲

续表

序号	要素名称	市场管理部门	工程管理部门	财务资金部门	法律事务部门	合同管理部门
2	争议解决方式				★	
3	合同解除条件		■		★	▲
4	禁止停工条款				★	
5	合同的合法性、完整性、严谨性				★	
十三	其他					
1	总承包管理的内容	▲	★			▲
2	发包人供应材料设备的相关约定	▲				★
3	保修期	▲	★			
4	合同转让				★	▲
5	不可抗力				★	▲
6	专业工程发包	▲	▲			★
7	优先受偿权				★	

注：★牵头责任部门；▲相关责任部门；■配合部门。

第四节 合同评审与审查要点

施工合同评审与审查的具体内容，一般从合同合法性、合同真实性、合同公平性、合同周密性几个方面进行逐条审查，同时也可以根据合同文本的几个板块来逐条分析各个环节可能出现的履约能力问题或文本风险问题，如表 12-2 所示。发包人资信、价格条件、垫资、工程款支付额度、履约担保、禁止停工条款、优先受偿权这几个方面，是风险控制级别最高的红色级别，为重大风险，如果存在，一般不得参与投标或后续合同签署。如因确实具备战略合作意义、市场标志性或拓展性意义等原因必须签约的，应当报企业董事长或总经理批准后，方可执行；表 12-2 中黄色风险控制级别的内容也非常多，施工企业需要一条一条仔细分析，黄色级别为重要风险要素，如果存在，应做出风险控制策划，在确认风险可控的前提下进行投标。

合同评审与审查风险分级控制要素 **表 12-2**

序号	要素名称	易出现的问题/风险点	风险控制级别
一	合同主体		
1	发包人资信	建设行政审批手续缺失、不齐全；发包主体不具备法人资格	红
二	承包内容		
1	工程承包内容和范围	工程项目内容描述不准确，存在模糊含混不清情况；或存在可凭推测和想象而导致范围扩大的成分	黄

续表

序号	要素名称	易出现的问题/风险点	风险控制级别
三	技术内容		
1	技术条款	图纸未包含在招标文件中；施工工艺、工序、使用新技术、新材料与常规工程存在差异；工程所要求奖项过高	黄
四	合同价款及调整		
1	价格条件	测算利润率低于企业规定标准	红
2	计价方式	计价方式约定不清楚；合同总价一次性包死	黄
3	工程量确定方式	要求我方复核发包人提供工程量的准确性，但又不提供足够的复核时间；施工过程中施工方案不作为工程量的确定依据	黄
4	人工材料价格调整方式	缺少可调整价款的因素、缺少对于措施项目费调整，缺少清单特征描述与图纸不符的调整方式	黄
5	价格中包含的风险范围	价格中包含的风险范围约定不清楚或约定的风险范围太大	黄
6	变更、洽商、签证计价方式、确认时间	未明确变更、洽商、签证的计价方式及时间或约定为工程结算时结算	黄
五	资金条款		
1	垫资	明确要求我方垫资；垫资额度超过企业规定标准；垫资期限不明确或无限期垫资	红
2	工程预付款	工程无预付款；在约定支付预付款的前提下，附加其他条件；预付款额度低、支付时间不合理	黄
3	工程进度款支付额度	工程进度款支付比例低于企业规定标准，且竣工验收合格后支付比例低于企业规定标准	红
4	工程进度款支付时间	审批支付周期过长；未约定审批及支付时限；未约定非承包人原因导致节点完成时间延误的工程款支付方式	黄
5	结算尾款支付时间	尾款的支付时间未明确或约定的时限过长	黄
6	变更、洽商、签证价款支付时间	未明确变更、洽商、签证价款的支付时间或约定为在工程结算后支付	黄
7	保修款支付	保修款支付时限过长或在保修款扣留的条件中责任界定不清晰	黄
六	担保条款		
1	预付款担保	保函到期时间过长	黄
2	履约担保	担保额度超过企业规定标准，或要求用现金担保	红
七	工期条款		
1	工期延误的索赔	发包人对因自身原因导致的工期延误不给予承包商工期顺延及经济补偿	黄
2	工期顺延条件	工期顺延条件描述不全，如缺少发包人责任原因、发包人指定分包分供责任原因等	黄
3	工期延误的处罚	对工期延误不分原因进行处罚或处罚重	黄

续表

序号	要素名称	易出现的问题/风险点	风险控制级别
八	质量条款		
1	发包人承担造成建设工程质量缺陷责任	发包人过多强调承包人责任，回避或拒绝明确发包人责任造成的质量责任	黄
九	竣工验收及结算		
1	竣工验收	发包方经常提出以其认可的验收日期或其取得相关手续为准，易导致竣工验收日期拖延	黄
2	结算审核方式、时限及结算尾款支付时间	未规定结算审核时间和审核单位；结算及支付时间过长；只约定竣工结算，未约定中间结算，无法过程中锁定收入	黄
3	结算准确性	发包人聘请的造价咨询/审计单位对结算的审减额超过一定比例，将由承包人承担造价咨询/审计费用或对承包人进行处罚	黄
十	保险		
1	保险购买	未明确保险购买方或要求建筑工程一切险、第三者责任险由承包单位购买	黄
十一	违约条款		
1	对发包人的违约罚则	发包人违约罚则不约定，或者罚则与我方不对等；发包人故意规避或减轻其不按时支付工程进度款的违约责任	黄
2	对承包人的违约罚则	处罚名目繁多或处罚重	黄
十二	合同生效、争议解决方式、合同解除		
1	关于合同生效	合同约定的生效条件较为严格，实际操作中的失误易导致合同失效	黄
2	争议解决方式	发包人选择对其具有资源优势的仲裁机构，致使承包人在与其发生纠纷时处于被动地位	黄
3	合同解除条件	双方解约条件不对等。 如存在以下条款： 1. 承包方出现任何违约情形，发包方有权立即解约； 2. 发包方解约，对承包方处以违约金； 3. 发包方延期支付工程款X月之内，承包方必须维持施工，不得停工或解约	黄
4	禁止停工条款	发生一切情况，禁止承包商停工	红
5	合同的合法性、完整性、严谨性	与相关法律法规相违背；合同条款不完整；合同用语不严谨	黄
十三	其他		
1	总承包管理的内容	无限扩大总承包义务	黄
2	发包人供应材料设备的相关约定	未明确发包人提供材料运输过程中的损耗系数	黄

续表

序号	要素名称	易出现的问题/风险点	风险控制级别
3	保修期	延长保修期，尤其是防水工程的保修时间	黄
4	合同转让	约定发包人可不经承包人同意就转让合同	黄
5	不可抗力	不可抗力产生后的责任约定对承包人不利	蓝
6	专业工程发包	约定招标主体为发包人或发包人参与招标；招标文件中附带指定分包分供合同文本，对指定分包分供的权利、责任约定对总承包人不利	蓝
7	优先受偿权	明确要求承包人放弃优先受偿权	红

注：1. 红色级别为重大风险要素，如果存在，一般不得参与投标或后续合同签署。如因确实具备战略合作意义、市场标志性或拓展性意义等原因必须签约的，应当报企业董事长或总经理批准后，方可执行；

2. 黄色级别为重要风险要素，如果存在，应做出风险控制策划，在确认风险可控的前提下进行投标；

3. 蓝色级别为一般风险要素。

表 12-2 内的内容多数都是定性的，那有没有一些相对定量的指标呢？一般来说，对于十亿或百亿营业收入/合同额规模的施工企业而言，如评审的合同具备以下情形之一，一般可以认定为红色级别/重大风险合同：

1. 测算项目毛利率低于 6%；

2. 无预付款或有预付款但分次抵扣情形下，月进度付款 75%及以下、节点付款 80%及以下（且节点的支付间隔二个月及以上）；至结构封顶时点，付款比例低于已完工程量的 80%以及竣工验收支付低于 85%；

3. 进度款支付方式包含商业承兑汇票或保理形式的；

4. 履约担保形式为现金保证；或担保形式为保函，额度在 20%及以上；

5. 总价合同变更签证不调价；总价及单价合同且施工周期在 1 年及以上主材人工均不调差；

6. 任何情形下承包方均无停、缓建权利；或停缓建情形下承包方无工期顺延或费用补偿权利；

7. 结算时限未约定或在六个月及以上；

8. 保修金比例在 10%及以上，或最长保修期在 10 年及以上；

9. 工期违约按日计算且无上限约定的。

一般来说，对于十亿或百亿营业收入/合同额规模的施工企业而言，如评审的合同具备以下情形之一，一般可以认定为黄色级别/重要风险合同：

1. 中标后业主提供的合同文本和招标文件不符；

2. 业主方大幅度修改合同文本，特别是对通用条款进行修改；

3. 业主方提供的合同缺少关键条款，或权利义务不对等；

4. 要求承包方提供无法监管的大额履约保证金；

5. 工期或质量要求违反客观规律；

6. 过程付款率低于 60%或者垫资额度超过 2000 万元；

7. PPP、EPC 等新型项目；

8. 施工合同金额超过3亿元或工期超过700天的项目；

9. 非房建项目施工合同额超过1.5亿元；

10. 联合体项目合同额超过2亿元或工期超过500天。

以上定量的风险合同标准，供十亿和百亿规模的施工企业参考，更大或者更小规模的施工企业，可以根据自己的经营规模来合理确定企业自身的风险合同标准。

针对合同评审与审查出的合同中存在的问题和风险，应采取相应的措施，列于评审表中。合同审查的结果以最简洁的方式表达出来，交给合同谈判主持人。合同谈判主持人可针对审查出来的问题和风险与对方谈判，并落实评审表中的对策。

通过多轮的合同评审与审查，我们发现风险虽然是不确定的，但还是有章可循的，通过全过程全方位的发现、避免、转移合同风险，实行规范化、制度化、标准化的合同管理，能有效地减少和避免风险。

第五节 合同评审与审查的注意事项

对补充协议的评审，在提交补充协议的同时，项目部需提交《工程情况说明及预收益测算表》，明确是否存在签约风险及应对措施，原则上预收益率不得低于原施工承包合同预收益率，由合同管理部门审核后，发起合同评审。

目前在国内签订的建设工程施工合同，多数项目仍然采用2017版《建设工程施工合同（示范文本）》，该文本由协议书、通用条款、专用条款及合同附件四个部分组成。签订合同前仔细阅读和准确理解"通用条款"十分重要，因为这一部分内容不仅注明合同用语的确切含义，引导合同双方如何签订"专用条款"，更重要的是当"专用条款"中某一条款未作特别约定时，"通用条款"中的对应条款自动成为合同双方一致同意的合同约定。

另外，世界银行和各洲开发银行的贷款项目无一例外地要求借款国在工程发包时采用FIDIC合同条件，美国总承包商协会（FIFG)、中美洲建筑工程联合会（FIIC)、亚洲及西太平洋承包商协会国际联合会（IFAWPCA）均推荐在实行土木工程国际招标时以FIDIC作为合同条件的范本，我国是接受世界银行和亚洲开发银行贷款最多的国家之一，自20世纪80年代初以来我国利用世界银行和亚洲开发银行贷款开发的基础设施项目几乎全部采用FIDIC施工合同条件，因此学习并掌握FIDIC合同条件对施工企业而言也非常重要，这一点与本书的《建设工程施工合同（示范文本)》并不矛盾。

第六节 附表

表单12-1：《合同主要条款摘要》

表单12-2：《合同会签表》

表单12-3：《建设工程施工合同评审表》（五个部门分列）

表单12-4：《建设工程施工合同评审汇总表》

表单12-5：合同评审报告

表单 12-1

合同主要条款摘要

表格编号：

<table>
<tr><td>项目名称</td><td></td></tr>
<tr><td>致：市场管理部门、工程管理部门、财务资金部门、法律事务部门</td><td>内容：__________ 工程施工合同</td></tr>
<tr><td>自：合同归口管理部门</td><td>日期：　年　月　日</td></tr>
<tr><td colspan="2">内容：现将本工程合同文件传递给各相关部门，请根据实际情况反馈有关的具体意见，以降低履约风险，请及时回复意见，谢谢合作！</td></tr>
<tr><td>基本情况</td><td></td></tr>
<tr><td>承包范围</td><td></td></tr>
<tr><td>质量及罚则</td><td></td></tr>
<tr><td>工期及罚则</td><td></td></tr>
<tr><td>价款及调整方式</td><td></td></tr>
<tr><td>工程量确认</td><td></td></tr>
<tr><td>工程款支付</td><td></td></tr>
<tr><td>结算</td><td></td></tr>
<tr><td>保函</td><td></td></tr>
<tr><td>争议解决</td><td></td></tr>
<tr><td>其他</td><td></td></tr>
<tr><td>集团红线、黄线</td><td></td></tr>
<tr><td>初步意见</td><td></td></tr>
<tr><td colspan="2">部门：市场营销中心
审阅人（签字）：</td></tr>
</table>

表单 12-2：

合同会签表

表格编号：

项目名称			
建筑类型		中标价格	
建筑面积		合同价款	
质量标准		工期	
合同评审形式	会议（　）	会签（√）	
参与评审的领导意见			
副总经理（营销）	签字：		年　月　日
	□同意签订	□不同意签订	
总经济师/总法律顾问	签字：		年　月　日
	□同意签订	□不同意签订	
财务总监	签字：		年　月　日
	□同意签订	□不同意签订	
总经理	签字：		年　月　日
	□同意签订	□不同意签订	
董事长	签字：		年　月　日
	□同意签订	□不同意签订	
评审结果	□同意签订	□不同意签订	

表单 12-3：

建设工程施工合同评审表（市场管理部门）

表格编号：

<table>
<tr><td>项目名称</td><td colspan="5"></td></tr>
<tr><td>评审部门</td><td>评审内容</td><td>评审指标</td><td>评审结论</td><td>风险控制级别</td><td>风险防控措施</td></tr>
<tr><td rowspan="9">市场管理部门</td><td rowspan="3">发包人资信</td><td>建设行政审批手续是否齐全</td><td>是□　否□</td><td rowspan="3">红</td><td></td></tr>
<tr><td>发包主体是否具备法人资格</td><td>是□　否□</td><td></td></tr>
<tr><td>招标人、中标通知书中的发包人与合同发包人是否一致?</td><td>是□　否□</td><td></td></tr>
<tr><td colspan="2">项目市场准入</td><td>是□　否□</td><td rowspan="2">红</td><td></td></tr>
<tr><td colspan="2">触碰公司限制性或禁止性规定的内容</td><td>是□　否□</td><td></td></tr>
<tr><td colspan="2">与招投标文件的符合性或差异条款内容核实</td><td>差异点：</td><td rowspan="3">黄</td><td></td></tr>
<tr><td colspan="2">承包内容与范围与招标内容和范围是否一致?</td><td>是□　否□</td><td></td></tr>
<tr><td colspan="2">其他与部门职能相关的条款</td><td>条款：</td><td></td></tr>
<tr><td>总体风险是否可控</td><td colspan="4"></td></tr>
<tr><td>评审结论</td><td>□同意签订</td><td colspan="3">□合同按照以下建议修改后同意签订</td><td>□不同意签订</td></tr>
<tr><td>条款修改意见/评审意见</td><td colspan="5">

评审人：　　　　　　　　　　　　　　　　　　　年　　月　　日</td></tr>
<tr><td>副总经理（营销）结论性意见</td><td colspan="5">

签字：　　　　　　　　　　　　　　　　　　　年　　月　　日</td></tr>
</table>

注：红色—重大风险；黄色—重要风险；蓝色——般风险。

表单 12-3：

建设工程施工合同评审表（项目管理部门）

表格编号：

项目名称					
评审部门	评审内容	评审指标	评审结论	风险控制级别	风险防控措施
项目管理部门	技术风险	是否合理	是□ 否□	黄	
	工期延误的索赔	是否合理	是□ 否□	黄	
	工期顺延条件	是否合理	是□ 否□	黄	
	工期延误的处罚	是否合理	是□ 否□	黄	
	工程质量缺陷责任的承担	是否合理	是□ 否□	黄	
	竣工验收日期的定义	是否合理	是□ 否□	黄	
	总承包管理的内容	是否描述清楚	是□ 否□	黄	
		是否合理	是□ 否□		
	保修期	是否描述清楚	是□ 否□	黄	
	总体风险否可控				
评审结论	□同意签订	□合同按照以下建议修改后同意签订			□不同意签订
条款修改意见	评审人： 年 月 日				

注：红色—重大风险；黄色—重要风险；蓝色—一般风险。

表单 12-3：

建设工程施工合同评审表（财务管理部门）

表格编号：

项目名称					
评审部门	评审内容	评审指标	评审结论	风险控制级别	风险防控措施
财务管理部门（财务部/资金部）	垫资	是否存在	是□　否□	红	
		是否超过企业规定指标	是□　否□		
		是否无限期	是□　否□		
	工程预付款额度	是否合理	是□　否□	黄	
	工程进度款支付额度	支付比例是否低于企业规定指标	是□　否□	红	
		竣工后支付比例是否低于企业规定指标	是□　否□		
	工程进度款支付时限	是否合理	是□　否□	黄	
	结算尾款支付时间	是否合理	是□　否□	黄	
	变更、洽商、签证价款支付时间	是否合理	是□　否□	黄	
	保修款支付	是否合理	是□　否□	黄	
	预付款担保额度、时间、格式	是否合理	是□　否□	黄	
	履约担保	担保额度是否超过企业规定指标	是□　否□	红	
		是否为现金担保	是□　否□		
	农民工工资支付担保额度、时间、格式	是否合理	是□　否□	黄	
	总体风险是否可控				
评审结论	□同意签订	□合同按照以下建议修改后同意签订			□不同意签订
条款修改建议	评审人：　　　　年　　月　　日				

注：红色—重大风险；黄色—重要风险；蓝色——般风险。

表单 12-3：

建设工程施工合同评审表（法务事务部门）

表格编号：

项目名称					
评审部门	评审内容	评审指标	评审结论	风险控制级别	风险防控措施
法务事务部门	对发包人的违约罚则	是否合理	是□ 否□	黄	
	对承包人的违约罚则	是否合理	是□ 否□	黄	
	关于合同生效方式约定	是否存在导致合同失效风险	是□ 否□	黄	
	争议解决方式	是否对我方不利	是□ 否□	黄	
	合同解除条件	是否合理	是□ 否□	黄	
	禁止承包商停工条款	是否存在	是□ 否□	红	
	合同转让	是否合理	是□ 否□	黄	
	不可抗力	是否合理	是□ 否□	蓝	
	优先受偿权	是否放弃或丧失	是□ 否□	红	
	合同的合法性、完整性、严谨性				
	总体风险是否可控				
评审结论	□同意签订	□合同按照以下建议修改后同意签订			□不同意签订
条款修改建议	评审人： 年 月 日				

注：红色—重大风险；黄色—重要风险；蓝色——一般风险。

表单 12-3：

建设工程施工合同评审表（合同管理部门）

表格编号：

项目名称					
评审部门	评审内容	评审指标	评审结论	风险控制级别	风险防控措施
合同管理部门（商务成本中心）	工程承包内容和范围	是否描述清楚	是□　否□	黄	
	价格条件	测算利润率是否低于企业营销规定指标	是□　否□	红	
	计价方式	是否描述清楚	是□　否□	黄	
	工程量确定方式	是否描述清楚	是□　否□	黄	
		是否合理	是□　否□		
	人工材料价格调整方式	是否描述清楚	是□　否□	黄	
		是否合理	是□　否□		
	价格中包含的风险范围	是否描述清楚	是□　否□	黄	
		是否合理	是□　否□		
	变更、洽商、签证计价方式、确认时间	是否描述清楚	是□　否□	黄	
		是否合理	是□　否□		
	结算审核方式、时限及结算尾款支付时间	是否描述清楚	是□　否□	黄	
		是否合理	是□　否□		
	结算准确性要求和处罚	是否合理	是□　否□	黄	
	保险购买	是否合理	是□　否□	黄	
	发包人供应材料设备的相关约定	是否描述清楚	是□　否□	黄	
		是否合理	是□　否□		
	专业工程发包	是否合理	是□　否□	蓝	
	总体风险是否可控				
评审结论	□同意签订	□合同按照以下建议修改后同意签订			□不同意签订
条款修改建议	评审人：　　　　年　月　日				

注：红色—重大风险；黄色—重要风险；蓝色——般风险。

表单 12-4：

建设工程施工合同评审汇总表

表格编号：

项目名称			
基本情况			
建设单位			
总建筑面积		其中地下建筑面积	
结构形式		层数（地下＋地上）	
质量等级		工期	
预期利润率		承包方式	
承包范围			
合同管理部门综合意见	签字：　　　年　月　日		
总法律顾问审核意见	签字：　　　年　月　日		
总经济师审核意见	签字：　　　年　月　日		

表单 12-5：

合同评审报告

表格编号：

项目名称			
建筑类型		中标价格	
建筑面积		合同价款	
质量标准		工期	
合同评审形式	会议（　　）	会签（√）	
评审意见（详见附表）			
合同情况及评审结果			
评审情况			
谈判情况			
主要风险			

市场营销中心经办人：　　　　　　　　　　　　　　　　评审日期：　　年　　月　　日

第十三章　合　同　谈　判

合同谈判是实现工程建设总目标中很重要的一个环节；合同谈判是一项艰苦细致、专业性强的工作，决不能流于形式。只有坚定地做好、做实谈判环节，才能为合同的顺利执行打下坚实的基础。

人们通常所说的狭义的谈判过程，仅指承包商与业主的磋商。广义的谈判过程则是由谈判准备、谈判实施和谈判总结三个子过程构成的：准备阶段需借鉴以往的经验总结；实施阶段应以准备好的方案为纲；总结阶段则以准备和实施中的成功与失误为对象，并为今后的准备、实施所用。由此，准备、实施与总结构成了一个循环的合同谈判全过程管理体系，本章要讲的合同谈判就是广义的谈判过程。

第一节　合同谈判流程

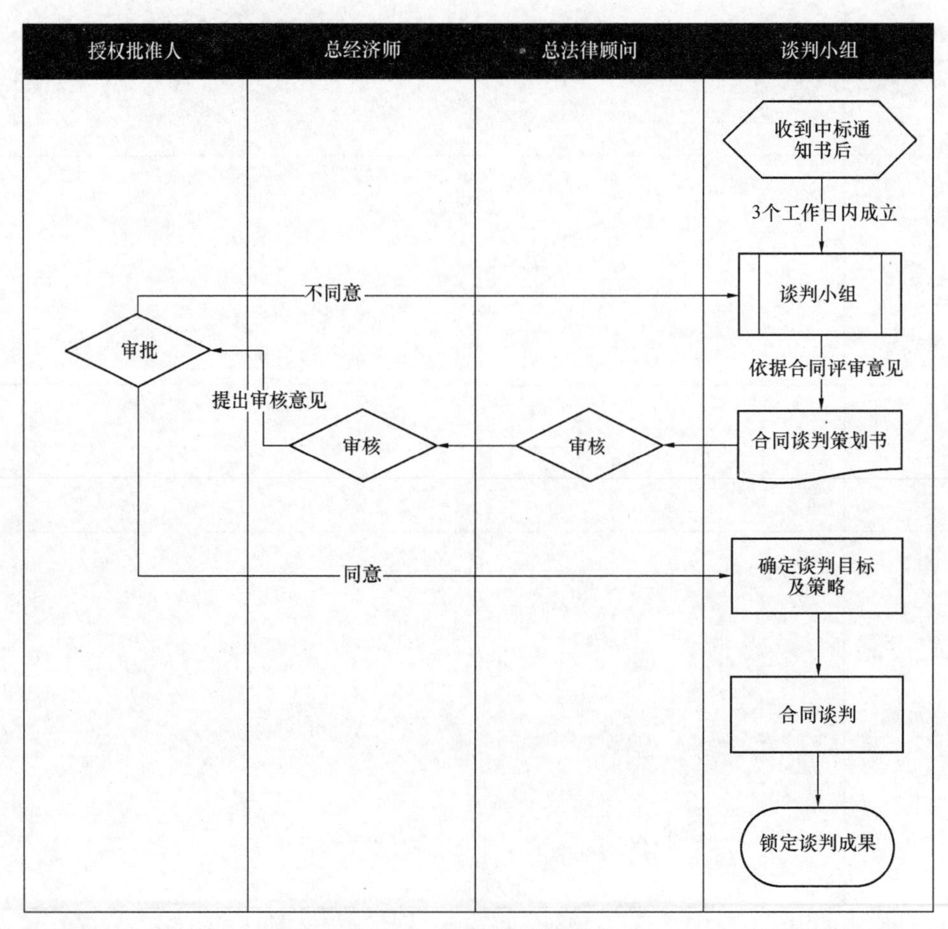

图 13-1　合同谈判流程图

第二节 谈判准备

谈判准备是施工合同谈判的首个环节，准备充分与否将直接影响谈判成败。为此，要想获得满意的谈判结果，施工企业必须做好人员、信息、方案和模拟谈判四方面的准备工作。

一、谈判准备工作

1. 团队准备

有力的谈判团队是合同谈判的首要保障。谈判团队的组建应本着需要原则，不求人多，但求质优并能各司其责。一般可以把谈判团队分成谈判小组和后方支援小组两个部分。谈判小组是直接参与谈判的组织，它由具有技术、商务、法律等专业知识的谈判人员构成，是谈判主力军。后方支援小组是间接参与谈判的组织，主要负责为谈判小组出谋划策、准备资料。谈判团队的素质需求是要有深厚的专业素养、强大的沟通能力、忠于职守、具有强烈的团队意识和团队精神。

2. 信息准备

谈判前，谈判人员必须细心发现并认真整理各种信息资料，做到知己知彼：要熟悉招标文件、投标书、中标书、纪要、往来函件等文书；全面分析项目场地情况、技术条件、运输方式、供需情况等；甲方的资信与合作欲望、谈判团队实力等；施工企业自身的技术能力、财务状况、风险承受力、谈判人员优缺点等。做好充分的信息准备，有利于在谈判桌上抓住利弊因素，积极争取谈判主动权。

3. 方案准备

合同管理部门组织合同洽谈准备会，谈判小组成员根据营销的策略和意图、招标文件的评审意见、报价交底资料制定谈判原则和方案。谈判方案是谈判团队的作战纲领，对整个谈判过程起着指导作用。在形式上，谈判方案应简明扼要，便于记忆；在内容上，谈判方案应列明谈判的目标、内容和策略，还有风险说明、谈判重点及建议；对谈判中的可控因素和常规事宜应尽量安排得详细一些，而对那些无法预知的随机事项则需留出一定余地，便于谈判人员随时调整；谈判策略的选择要充分考虑谈判对象（身份、地位、性格、喜好、权限等）、谈判焦点、谈判阶段和谈判的组织方式等方面。

合同谈判方案由谈判小组负责起草，交总法律顾问及总经济师审核，提出审核意见后报授权批准人审批。合同谈判方案需在合同谈判前 2 日内完成，其中谈判目标分底线目标、争取目标、策略目标：底线目标是应当坚持的目标；争取目标是尽量争取修改条款以达到对己方有利的目标；策略目标是可在合同谈判中提出并做策略性放弃的目标。

4. 模拟谈判

模拟谈判是谈判前的“彩排”，它能够诊断出谈判方案中存在的问题，供谈判人员及时修正，以保证正式谈判顺利进行。模拟谈判时，谈判人员应尽量做出各种假设，加强模拟人员的角色扮演能力，适时总结经验教训。

二、坚守五项谈判原则

除做好四项准备工作之外，谈判团队还要确定并一致坚守以下五项谈判原则：

原则一：谈判工作的基本目标是争取合理的价格、争取改善合同条款。

原则二：积极争取己方的正当权益。建筑工程行业是相对典型的买方市场，导致一些业主与施工企业签订施工合同时，强势地要求附加一些霸王条款，施工企业在合同中的平等地位要靠自己争取，如有可能，施工企业应争取合同文本的拟稿权，如不能获得，对业主提出的合同文本，双方应对每个条款作具体的商讨。对重大问题不能客气和让步，切不可在观念上把自己放在被动的地位上。

原则三：重视合同的法律性质。合同一经签订，即成为合同双方的最高法律，合同中的每一条都与双方利害相关。因此，合同谈判时必须牢记一切问题，必须“先小人，后君子”。一切都应明确，具体地规定，要相信“一字千金”，不要相信“一诺千金”。

原则四：重视合同审查和风险分析。在合同谈判前，施工企业应认真全面地进行合同审查和风险分析，对每项一条款的利弊得失都应清楚了解，这样在合同谈判中，谈判者才能有的放矢，争取主动地位和有利的合同条款。

原则五：在签约前做最后一次审查。为了慎重起见，在谈判结束，合同签约前，施工企业还必须对合同再做一次全面的分析和检查，以明确在前阶段的合同审查及谈判过程中所发现的问题是否都得到解决、新确定的经修改或补充的合同条款是否已完善、合同双方是否对合同条款的理解有完全的一致性。经双方最后达成一一致意见，才签约。

第三节 谈判实施技巧

关于合同谈判的内容，至少包括工程范围、合同文件、不可预见的自然条件和人为障碍、开工时间和工期、材料和操作工艺、工序质量检查、工程维修、工程变更与增减、争端等方面，本书将不做展开，主要列举一些谈判的技巧和策略。

一、依法造势

在合同谈判中，施工企业相对于业主处于劣势地位，在谈判中要维护施工企业的合法地位；合同谈判中的重大原则问题，要以法律为准绳、以事实为根据说服对方，依法办事。

二、关于价格之争

在工程的合同谈判中，承包价格的高低是业主与承包企业关注的焦点，因此也就成为了合同谈判的核心内容。在讨价还价过程中，为保证自身经济利益，承包企业谈判人员需掌握一定的让步降价技巧，要装一点小气，让步要缓，而且还要显得很勉强，争取用最小的让步去换取对自己最有利的协议；小利也争，小利也是利，有时一个小利就是几千、几万元，但也值得一争。

三、抓大放小、舍远求近

在合同谈判中，要保证企业效益最大化和合同的全面执行，大的原则不能放弃，小的条款可以协商；在合同谈判中要非常重视合同执行对企业成本的影响，有利于工程成本的尽早回收，工程利润的尽早实现。

四、留一些余地

给自己留一定的余地，提出比自己的预期目标更高一些的要求，这样就等于给自己妥协时留下了一些余地，目标定得高，收获便可能更多；不要逼得对方走投无路，要给人留点余地，顾及对方的面子和利益，成功的谈判是使双方都有好处、双方都愉快地离开谈判桌的谈判，谈判的原则是没有哪一方是失败者，要让每一方都是胜利者，这就是所谓的“双赢”。

五、不要轻易亮出底牌

不要急于成交，除非自己的准备工作十分充分，而对方却毫无准备，或者自己握有百分之百的主动权，否则，不必也不能不加思考就亮出自己的底牌，要有足够的时间去考虑谈判的各种细节；要使对手对自己的动机、权限以及最后期限知道越少越好，而自己在这方面应对对方的情况知道得越多越好；不要以“大权在握”的口吻去谈判，要经常说：“如果我能作主的话……”，要告诉对方，自己还不能做最后的决定，或说自己的最后决定权有限，这样，就更有回旋的余地，使自己有推后思考的时间和摸清对方底牌的时间。

六、要有耐性、韧性、学会伺机喊“暂停”

不要期望对方立即接受自己的新构思。坚持、忍耐，对方或许最终会接纳意见；如果谈判陷入僵局，不妨喊“暂停”，告诉对方自己要找合伙人、老板或专家磋商，这就既可以使对方有时间重新考虑其立场，又可以使自己有机会研究对策，或者以一点小的让步重回谈判桌旁。

最后，非常重要的一点是，谈判须有完整的记录，记录要正确无误，谈判结束后立即形成书面记录或纪要，双方签字认可，及时锁定谈判成果。

第四节　谈判总结

合同谈判实施过程结束之后，无论成功还是破裂，谈判团队均需对过去的谈判工作进行全面回顾并形成记录文字，以供今后借鉴参考。总结要点包括评价谈判团队的组织情况、考核团队成员的工作绩效、评价谈判方案的制定及实施情况、概括业主谈判团队的特点、归纳谈判的经验与教训等。

谈判总结是谈判全过程管理的最后一个管理过程，只有通过对谈判准备和实施过程的认真总结，施工企业的谈判质量与能力才能在一次次谈判中不断改善和提高。

第五节　附表

表单 13-1：《合同谈判策划书》

表单 13-2：《项目合同第____次谈判记录表》

表单 13-1：

合同谈判策划书

表格编号：

<table>
<tr><td>项目名称</td><td></td></tr>
<tr><td>项目基本情况</td><td></td></tr>
<tr><td colspan="2">合同谈判策划</td></tr>
<tr><td rowspan="2">项目前期运作过程
需说明事项
（市场营销中心）</td><td>需说明事项：</td></tr>
<tr><td>合同谈判重点、建议及理由：
建议人： 年 月 日</td></tr>
<tr><td rowspan="2">经济风险策划
（市场营销中心/
商务成本中心）</td><td>经济风险（列出条款）：</td></tr>
<tr><td>合同谈判重点、建议及理由：
底线目标：
争取目标：
策略目标：
建议人： 年 月 日</td></tr>
<tr><td rowspan="2">资金风险策划
（资金部/财务部）</td><td>资金风险（列出条款）：</td></tr>
<tr><td>合同谈判重点、建议及理由：
底线目标：
争取目标：
策略目标：
建议人： 年 月 日</td></tr>
<tr><td rowspan="2">项目工期风险策划
（项目管理中心）</td><td>项目工期风险（列出条款）：</td></tr>
<tr><td>合同谈判重点、建议及理由：
底线目标：
争取目标：
策略目标：
建议人： 年 月 日</td></tr>
<tr><td rowspan="2">项目开工风险策划
（项目部）</td><td>项目开工风险（列出条款）：</td></tr>
<tr><td>合同谈判重点、建议及理由：
底线目标：
争取目标：
策略目标：
建议人： 年 月 日</td></tr>
</table>

续表

项目名称	
项目基本情况	
合同谈判策划	
项目技术、质量风险策划 （项目管理中心）	项目技术、质量风险（列出条款）：
	合同谈判重点、建议及理由： 底线目标： 争取目标： 策略目标： 建议人：　　年　　月　　日
项目资源保障风险策划 （项目部）	项目资源保障风险（列出条款）：
	合同谈判重点、建议及理由： 底线目标： 争取目标： 策略目标： 建议人：　　年　　月　　日
项目法律及合同条款 风险策划 （法务部）	项目法律及合同条款风险（列出条款）：
	合同谈判重点、建议及理由： 底线目标： 争取目标： 策略目标： 建议人：　　年　　月　　日
项目其他风险策划 （市场营销中心）	经济风险（列出条款）：
	合同谈判重点、建议及理由： 底线目标： 争取目标： 策略目标： 建议人：　　年　　月　　日
谈判小组负责人意见	签字：　　年　　月　　日
总法律顾问审核意见	签字：　　年　　月　　日
总经济师审核意见	签字：　　年　　月　　日
授权批准人审批	签字：　　年　　月　　日

表单 13-2：

项目合同第____次谈判记录表

表格编号：

序号	原合同条款	我方意见	对方意见	谈判结果	备注

对方参加人员：

我方参加人员签字：

年　　月　　日

填表说明：我方参加人员签字必须由本人填写。

第十四章　合 同 履 行 管 理

合同评审与审查、合同谈判都是为了签个“好”合同。签“好”合同，对于施工合同管理来说，还只完成了前半个环节，只保证了“有活可干”，如何履行合同是合同管理中最重要的环节，是实现“有钱可赚”的关键。本章将从合同交底、合同分析、合同变更、二次经营四个环节来具体讲述合同的履行管理。

第一节　合同交底

合同签订后，将合同目标和责任具体落实到各级人员的工程活动中，通过合同交底使合同的最终执行人员充分了解合同的内容，关注合同的重要条款。在绝大多数的施工企业中，合同交底多少都有些流于形式，在签订合同时公司非常重视，但是一旦合同签订后，对合同交底往往不够重视，合同签订与合同执行脱节，致使合同往往被锁在文件柜或项目负责人的抽屉里，其他人员只知道他们日常的工作职责，但是对合同的具体情况并不了解，这为日后的合同纠纷埋下了极大的隐患。

之所以说合同交底是一项重要的工作，是因为：第一，交底使项目部技术和管理人员了解合同，并统一理解合同，避免了因为不了解或对合同理解不一致带来工作上的失误，特别是合同范围、合同条款的交叉点和理解的难点部分；第二，交底能够规范项目部全体成员工作，通过交底让项目部成员进一步了解自己权利的界限和义务的范围、工作的程序和法律后果，摆正自己在合同中的地位；第三，交底有利于发现合同问题，并有利于合同风险的事前控制，合同交底包括“分析—交底—提出问题—再分析—再交底”的过程，能够避免因在工作过程中一发现问题就带来的措手不及和失控，同时也有利于调动全体项目成员完善合同风险防范措施，提高他们合同风险防范意识；第四，有利于提高项目部全体成员的合同意识，使合同管理的程序、制度及保证体系落到实处，让每个人都认识到自己的工作与合同能否按计划执行完成密切相关，必须要有强烈的合同意识，减少工作失误和偏差，另外，合同交底更重要的作用是将公司在市场投标竞争中为了确保中标而使用的投标策略向项目部做个交代，以便于项目部人员在项目实施过程中充分运用这些策略，从而确保项目盈利。

基于此，合同交底的基本思路是：按项目目标和任务由总到次逐级分解，由企业总工程师、总经济师、合同管理部门会同法律事务、工程管理、质量安全等部门，投标报价人员，合同谈判人员在合同交底会上，负责对项目经理、项目总工程师、项目合约商务经理按技术合同、经济合同两条主线进行面对面的一级合同交底；项目经理、项目总工、项目合约商务经理进行理解并就各自负责的部分，组织下属的职能部门负责人进行研读学习，进行二级/三级合同管理交底；按此模式逐步分解，最后落实到每一个建设分项、工序都向作业工人进行交底。

合同交底是以合同分析为基础、以合同内容为核心、以投标策略为重点的交底工作，因此涉及合同的全部内容以及虽在白纸黑字的合同文本中未写出，但对合同履行有重大影响的内容，特别是关系到合同能否顺利实施的核心条款都是交底的重点，包括对工程的质量、技术要求、工期、实施中的关键节点等进行技术、法律的解释和说明。

一、合同交底流程（图 14-1）

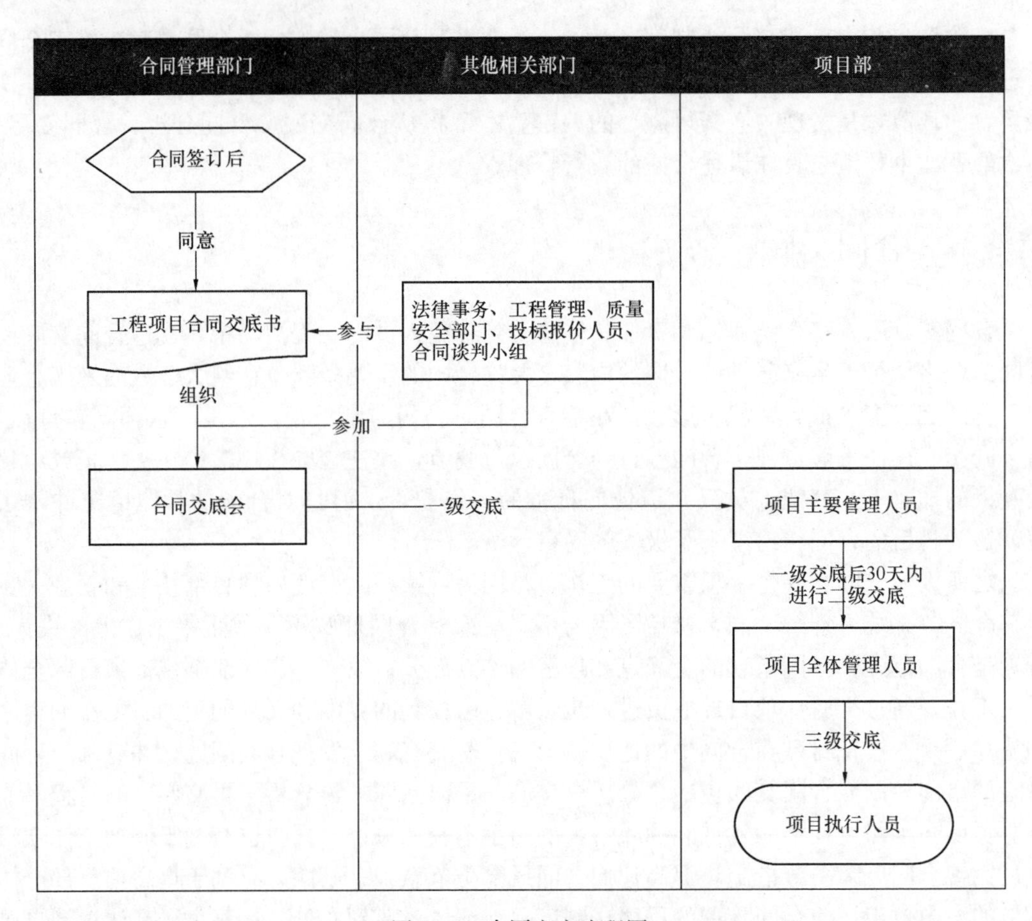

图 14-1　合同交底流程图

企业合同交底一般执行三级合同交底，这三级合同交底反映在图 14-1 的流程图中。

一级合同交底：公司向项目部负责人交底。由企业总工程师、总经济师、合同管理部门会同法律事务、工程管理、质量安全等部门、投标报价人员、合同谈判人员在合同交底会上，负责对项目经理、项目总工程师、项目合约商务经理按技术合同、经济合同两条主线进行面对面交底。陈述合同背景、投标策略、合同工作范围、合同目标、合同执行要点及特殊情况处理，并向项目经理、项目总工程师、项目合约商务经理解释他们所提出的问题。

二级合同交底：项目部负责人向项目职能部门负责人交底。项目总工程师、项目经理、项目合约商务经理或由其委派的合同管理人员组织项目部各职能部门负责人对合同进行研读学习，并对他们进行合同交底，陈述合同基本情况、合同执行计划、各职能部门的执行要点、合同风险防范措施等，并解答各职能部门提出的问题。

三级合同交底：项目各职能部门负责人向其所属执行人员进行合同交底。主要是陈述合同基本情况、本部门的合同责任及执行要点、合同风险防范措施等，并回答所属人员提出的问题。

除三个级别的交底之外，还有一个环节就是反馈交底情况，项目上各职能部门将交底情况反馈给项目合同管理人员，由其对合同执行计划、合同管理程序、合同管理措施及风险防范措施进行进一步修改完善，最后形成合同管理文件，下发各执行人员，指导其活动。

之所以要实行三级交底，就在于“投标策略”是交底的一个重点，而投标策略涉及企业的商务机密，不宜将它扩散到项目部的每一位员工中，防止泄密情况的发生。

以上是一个完整的合同交底程序，下面将重点介绍合同一级交底和二级交底，因为这两级交底通常都是被企业所忽视的环节。

二、合同一级交底

1. 交底人和接受交底人

交底人：企业总工程师、总经济师，合同管理部门会同法律事务、工程管理、质量安全等部门，投标报价人员，合同谈判人员。

接受交底人：项目经理、项目总工程师、项目合约商务经理等项目部主要负责人。

2. 交底依据

发包人的资信情况、招标文件及答疑、现场踏勘记录、投标文件、谈判策划书、合同评审记录以及施工承包合同等。

3. 交底要点

合同一级交底包括但不限于：

（1）发包人资信状况、承接工程的目的和出发点、项目背景情况；

（2）采用的投标策略，投标报价时分析、预计的主要盈亏点，相关资料移交及说明；

（3）不平衡报价策略的构成；

（4）合同洽谈过程中考虑的主要风险点和双方洽商的焦点条款，谈判重点及其洽商结果；

（5）合同评审过程中各级评审机构提出的主要问题或建议，特别是评审意见中明确要求进行调整或修改、但经洽商仍未能调整或修改的条款；

（6）合同的主要条款，包括承包范围、总分包分供责任划分、工程量计价方式、工程价款的结算与支付、履约担保的提供与解除、材料设备供应、变更与调整、质量与工期约定、安全与文明施工约定、违约责任、合同文件隐含的风险以及履约过程中应重点关注的其他事项等。

4. 记录与归档

交底应形成书面交底记录，即《合同交底记录》、《建设工程施工合同一级交底书》，参加交底会的人员在交底书上签字并存档。合同交底书一式两份，企业合同管理部门和项目部各存一份。

三、合同二级交底

项目经理、项目总工、项目合约商务经理接受合同一级交底后，再深入理解合同文件，结合施工组织设计和现场具体情况，进行合同二级交底。

1. 交底人和接受交底人

交底人：项目总工程师、项目经理、项目合约商务经理或由其委派的合同管理人员。

接受交底人：项目各职能部门负责人。

2. 交底依据

合同文件、经发包人和监理批准的施工组织设计、监理合同、一级交底记录、建设工程施工合同一级交底书、现场具体条件和环境；《项目管理目标责任书》、《项目商务（法务）策划书》、《合同责任分解及交底表》等。

3. 交底要点

合同二级交底的主要内容，包括但不限于：

(1) 施工合同关于承包范围、计价方式、质量、工期、工程款支付、分包分供许可、人员到位、业内资料管理、往来函件处理、违约等方面的约定，重点说明履约过程中的主要风险点，《项目商务（法务）策划书》、《合同责任分解及交底表》确定的各风险点对应时间、措施以及落实的责任人；

(2) 结合《项目管理目标责任书》，向项目部全体管理人员说明除了应当满足合同的约定外，项目部应实现包括满足质量、环境、职业健康安全管理体系运行要求在内的及合同未涉及的各项管理目标；

(3) 可主张工期、费用索赔的事项和时限，确定合适的索赔时机。交底说明发包人、监理方代表的权限，重点交底说明各类签证办理的时间要求、审批权限规定、格式及签章要求，以确保在履约过程中形成签证单的有效性；

(4) 特别说明在合同谈判和评审时主张进行调整或修改、但经洽商仍未能调整或修改的条款，以及在履约管理过程中针对这类条款的适时主张调整或变更的时机、方法；

(5) 项目合约商务经理应在合同一级交底后 7 个工作日内向项目部全体管理人员交底。

4. 记录与归档

二次交底后，形成《合同交底记录》、《建设工程施工合同二级交底书》，二级交底书经参加交底人员签字后由项目部保管，并报企业合同管理部门备案。

四、合同交底注意事项

合同交底应当全面、具体，突出风险点与预控要求，具有可操作性；各级管理和技术人员在合同交底前，应认真阅读合同，进行合同分析，发现合同问题，提出合理建议，切不可走过场。另外，很多企业中，合同交底只是把合同文本宣读一遍，这种交底没有任何实际意义。

企业合同管理部门对项目经理部的建设工程施工合同二级交底的落实情况进行监督检查。

合同交底记录属于企业商业秘密，企业应当注意做好保密工作，相关人员负有保密责任，参与人员不得泄漏合同交底的内容；因管理需要调阅交底书的，按企业有关的文件借阅规定执行。

重大风险合同交底和子分公司限额外合同交底，应由子分公司完成，集团总部视情况参与重大风险合同交底。

项目开工时，合同尚未签订的，应在开工后 30 天内进行交底，合同条款暂按照招标文件中所附合同进行交底，待合同签订后进行补充交底。

项目经理作为项目部第一负责人，对施工合同各具体条款应全面熟识；项目部管理人员按《建设工程施工合同二级交底书》中的责任进行分解，明确相关责任。

五、附表

表单 14-1：《风险提示书》
表单 14-2：《建设工程施工合同一级交底书》
表单 14-3：《建设工程施工合同二级交底书》
表单 14-4：《合同交底记录》
表单 14-5：《合同交底检查记录表》

表单 14-1：

风险提示书

表格编号：

工程名称：

序号	风险因素	风险分析	控制对策	控制目标

表单 14-2：

项目合同一级交底书（可附页）

表格编号：

交底日期：	交底地点：
工程具体内容及概况（承包范围、质量、工期等）：	
发包方背景、项目背景情况：	
合同洽谈过程中考虑的主要风险点和双方洽商的焦点，谈判策划书的重点及其洽商结果：	
合同订立前的评审过程中提出的主要问题或建议，特别是评审报告中明确要求进行调整或修改、但经洽商仍未能调整或修改的条款：	
使用的法律规范及技术规范、标准：	
发包方及监理工程师（包括监理名称、人员及职权；发包方派的人员、职权及授权书）：	
发包方应完成的工作情况（四通开通及时间；地质资料、地下管线、水准点、坐标控制点交验要求、设计交底时间、场地周围管线、建筑物等要求及时间）：	
承包方应完成的工作情况（提交计划、报表名称份数时间；场地的清洁安全、发包方临设、成品保护）：	
施工重难点、新技术、新材料：	

续表

<table>
<tr><td colspan="4">采用的投标策略，以及投标报价时分析、预计的主要盈亏点；报价策略，工程报价取费依据、取费标准、优惠幅度、材料价格的取定等：</td></tr>
<tr><td colspan="4">工程量的确认与工程款的支付时间（含报、审、付的时间说明）：</td></tr>
<tr><td colspan="4">合同价款支付方式（包括垫资、预付款）：</td></tr>
<tr><td colspan="4">竣工验收（提供竣工资料等）：</td></tr>
<tr><td colspan="4">竣工结算（结算报告提交、审定、支付的时间等）：</td></tr>
<tr><td colspan="4">工期顺延及延误、支付工程款等双方违约条款、索赔程序及不可抗力：</td></tr>
<tr><td colspan="4">工程变更的相应情况：</td></tr>
<tr><td colspan="4">工程分包分供（含发包方指定分包分供的情况）总分包分供责任划分：</td></tr>
<tr><td colspan="4">履约担保的提供与解除：</td></tr>
<tr><td colspan="4">合同文件隐含的风险以及履约过程中应重点关注的其他事项：</td></tr>
<tr><td>市场营销中心</td><td>签字：
日期：　　年　　月　　日</td><td>公司总经济师/总法律顾问</td><td>签字：
日期：　　年　　月　　日</td></tr>
<tr><td colspan="2">交底人签字：

年　　月　　日</td><td colspan="2">被交底人签字：

年　　月　　日</td></tr>
</table>

制表人：　　　　　　　　　　　　　　　　　　　　　　　日期：　　年　　月　　日

表单 14-3：

项目合同二级交底书

表格编号：

工程名称		合同签订时间		交底人	
建设单位		项目经理		交底时间	

注：项目经理作为本项目的第一负责人，对各具体条款应全面熟识，全面负责对项目班子进行分工并督促其完成相关工作。项目部管理人员的具体责任明细（如下表所示，本责任分工表分“了解”“掌握”“熟识”三个认识层面。其具体内涵为：

1.“了解”：知道本合同责任明细的相关约定并依此开展相关工作，在发生合同约定情形时积极主动配合具体责任人工作。

2.“掌握”：掌握本合同责任明细的相关约定，能运用具体条款指导工作，及时制定相关风险防控措施和应对措施，全面配合直接责任人工作。

3.“熟识”：熟知合同约定和具体责任明细，积极牵头组织相关工作，全面负责该合同条款的履行、落实情况，并及时向具体责任人或项目经理报告，随时跟进工作开展情况等3个认识层面。）详见下表：

序号	合同责任明细	合同条款约定	责任分解栏					
			责任人	了解程度	责任人签字	配合人	了解程度	配合人签字
1	承包范围		项目副经理			技术负责人及其他全体项目部管理人员		
2	合同工期		项目副经理			项目部全体管理人员		
3	计价方式		造价员			—		
4	材料管理		材料员			造价员、财务		
5	设备管理		机管员			安全员		
6	设计变更		技术负责人			造价员、资料员		
7	报量及付款		造价员			财务		
8	工程质量		技术负责人			质量员		
9	工程安全		安全员			项目部全体管理人员		
10	质量保修		质量员			施工员		
11	违约责任		造价员			项目部全体管理人员		

其他重大履约风险重难点：

表单 14-4：

合同交底记录

表格编号：

工程名称：

<table>
<tr><td>合同名称</td><td colspan="3"></td><td>会议地点</td><td colspan="2"></td></tr>
<tr><td>交底人</td><td colspan="3"></td><td>时间</td><td colspan="2"></td></tr>
<tr><td>交底记录</td><td colspan="6"></td></tr>
<tr><td rowspan="5">签到记录</td><td>部门</td><td>签名</td><td>部门</td><td>签名</td><td>部门</td><td>签名</td></tr>
<tr><td></td><td></td><td></td><td></td><td></td><td></td></tr>
<tr><td></td><td></td><td></td><td></td><td></td><td></td></tr>
<tr><td></td><td></td><td></td><td></td><td></td><td></td></tr>
<tr><td></td><td></td><td></td><td></td><td></td><td></td></tr>
</table>

表单 14-5：

合同交底检查记录表

表格编号：

<table>
<tr><td>工程名称</td><td colspan="3"></td></tr>
<tr><td>接受检查单位</td><td></td><td>填报时间</td><td></td></tr>
<tr><td rowspan="2">合同交底要求完成事项的落实情况及风险防范措施落实完成情况</td><td>合同交底过程中要求完成的事项完成情况</td><td colspan="2"></td></tr>
<tr><td>风险防范措施落实完成情况</td><td colspan="2"></td></tr>
<tr><td colspan="4">检查意见：</td></tr>
<tr><td colspan="4">检查人：</td></tr>
<tr><td colspan="4">检查时间：</td></tr>
<tr><td colspan="4">备注：</td></tr>
</table>

第二节　合同分析

项目部接受了合同交底后，项目经理应组织项目部全体管理人员一句句、甚至一字字地学习和研究施工合同文本（包括招标文件、施工合同的附件、补充协议等），并做到反复推敲，字斟句酌，并从中分析出存在的漏洞和将要面临的机会和风险，并制定具体的应对措施。

合同分析与合同交底所针对的内容是不一样的（表 14-1）：

合同交底与合同分析的内容对比　　**表 14-1**

合同交底	合同分析
• 投标策略及报价说明 • 不平衡报价的组成 • 投标成本测算 • 合同风险 • 投标技术方案	• 工期奖罚条款 • 现场施工条件具备情况 • 进度款 • 工程款付款条件 • 工期奖罚 • 计价原则 • 设计变更限额 • 可签证条款及内容 • 风险条款

合同分析、学习与研究的内容主要有：

1. 工期奖罚条款。工期奖罚条款是为了加强项目管理，确保项目管理目标的实现，结合公司有关文件规定，根据项目实际情况所制定的。主要包括奖励标准（是否获市级，区级检查表彰）、质量处罚标准（如钢筋工程质量、模板质量、墙砖体工程、装饰工程如抹灰、楼地面、屋面施工等）。

2. 现场施工条件具备情况。施工现场工地必须具备良好的施工环境和作业条件，进入施工现场的所有人员必须遵守施工现场安全管理规定。建立安全组织保障体系，制定和完善安全生产管理制度，人员到位责任到人。现场入口危险作业部位应设置必要的提示、警示等各种安全防范标志，避免可能发生的意外伤害。

3. 进度款。进度款是指在施工过程中，按逐月（或形象进度、或控制界面等）完成的工程数量计算的各项费用总和。工程进度款的计算主要涉及两个方面：一是工程量的计量；二是单价的计算方法。单价的计算方法，主要根据由发包人和承包人事先约定的工程价格的计价方法决定。

4. 工程款付款条件。工程进度款的支付是否按当月实际完成工程量进行结算，工程竣工后办理竣工结算。

5. 工期奖罚。有时业主为使工程尽早投入使用，会在合同中约定工期奖罚的条款，以刺激施工单位加快工程的进度；但有的业主却不要求提前，只要求合理工期。那么，在施工合同中，有否工期提前奖励，工期拖延惩罚的约定，奖罚是否对等，奖罚标准是多少等。

6. 计价原则。计价原则涉及两个方面：一是单价的计算方法，主要根据由发包人和承包人事先约定的工程价格的计价方法决定。二是工程价格的计价方法，可调工料单价法将人工、材料、机械再配上预算价作为直接成本单价，其他直接成本、间接成本、利润、税金分别计算。

7. 设计变更限额。在保证使用功能的前提下，按分配的投资限额控制设计，严格控制技术设计和施工图设计的不合理变更，以确保总投资额不被突破。限额设计要贯穿可行性研究、初步勘查、初步设计、详细设计、施工图设计各个阶段，并在每一个阶段中贯穿于每一道工序。

8. 可签证条款及内容。施工过程中的工程签证，主要是指施工企业就施工图纸、设计变更所确定的工程内容以外，施工图预算或预算定额费中未含有而施工中又实际发生费用的施工内容所办理的签证，如由于施工条件的变化或无法预见的情况引起工程量的变化。

9. 风险条款。由于物价上升所造成的工程所用的钢材、水泥及建筑劳务用工价格持续上涨给建设工程项目成本、工程合同价款调整和工程造价结算带来一定影响，合同的某些约定对施工单位过于苛刻等。

分析完这些内容之后，根据学习分析出的施工合同中可能存在的漏洞和风险，制定具体的应对措施。以下通过一个案例来阐述施工企业应如何进行合同分析：

某大型商业广场项目位于××市 CBD 中央商务区，项目占地面积 275.67 亩，总建筑面积约 25.5 万 m^2，地上部分由 23 个单体工程组成（地下室连同），商业部分地上三层、地下一层、酒店式公寓五层。该工程单层地下室面积达 6.7 万 m^2，结构设计复杂，圆弧及线条造型多，现场组织和施工管理难度大。某建筑公司中标该项目施工，中标价××万元，合同工期 430 天，质量要求为合格。土建部分合同范围不包括桩基、基坑支护降水、室内二次装修和铝合金门窗等。

项目在投标过程中，经过业主的多轮谈判压价，该工程的造价被压得很低，建筑公司按照投标前的成本测算，工程中标价基本在成本线的边缘。并且，按照招标文件的约定，该工程施工合同条件苛刻，项目在公司的支持下，组织公司相关部门、项目班子成员和主要相关管理人员召开专门的商务策划会议，收集并讨论项目实施各个阶段，在开源节流方面应注意控制的问题。本工程施工合同条件苛刻，但不表示没有漏洞。因此，项目部加强了对施工合同的学习、做到字斟句酌，并对主要相关管理人员进行了交底和讨论。经过对招标文件、施工合同等进行反复推敲，从中分析出存在的漏洞和面临的风险，并制定了具体的应对措施如表 14-2 所示。

合同分析案例（局部） **表 14-2**

序号	情况说明	分析对策	责任人
1	工程投标时设计图纸不完善，中标后不断补充和修改图纸	清点投标领用图纸并加盖投标图纸印章，编制清单和业主重新办理核对交接手续	经营部
2	现场住宿场地紧张，合同约定不得在建筑物地上部分安排住宿	言外之意在地下室部分住人是可以和业主协商的	项目经理

续表

序号	情况说明	分析对策	责任人
3	如未完成当月进度计划，则进度款相应扣减20%，待赶上进度后支付	报送的施工进度总计划必须确保绝对保守	技术部
4	甲供材按100%从当月进度款中扣除，但合同对甲供材扣量系进场量还是进预算量约定不明	根据招标文件约定，和业主协商甲供材按报量扣除，在报量总额不变的情况下相应减少甲供材报量	经营部
5	工程完工后只支付80%，其余在结算完后才支付	施工过程中尽量将变更签证确认随进度报量，平时资料准备好	经营部
6	因承包人造成工期拖延的，在拖延期间的材料上涨价差由承包人承担	言外之意，因非承包人原因工期拖延材料涨价的费用应予签证，密切关注材料价格信息，及时办理签证	物资部
7	提前三个月报送甲供材计划，承担报送不及时导致的一切责任	加强工作计划的前瞻性，办理好计划的签收记录	技术部
8	水泥价格上下浮动超出5%按同期市场价调整价款	进一步和业主协商价格调整依据，密切关注材料信息价格和市场价格，争取价差最大化	物资部
9	合同约定关于保险、发包人投保内容：按规定投保	利用政府关于统一征收社会保险费的规定，将社保费纳入到业主投保范围，保证该项收入	项目经理
10	1周内累计停水停电超过10小时的可以顺延工期，承包人应自备200kW发电机	看似矛盾却不矛盾，如停水停电采用发电机施工（功率不能满足现场负荷）可以要求索赔发电费用，且因此影响工期应予顺延	动力部

第三节　合同变更

合同变更管理是合同履行阶段非常重要的管理环节，对施工企业而言，如果说投标环节是签订合同前最重要的环节的话，那么合同变更管理就是签订合同后最重要的管理控制点了。无论当初合同签得有多好，合同变更管理得不好的话，就会“前功尽弃”。

合同变更，除了承包方主动“变”之外，还有被动“变”的部分。合同变更的提出，第一类便是由承包商出于二次经营的目的主动提出变更，可能由于合同实施出现问题，必须调整合同目标，或修改合同条款。除此之外，合同变更的起因还来自其他几个方面：

1. 发包人提出的变更要求。发包人意图修改项目总计划、削减预算；

2. 设计单位提出的变更要求；

3. 驻地监理工程师提出的变更建议；

4. 工程相邻的第三方（当地政府和群众）提出的要求，如国家计划改变、环境保护要求、城市规划变动等原因导致政府对工程提出变更要求。

合同变更，指有效成立的合同在尚未履行或未履行完毕之前，由于一定法律事实的出现而使合同内容发生改变。一般所说的施工合同变更，通常包括如下情形：

1. 合同的主体发生变更；

2. 合同额或工程量的变更；

3. 合同的计价方式或价款变更；

4. 合同的工期或工程地点变更；

5. 合同中约定的质量标准发生变更；

6. 合同中约定的施工工艺和技术发生较大变更；

7. 合同的违约责任或解决争议的办法发生变更；

8. 业主强行指定分包分供商。

无论合同变更的实际情况是哪一种情形，变更的程序通常如图 14-2 所示。

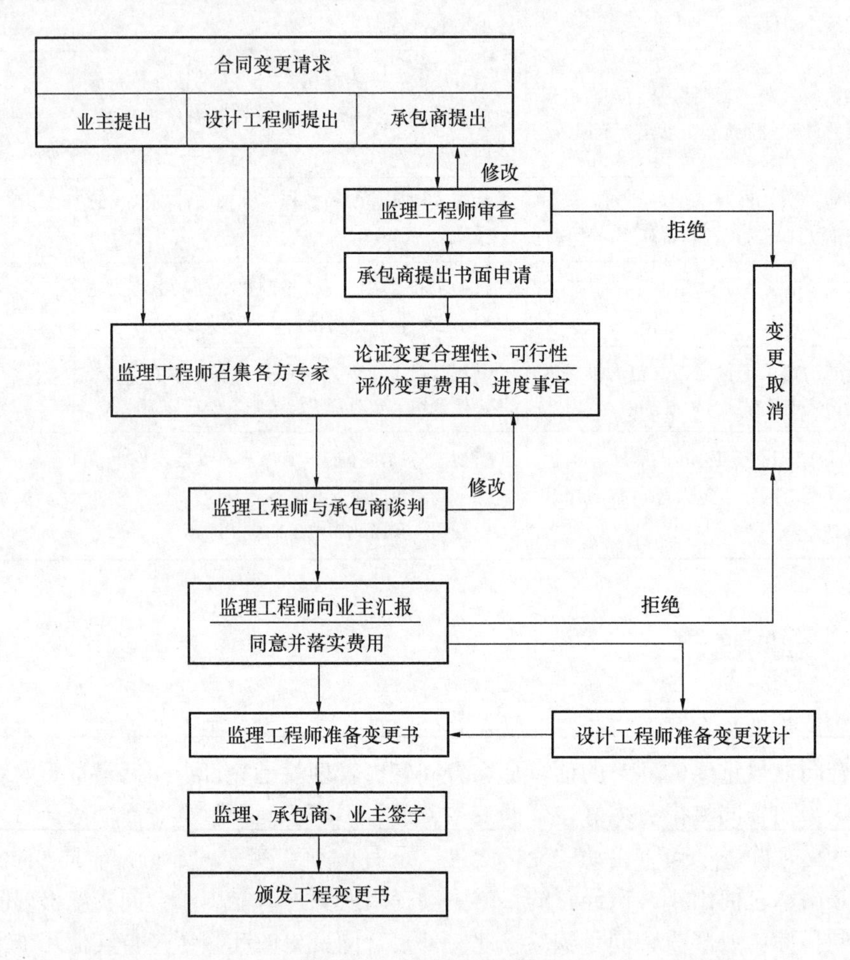

图 14-2　合同变更的程序

就施工单位企业内部的管理流程，通常都是由项目部在合同变更情形发生后或收到发包人合同变更的通知后 2 个工作日内向企业合同管理部门报告→由合同管理部门组织合同变更评审会议→法律事务等相关部门参与评审并提出意见→由总法律顾问、总经济师对合同变更及评审文件进行审核→企业合同授权批准人对合同变更及评审文件进行审批→审核、审批意见为“同意”后开始实施合同变更。合同变更应当签订书面的材料，如变更补充协议、备忘录、解除协议等，这些书面材料的签订工作应当由合同管理部门负责办理，办理完毕后到政府相关部门登记备案。

本节重点介绍从承包商的角度出发，如何更加积极、有效地应对合同变更。

一、处理合同变更的原则

原则一：施工单位与建设单位（承包商与发包方）的地位是平等的，当发生任何超出合同约定的内容时，任何一方均有权提出变更。

原则二：合同变更应本着公平合理、实事求是的原则，任何一方不能夸大变更对己方的影响，从而提出过分的要求。

原则三：变更应本着对工程负责的原则，变更后以工程质量不降低标准，不影响工程效益为前提。工程变更必须技术上可行可靠，变更后的费用及工期是经济合理的。

施工单位与建设单位在面对合同变更时坚守以上三项基本原则是基本前提。

工程建设中无论事先对合同的考虑是多么的细致缜密，由于履行期间的影响因素太多，合同变更在所难免，合同双方都不要指望一项大型的工程建设过程中不发生合同变更。建设单位如果期望通过合同条款将合同变更风险全部转移给承包商是不切实际的；承包商如果期望通过合同变更来实现超额的利润也是不切实际的，正确的态度是双方都将合同变更视为常态管理来抓，对合同变更的管理重点，不是防止合同变更的发生，而是防止不合理、不必要的合同变更发生，杜绝由于低级错误、管理不善或渎职原因引起的合同变更，同时对于整体工程效益有利的、对工程质量安全有利的合同变更，要予以支持。合同管理人员要从工程质量、安全、进度、投资等多方面综合判断合同变更的利弊，例如某项工程通过增加一项措施能缩短工期，那么虽然增加了措施费，却能大大减少工期的时间成本，综合算下来还是合算的。

二、施工企业如何化被动为主动

1. 把控合同签订环节

施工企业在合同变更方面，面临最大的问题之一就是在面对业主单方面要求的合同变更不知如何处理，尤其是对于合同中没有约定的内容进行变更。这要求施工企业在签合同的时候就充分考虑到变更的可能性，关键是合同怎么签，把合同变更的管理重点放在合同签订环节，通过把好合同签订来把控后期合同变更的风险。

很多时候，施工合同中要么是约定类型不全，导致部分变更无对应的适用条款；要么是缺少因果关系，泛泛而指，造成应用中的困难；要么是合同约定不清，不能直接用于解决合同变更问题；要么是合同中没有约定。因此，必须在合同条款中明确哪种原因引起的变更应按何种原则办理合同变更相关事项。这要求施工企业，一是要善于收集整理信息，并能够基于项目经验对可能发生的工程变更做出预测；二是重视合同细节，尽量将可能遇到的问题在合同中都列清楚，避免出现业主对合同中没有约定的内容进行变更、或约定不清而让自身处于不利情形。

2. 在被动的工程变更中，合理运用不平衡报价法实现己方利润策略

在我国的建筑市场中，建筑工程业主方和施工方地位并不对等，施工方为了在激烈的竞争中拿到项目，不得不压低投标报价，考虑的是在能够中标的情况下还能保证一定的利润空间，在投标报价中不得不采取不平衡报价的策略（在清单报价的前提下），针对可能的工程变更调整报价时各子目的单价，以便利用变更实现利润目标，这就是所谓的二次

经营。

工程量清单模式下，变更合同的重点是对于综合单价以及工程量的控制确定，两个变更管理的机会点中，工程量的确定很难提供建筑施工企业作为变更管理盈利的机会点，剩下只有综合单价是能够利用起来实现利润的重要的机会点，当然，这对于施工单位来讲既是管理中的重点也是难点。

当发生工程变更时，若施工企业不及时提出价款变更则会被认为是主动放弃调整单价的行为，所以施工企业需要及时做出判断，迅速确定一套可行的单价变更方案，找到符合规定且能够最大程度实现利润的方法来确定变更综合单价。

实际发生的工程变更大多是业主方提出变更，而建筑施工企业往往是被动的处境。要想最大程度的实现利润，一个优秀的建筑施工企业在进行投标报价前应该对施工现场及施工方案做出详细的分析，以此对信息进行归类分析总结，根据以往项目经验对施工中可能发生的工程变更做出合理大胆的预测。当确定了一系列变更的预测结果后，应该结合工程量清单，对可能发生变更的部分做出不平衡报价。当施工中变更一旦发生，可以利用清单计价规范以及合同条款，直接利用不平衡报价报出的综合单价或者参照调整，并做出符合规定的有效实现利润的变更单价调整。这是承包商变更管理工作中切实有效的管理方法，能够让施工企业在合同变更中争取主动权。

除时间性不平衡报价（早收钱）、风险性不平衡报价（考虑市场价格波动）之外，数量性不平衡报价是最难做到的，它要求在施工企业自行对现场条件以及施工计划进行科学的分析后，能够依照以往的项目经验及总结资料对清单中的工程量可能在施工中发生的变化做出科学大胆的预测。通过预测，对于工程施工中可能增加的项目，包括设计及新增工程变更等引起增加的项目进行一定范围内提高报价的策略，反之则降低项目的报价，将总报价变动保持在一定范围内。这样就可以使得工程结算时，实际结算价款大大增加。这种不平衡报价是信息分析处理能力要求很高的一种策略，要求建筑施工企业对于工程变更的预测能力很强。对于施工设计有遗漏、深度不足、图纸与清单工程量不符等情况需要有很高的敏感性，能够大胆准确地预测工程变更，并统计汇总预测信息，进行相应的不平衡报价策略。工程完成后对每一次的变更信息预测准确情况进行统计归档，总结项目经验，实现策略的不断优化，这是建筑施工企业利用变更实现利润的一条重要的思路。

基于对可能发生的变更的预测，应用不平衡报价的策略可以总结为以下几点：

(1) 对于取消合同中任何一项工作的变更，比如预计施工中可能会取消的项目或清单中的暂定工程或暂定数额的项目采取降低报价的策略；

(2) 对于改变合同中任何一项工作质量或其他特征的变更，如清单中描述不准确的项目适当降低报价，待变更时可调整报价；

(3) 对于改变合同中工程的基线、标高、位置或尺寸的变更，如设计图纸中不明确或者有错误，施工中可能会修改的项目采取提高报价的策略；

(4) 对于施工中可能对施工时间做出调整或者变更施工顺序或者技术要求的变更，比如要求不够具体的一些方案，可能会做出改变的半成品工艺要求等项目，采取降低报价的方案，等待施工中提出较高价格的变更签证；

(5) 对于为完成工程需要追加的额外工作的变更，比如招标人未提供量或者提供量比较少的计工日及清单中有列项却未提供量的项目、一些零星工作等适当提高报价。

3. 主动提出变更

在被动的工程变更中，施工企业需要提前做出一些分析预测来保证变更发生时可以通过价款的变更来实现己方利润策略。但实际中，施工企业往往需要主动出击，在一定的情况下可以主动提出对己方有利的工程变更，即合理化建议。所谓合理化建议，是指施工过程中建筑施工企业根据多年的施工管理经验或者技术经验，对工程中一些不合理的或者可以做出更好优化的项目提出优化建议，或者同设计单位进行交涉，争取进行设计变更。

合理化建议的批准权最终在业主手中，因此，合理化建议必须满足一个条件，即变更必须能够与业主方利益相吻合，比如可以更好地满足业主方的长期利益，或者可以降低成本，加快进度等，这类建议可以给业主方带来长远的利益，也能为施工企业实现利润创造条件，有可能实现双赢。

我们通过大量的案例总结，发现以下几种施工企业主动提出变更的方案，更容易让业主（发包方/建设单位）接受：

（1）对于可替换的材料，同样能够满足设计要求的情况下，主动提出更换材料，降低施工成本能够实现双赢。或者能够起到优化建筑作用的材料，在小幅度提高成本的情况下，可以提出变更；

（2）施工单位根据施工过程中的具体情况，结合现场情况，基于丰富的经验提出优化施工方案的变更，能够加快施工或者降低风险时，可以提出变更；

（3）当施工过程中遇到可优化的方案，符合业主方的长远利益时，可以适当做出变更，增加一些利润空间较大的项目，减少低利润项目或者有可能亏损的项目；

（4）对于新出现的工艺或者材料，可以最大限度利用来做出变更方案用以降低成本，提升利润空间。

三、合同变更应注意的问题

1. 以项目最终效益决定合同变更

合同变更是在合同条件变化后所采取的应对措施，最终目的仍是维护工程项目的最终效益。因此，承包商不能单纯地从合同变更本身来判断是否值得做合同变更，发包方对工程项目有利的变更会支持，对项目不利或利益不明显的则不会予以支持。

2. 不平衡报价是施工合同双方的一场博弈

承包商在报价阶段以不平衡报价为二次经营预埋“伏笔”，并在合同履行阶段想方设法按照自己预先设想的方向进行合同变更，从而获得额外的利润；另一种是让资金早点回笼，前期实施项目部分报高价、后期实施项目部分报低价。对此，发包方（建设单位）也相应地采取了一系列防止不平衡报价的措施，例如，招标时对主要项目设置价格区间，投标人只能在此区间内报价，甚至在招标文件中明确提出不允许不平衡报价等。所以说，不平衡报价是施工合同甲乙双方的一场博弈，对待不同的业主，施工单位的不平衡报价策略也应有所调整，不平衡报价的价格组织也要讲究策略，不要出现明显的不平衡报价色彩。

3. 提供完整有效的合同变更支持材料

合同变更过程中涉及到的所有会议纪要、文件、函件、图纸都是合同变更所需的重要支持材料，承包商必须随时加以收集整理并纳入档案管理中，防止因经办人员变动而丢失。在如何收集、提供支持材料的认识上，现场管理人员与合同管理人员的理解不同，有时会影响到支持材料的正常收集，这点需加以注意。现场管理人员因为天天在工地一线处理现场管理问题，认为自己对变更情况了如指掌，往往忽视对支持材料的严谨性和完整性的要求，尤其是政府工程项目须经过政府层层把关，如果支持材料本身不能反映问题，恐怕是无法通过政府审批的。另外，合同变更对承包商来讲是一个很好的索赔机会，对合同变更支持材料的及时收集与管理，可以作为索赔的证据。

4. 识别监理工程师发出的变更指令

要区分监理工程师发出的变更是“意向”还是“指令”，因为有时业主有意变更，但还在可行性研究阶段，所以只是发出变更意向，这时承包商所要做的仅仅是报价和提交施工方案以及变更影响，业主会根据其报价最终决定是否要变更，决策可能是执行变更，也可能是取消变更。所以，不要看到变更两个字就以为是挣钱的机会，不看清是“指令”还是“意向”就三下五除二做了，到头来竹篮打水。

5. 及时办理合同变更

合同变更是随着工程项目的进展而发生的，当合同变更发生后，承包商应及时申报合同变更、不拖延不积压，对自己不利的合同变更，如调减项目，一拖再拖、迟迟不报、到最后关头才提交，这一方面会让承包商丧失了发包人的信任，另一方面也可能会遭遇发包人的经济制裁措施。

6. 变更合同的签订很重要

一旦发生变更，就应该尽早签订变更合同（当然，本质上属于合同变更但实际操作中是以设计变更等形式出现的变更，签证也是一种变更合同的特殊形式，所以签证时一定要注意业主方签字者是否是得到授权的代表人，也就是说，“谁得签字可以作数”），尤其是双方更换主管领导或经办人员后可能容易发生出现异议时否定合同变更。

四、附表

表单 14-6：《合同变更审批表》

合同变更审批表

表单 14-6：

表格编号：

项目名称					
发包方			工程地点		
合同价款		价款方式		层数	
建筑面积		日期		结构类型	
质量标准		担保方式		签约地点	
承包内容					
承包方式		合同采用文本		合同份数	
合同变更的内容：					

续表

<table>
<tr><td>部门</td><td colspan="2">各部门意见（风险点及修改意见、防控措施，可另行附页）</td></tr>
<tr><td>合同管理部门</td><td>签字：</td><td>年　　月　　日</td></tr>
<tr><td>法律事务部门</td><td>签字：</td><td>年　　月　　日</td></tr>
<tr><td>……</td><td>签字：</td><td>年　　月　　日</td></tr>
<tr><td>……</td><td>签字：</td><td>年　　月　　日</td></tr>
<tr><td colspan="3">总法律顾问审核：
签字：　　　　　　　　　　　　　　　　　　年　　月　　日</td></tr>
<tr><td colspan="3">总经济师审核：
签字：　　　　　　　　　　　　　　　　　　年　　月　　日</td></tr>
<tr><td colspan="3">授权批准人审批：
签字：　　　　　　　　　　　　　　　　　　年　　月　　日</td></tr>
</table>

第四节　合同二次经营

在合同履行过程中，通过合同交底与合同学习分析，项目部能够发现更多对己方有利的条款，并以此开展二次经营，这一点对施工企业合同管理来说很重要。

一般说，施工项目管理可分为五个阶段：投标与签约、施工准备、施工、竣工交验和回访保修阶段。第一阶段的营销工作称为“一次经营”，第二、三、四阶段的营销活动为“二次经营”，二者之间的界限就是签订合同。

一次经营和二次经营之间的关系非常密切，既相互关联，又有所区别。二次经营既是一次经营的重要延续，又为以后的一次经营创造条件，由于市场竞争的原因，企业往往在一次经营中通过低价中标，如果不能通过二次经营获得一定的补偿，则项目就会有发生亏损的风险，所以在一次经营之后必须继续开展经营活动，提高项目收益和资金流。同时，通过二次经营加强甲乙双方的关系和高质量的履约，为下一次承接后续工程创造更好的条件。因此，可以说二次经营根本目的是为了提高企业的收益。

与一次经营不一样，二次经营的营销主体是以项目层次为主，以项目经理为主、以营销人员为辅；营销职责主要包括：变更控制、签证索赔、工程结算等。二次经营是合同履约管理的重要内容。

施工企业要做好项目的二次经营，需要秉持几个重要理念：二次经营的前提是诚信履约；二次经营是为了赚取合理的利润；二次经营的重要目的是赢得业主的信任，建立牢固的合作伙伴关系；二次经营主要是创造和策划出来的，而不是哪个人恩赐的。更加重要的是，二次经营的结果是“双赢”，只有业主看到或了解到变更对他的好处（例如，更有利于保证工程质量、能更好的提升工程的使用功能等）后，二次经营才更容易成功。表14-3是某项目二次经营的策划。

某项目二次经营策划 **表14-3**

序号	项目内容	预期目的	事由	策略与措施
一	对合同外增加项目采取相应的报价策略			
1	基底清槽	签认综合单价及工程量	新增项	依据图纸算量按清单报价，争取人工费按市场价调整
2	基础垫层	签认综合单价及工程量	新增项	依据图纸算量按清单报价，争取人工费按市场价调整
3	基坑内土方公司留下的砂土外运	签认综合单价及工程量	基坑底砂土外运	做好现场记录，监理业主签认工程量
4	汽车坡道结构（含土方、支护、降水等）	签认综合单价及工程量	新增项	依据图纸算量按清单报价，坚持人工费按市场价报，合约部审后报业主监理签认
二	对土方公司桩基础遗留问题的相应策略			
1	基础底板及地下室外墙砖胎模	调整清单措施费	桩打进基础外墙内	桩打进基础外墙内，实际成本提高，力争算回增加的措施费
2	灰土桩	签认综合单价	清单缺项	做好现场记录，监理业主签认
3	西侧墙桩进外墙的处理	签认综合单价及工程量	桩打进基础外墙内	
三	对报价低的项目采取相应的变更策略			
1	结构、粗装修人工费	按市场单价签认	清单价低	找建委相关支持文件，力争按市场价签认
2	预制BDF薄壁箱体	签认综合单价	清单价低	与设计沟通更换做法或材料
四	对图纸会审中涉及费用部分的经济洽商			
1	地下室抗渗混凝土掺纤维	签认综合单价	清单缺项	市场询材料价格，报业主签认综合单价

续表

序号	项目内容	预期目的	事由	策略与措施
2	施工缝橡胶止水带	签认综合单价	清单缺项	市场询材料价格，报业主签认综合单价
3	施工缝钢板止水带	签认综合单价	清单缺项	市场询材料价格，报业主签认综合单价
五	对因政府和业主原因造成的工程延期的相应策略			
1	因业主原因延期开工致使我方延期开工二个月，使主体结构施工进入冬季施工	延长工期、索赔冬季施工措施费及采暖费	延期开工二个月	收集整理相关的资料、及时签认工期
2	非我方原因造成的工程延期	延长工期	中非论坛	收集整理相关的资料、及时签认工期
六	对单价合同的工程量签认的相应策略			工程量按时结算，作好工程量的计算工作

二次经营是要讲究策略和技巧的。在项目管理过程中，要自始至终贯穿一个“变”字，搞好策划工作，对照合同条款和市场行情，积极寻求变更，在变中取胜，在变中获利，变不利为有利。这要求项目人员一方面要具备良好的专业素质，另一方面就是“先算后干”，在工程施工前就认真研究招标文件、承包合同、投标报价书等，对合同中的不利条款、投标报价书中低于目前市场价的子目、投标书中的漏项等进行认真分析，在施工前就制定预控措施，提前做好策划。

根据“变”的来源，二次经营可以分为主动型和被动型，主动型二次经营即由施工承包方主动提出的变更要求，被动型二次经营非施工承包方提出变更要求，施工承包方必须予以响应，即人们常说的“签证索赔”。

一、主动型二次经营：积极寻求变更

主动型二次经营是要对照合同条款和市场行情，积极寻求变更，在变中降本增利。分析项目潜在盈利点、亏损点、索赔点等，围绕经济与技术紧密结合展开主动性的变更活动，通过合同价款的调整与确认、认质认价材料的报批、签证等，增强盈利能力。

主动型二次经营的“变”主要体现在以下几方面：

1. 变更材料品牌、设备型号。材料设备投标价如果比市场价低，就要想办法，通过变更设计改变材料的品种、规格、型号，以达到高于投标价或“消灭”投标时的低价的目的。

2. 调整施工方案、变更施工工艺和质量标准。对明显要亏损或不可能赚钱的，通过施工方案的调整、优化或施工工艺的变化，也能取得很好的效益。

3. 变采购方式。项目的主材报价过低，实际采购会亏损，在尝试其他方法失败时，就致力于变更采购主体，例如，设法改为“甲供”，由分包商自行采购等，以避免亏损。

4. 变合同范围和分包单位。一方面，通过严格管理，优质高速，得到了业主的肯定

后，争取项目扩充部分的施工；另一方面，根据合同单价的高低、少算、漏算等情况，积极进行有利的工程分割，对分包合同范围和分包单位重新界定和划分，转嫁亏损项目实现整体赢利。

5. 变设计。主要通过对图纸进行变更，包括从数量和质量的变化以达到消灭或减少亏损、增加盈利的目的。

二、被动型二次经营：签证索赔

被动型二次经营即业内习惯称呼的“签证索赔”。索赔是指在工程承包合同履行中，当事人一方由于另一方未履行合同所规定的义务而遭受损失时，向另一方提出补偿要求的行为。如施工图纸拖延或不全、工程变更（包括已施工而又进行变更和项目增加或局部尺寸、数量变化等）、恶劣气候条件以及因业主未能提供相关资料，承包商又无法预见的情况（如地质情况、软基处理等，该类项目一般对工程数量增加或需重新投入的新工艺、新设备）等，都应构成索赔的理由。

工程签证索赔是一项庞大的、复杂的、系统性很强的工作，要充分理解合同内容、施工图、技术规范，重证据、讲技巧，踏踏实实做好签证索赔基础资料的收集，在合同实施过程中寻找和发现签证索赔机会，积极处理索赔事件，切实维护项目的合法权益，取得效益最大化。

在签证时，要安排好签证人选，填写好签证内容，注意签证方法。只要工程技术签证办好了，经济索赔就有据可依。

在索赔时，平时要注意积累资料，同时要把索赔申请按规定的时间提供出去，抓住有利时期，争取单项索赔，切忌最后算总账。单项索赔事件简单，容易解决，而且能及时得到支付。最后算总账比较困难：一是时间长，不易说清；二是积少成多，数额较大，谈判困难；三是失去了工程制约的有利条件；四是工程后期业主（或总承包商）往往提出“反索赔”，使问题复杂化，所以索赔一定要及时。

施工企业可以从表 14-4 中所列的条款中寻找索赔机会。

企业索赔机会的寻找　　　　**表 14-4**

发包方代表	1. 发包方代表没有按合同规定提前通知承包商，对施工造成影响； 2. 发包方代表发出的指令、通知有误； 3. 发包方代表未按合同规定及时向承包商提供指令、批准、图纸或未履行其他义务； 4. 发包方代表对承包商的施工组织进行不合理干预； 5. 发包方代表对工程苛刻检查、对同一部位的反复检查、使用与合同规定不符的检查标准进行检查、过分频繁的检查、故意不及时检查
设计变更	1. 因设计漏项或变更而造成人力、物资和资金的损失和停工待图、工期延误、返修加固、构件物资积压、改换代用以及连带发生的其他损失； 2. 按图施工后发现设计错误或缺陷，经发包方同意采取补救措施进行技术处理所增加的额外费用； 3. 设计驻工地代表在现场临时决定，但无正式书面手续的某些材料代用，局部修改或其他有关工程的随机处理事宜所增加的额外费用； 4. 新型、特种材料和新型特种结构的试制、试验所增加的费用

续表

合同文件	1. 合同条款规定用语含糊、不够准确； 2. 合同条款存在着漏洞，对实际可能发生的情况未做预料和规定，缺少某些必不可少的条款； 3. 合同条款之间存在矛盾； 4. 对单方面要求过于苛刻，约束不平衡，某些条文甚至是一种圈套
施工条件与方法	1. 加速施工引起劳动力资源、周转材料、机械设备的增加以及各工种交叉干扰、增大工作量等额外增加的费用； 2. 因场地狭窄、以致场内运输运距增加所发生的超运距费用； 3. 因在特殊环境中或恶劣条件下施工发生的降效损失和增加的安全防护、劳动保护等费用； 4. 在执行经发包方批准的施工组织设计和进度计划时，因实际情况发生变化而引起施工方法的变化所增加的费用
政策法规变更	1. 投标时的材料单价与实际施工时期单价差异大，超出约定值，由工程造价管理部门发布的建筑工程材料预算价格来确认； 2. 国家调整关于建设银行贷款利率的规定； 3. 国家有关部门关于在工程中停止使用某种设备、材料的通知； 4. 国家有关部门关于在工程中推广某些设备、施工技术的规定； 5. 国家对某种设备、建筑材料限制进口、提高关税的规定； 6. 在一种外资或中外合资工程项目中货币贬值也有可能导致索赔
不可抗力事件	1. 因自然灾害引起的损失； 2. 因社会动乱、暴乱引起的损失； 3. 因物价大幅度上涨，造成材料价格、工人工资大幅度上涨而增加的费用
不可预见因素	1. 异常恶劣气候条件造成已完工程损坏或质量达不到合格标准时的处置费、重新施工费
分包商违约	1. 发包方指定的分包商工期拖延、质量不合格、构件进场不及时等违约情况； 2. 甲供材质量不合格、供货不及时而影响工期和质量等违约情况

索赔事件发生后，施工单位要按照合同或者法律的规定提起索赔，索赔要能够保留证据，具有正当索赔依据，符合规定，才能够开展后续的协商、调解、仲裁或者诉讼。《建设工程施工合同（示范文本）》的索赔程序如下：

1. 承包人应在知道或应当知道索赔事件发生后28天内，向监理人递交索赔意向通知书，并说明发生索赔事件的事由；承包人未在前述28天内发出索赔意向通知书的，丧失要求追加付款和（或）延长工期的权利；

2. 承包人应在发出索赔意向通知书后28天内，向监理人正式递交索赔报告；索赔报告应详细说明索赔理由以及要求追加的付款金额和（或）延长的工期，并附必要的记录和证明材料；

3. 索赔事件具有持续影响的，承包人应按合理时间间隔继续递交延续索赔通知，说明持续影响的实际情况和记录，列出累计的追加付款金额和（或）工期延长天数；

4. 在索赔事件影响结束后28天内，承包人应向监理人递交最终索赔报告，说明最终要求索赔的追加付款金额和（或）延长的工期，并附必要的记录和证明材料。

三、二次经营需要强有力的组织保障和工作方法

1. 设置项目商务经理，为开展二次经营提供组织保障

设置项目商务经理具有五大优点：一是健全了项目领导班子，一般的项目管理班子均只设立了项目经理、生产经理、技术经理等岗位，班子成员中无人专职负责经济与成本工作，仅有预算员或成本员则因其职位相对较低而缺少权威性；若设立商务经理，既是对项目班子的完善，也是以经济与成本管理为中心的项目管理体系的重要体现。二是项目经理大多出身于工长、技术等岗位，对项目二次经营的理解与操作不易精细，而出身于预算或成本岗位的商务经理却更内行。三是项目经理事务繁多，精力有限，商务经理正好帮其分担成本管理的重任。四是在办理签证、索赔及结算时，项目商务经理要比预算员或工长更容易得到业主的尊重和取得良好的效果。五是观念的转变，现在的项目已由原来的生产型转变为生产经营型项目，项目应以成本管理为核心，以盈利为目标。设立商务经理，能保证专人专职把主要精力放在成本控制和二次经营上。

2. 明确签证索赔相关岗位责任，形成二次经营责任体系

签证索赔的承办人应本着“就近”和“有利”的原则安排。

由技术员承办的签证：

（1）发包方未按约定交付设计图纸、技术资料、批复或答复请求；

（2）发包方指令调整原约定的施工方案、施工工艺、附加工程项目、增减工程量、变更分部分项工程内容、提高工程质量标准等；

（3）由于设计变更、设计错误、错误的数据资料等造成工程修改、返工、停工、窝工。

由施工员/工长承办的签证：

（1）发包方未严格按约定交付施工现场、提供现场与市政交通的通道、接通水电、批复请求、协调现场内各承包方之间的关系等；

（2）工程地质情况与发包方提供的地质勘探报告的资料不符，需要特殊处理的；

（3）发包方指令调整原约定的施工进度、顺序、暂停施工、提供额外的配合服务等；

（4）由于发包方错误指令对工程造成影响等；

（5）发包方在验收前使用已完或未完工程，保修期间非承包方造成的质量问题。

由财务人员承办的签证：

（1）发包方未严格按约定支付工程价款的；

（2）发包方拒绝或延迟返还保函、保修金等。

如此，等等。签证索赔相关岗位责任见表 14-5。

签证索赔相关岗位责任 **表 14-5**

序号	项目	内 容	技术签证主办部门	费用索赔主办部门	工期索赔	费用索赔
1	合同范围的变更	发包方增加或者减少合同工作内容。引起相应的费用索赔和工期索赔。	技术主管部门	商务主管部门	▲	▲
2	设计变更	因原设计漏项、结构修改、提高质量等级等	技术主管部门	商务主管部门	（▲）	▲

续表

序号	项目	内　容	技术签证主办部门	费用索赔主办部门	工期索赔	费用索赔
3	甲供材料	甲供材料数量不足	材料主管部门	商务主管部门	▲	▲
		甲供材料不符合设计要求	技术主管部门	商务、材料主管部门	▲	▲
4	返修、加固和拆除	因设计或发包方等原因，需对工程进行返修、加固和拆除	质量主管部门	商务主管部门	▲	▲
5	技术措施费	施工中采取了合同价中没有包括的技术措施和超越一般施工条件的特殊措施	技术主管部门	商务主管部门	(▲)	▲
6	交叉施工干扰增加费	由于发包方原因，造成几家施工单位发生平行立体交叉作业，影响工效，采取措施等发生增加费	质量、技术主管部门	商务主管部门	▲	▲
7	赶工措施费	由于发包方要求工期提前，工程必须增加人、材、机等的投入而增加的费用及夜间施工增加费	质量、技术主管部门	商务主管部门	▲	▲
8	图纸资料延期交付	由于图纸资料延期交付，无法调剂施工的劳动人数，停滞的机械设备的费用	质量、技术主管部门	商务主管部门	▲	▲
9	停窝工损失	由于发包方责任（如供应的材料、构件未按时供给，未及时提出技术核定单、计划变更、增加或削减工程项目、变更设计、改变结构、停水、停电、未及时办理施工所需证件及手续等因素）造成的停窝工的	技术主管部门	商务主管部门	▲	▲
10	机具停滞损失	因发包方原因，造成施工机具（包括解除车辆运输计划合同损失）停滞费用	设备主管部门	商务主管部门	▲	▲
11	材料积压或不足	由于发包方中途停建、缓建和重大的结构修改而引起材料积压或不足的损失	材料主管部门	商务主管部门		▲
		原材料计划所依据的设计资料中途有变更或因施工图资料不足，以致备料的规格和数量与施工图纸不符，发生积压或不足的损失	材料主管部门	商务主管部门	▲	▲
12	材料二次转运	凡属发包方责任和因场地狭窄的限制而发生的材料、成品和半成品的二次倒运，主要指与投标状况不符的情况。	材料主管部门	商务主管部门	▲	▲
13	材料价差	合同约定暂估价材料或发包方指定档次或品牌的材料的材料价差	材料主管部门	商务主管部门	▲	▲
14	复检费和试验费	材料复检及试验费，包括对新结构、新材料的实验费以及对发包方供应的不带合格证的材料的检验，或建设单位要求对具有出场合格证明的材料进行检验，对构件进行破坏性试验及其他特殊要求检验、试验费用	质量、技术主管部门	商务主管部门	(▲)	▲

续表

序号	项目	内 容	技术签证主办部门	费用索赔主办部门	工期索赔	费用索赔
15	不可抗力	因不可抗拒因素，自然灾害等造成损失	技术主管部门	商务主管部门	▲	▲
16	银行利息或罚款	发包方未按合同规定拨款或未按期办理结算引起的信贷利息和违约金	财务主管部门	商务主管部门	(▲)	▲
17	政策调整	因国家政策调整和市场价格波动以及与预算定额口径不符时所产生的量差、价差等	商务主管部门	商务主管部门	(▲)	▲
18	计划任务变更	计划任务变更造成临时人工遣散和招募费用的损失	质量主管部门	商务主管部门	▲	▲
19	指定分包	发包方指定分包引起的损失和工期延误	技术主管部门	商务主管部门	▲	▲
20	紧急措施	由于发包方的责任，在情况紧急又无法与发包方联系时，承包商采取保证工程和人民生命财产安全的紧急措施	质量主管部门	商务主管部门	▲	▲
21	工程质量	发包方要求的质量等级、验收标准及要求获得比合同要求更高的奖项	技术主管部门	商务主管部门	▲	▲
		工程质量因发包方原因达不到合同约定的质量标准	技术主管部门	商务主管部门	▲	▲
22	重新检验	发包方对隐蔽工程重新检验而进行剥落，且检验合格	技术主管部门	商务主管部门	▲	▲
23	发包方指令	发包方发出错误指令或者前后指令不统一	质量主管部门	商务主管部门	▲	▲
24	办理结算	发包方在收到竣工报告后无正当理由不办理结算	商务主管部门	商务主管部门		▲
25	保修	保修期间非承包商原因造成返修	质量主管部门	商务主管部门		▲
26	发包方违约	包括未按合同约定开工、未及时付款、未提供总包配合、未及时办理结算等	工程部、财务部	商务主管部门	▲	▲
27	其他签证	发包方临时租赁施工单位的机具	设备主管部门	商务主管部门	▲	▲
		发包方在现场临时委托施工单位做与合同规定内容无关的其他工作	质量主管部门	商务主管部门	▲	▲
		发包方借用施工单位的工人进行施工	质量主管部门	商务主管部门	▲	▲

二次经营工作是一个严谨的工作，对于一个确定的二次经营事件，基本上没有一个预定的明确的解决标准，它取决于项目管理者对于一次经营合同的了解深度，业主的现场管理水平及项目部的管理水平高低。二次经营事件的及时处理是否符合规定，签证是否合理合法，二次经营基础资料的完整性等都对二次经营的成功与否有着重要的关系。同时，谈判技巧也是二次经营工作成功的关键因素，在谈判中要注意方式方法，不能一味的退让，也不能一味的咄咄逼人，要始终做到有根有据，据理力争要以事实为前提，不轻易妥协，业主和设计方提出不同意见，应及时反驳，在不违背合同原则基础上，以公关为手段，协商解决。在事实确认的前提下，事前应与相关方充分沟通，在不违背合同原则的前提下，力求赢得各相关方认可。

总之，二次经营工作需要经过多次不懈的努力才能取得一定的成果，它也是一个项目能够取得好的效益非常重要的因素，只有抓住二次经营工作的关键环节，二次经营工作才会豁然开朗。

四、附表

表单 14-7：《签证索赔策划表》
表单 14-8：《工程签证申请表》
表单 14-9：《工程量、费用或工期计算说明书》
表单 14-10：《工程工期延误报告》
表单 14-11：《工程工期顺延报告》
表单 14-12：《工程费用补偿报告》
表单 14-13：《签证索赔台账》

表单 14-7：

签证索赔策划表

表格编号：

序号	策划内容	单位	投标情况	策划目标	拟采取措施	责任人	拟实施时间
一	认质认价部分						
二	现场签证部分						
三	索赔部分						
四	科技创效部分						
五	总包服务费部分						
六	发包人指定分包分供承接						
	……						

制表人（签字/日期）：　　　　　　　　　　　　审核人（签字/日期）：

表单 14-8：

关于____工程签证申请表

表格编号：

<table>
<tr><td>项目名称</td><td></td><td>标段</td><td></td></tr>
<tr><td>施工部位</td><td colspan="3"></td></tr>
<tr><td colspan="4">签证事由及原因：

附图纸及计算说明书：

承包人（章）
承包人代表____________
日　　期：____________</td></tr>
<tr><td colspan="2">审核意见：

监理工程师__________
日　　期__________</td><td colspan="2">审核意见：

造价工程师__________
日　　期__________</td></tr>
<tr><td colspan="4">审核意见：

发包人（章）__________
发包人代表__________
日　　期__________</td></tr>
</table>

注：1. 本表一式四份，发包人、监理人、造价咨询人、承包人各存一份。

2. 发包方、监理方或造价咨询方对此表格式没有强制性要求的，按照本表格执行。

表单 14-9：

工程量、费用或工期计算说明书

表格编号：

项目名称		标段	
施工部位		第　页	共　　页

编制		审核		批准	
时间		时间		时间	

表单 14-10：

工程工期延误报告

表格编号：

项目名称		标段	
施工部位		第　页	共　页

事宜：关于因______________________等原因造成工期延误事宜的函

致：____________________公司，尊敬的_____________（收函方代表）先生/女士

____________________公司，尊敬的_____________（收函方代表）先生/女士

__________________（发包人全称）与我方签订的合同在履行过程中，因遇下列情形，工程工期已造成延误/费用已造成损失，并自本报告发出时还在继续延误：

因本工程计划应在_____年____月_____日开工的，但现在已距开工仅有 7 天（此条应在开工前 7 天向发包人发出），但因发包人_________________原因，或承包人根据___________规定（理由），预测，不能按计划开工；

或：总监理工程师（或发包人代表）于___年___月___日发出的指令（或工程联系单）要求暂停施工；

或：执行总监理工程师（或发包人代表）于___年____月____日发出的指令（或工程联系单）导致工程不能按原计划施工；

或：遇非承包人原因，发生了__________紧急情况，我们虽然已采取了保证人员生命和工程、财产安全的措施，但已不能按计划施工；

或：发包人未能在合同第___条第___款约定的时间内，完成发包人_____的工作；

或：按合同约定，发包人应在____年____月____日前向承包人提供_______施工图，但承包人至今尚未收到，致使相应的工作无法开展；

或：按合同约定，发包人应在____年____月____日向承包人支付工程预付款（或工程进度款）____元，但至____年__月__日承包人还未收到应收款项，已导致施工不能正常进行；

或：按合同约定，发包人代表（或监理工程师）应向承包人发出关于_____以便于承包人继续实施工程的施工，或承包人因_____已于____年____月____日向监理工程师（或发包人代表）发出了关于____________的请求（报告、申请、联系函），但至今未接到答复，已导致无法实施工程的正常施工；

或：承包人于____年__月____日接到监理工程师（或发包人代表）发出的工程设计变更，为实施该变更，由于工程现场工序（或工程量增加）原因，已导致工程不能按原计划实施；

或：自____年__月__日始至本报告发出日，工程现场非承包人原因导致停水（或电、气）延续____小时（8 小时以上）；至今还未恢复；

或：本工程于____年__月__日遇到了________的不可抗力事件，现还在继续；

或：发生了_________上述未提及的事件，导致工程不能按原计划施工；原因已导致工期延误____天。本工程合同工期为__天（或本合同工期上期已调整为__天），累计本报告中应顺延的工期后，合同工期应调整为__天。因上述延误工期的事件还在延续，承包人将在相应事件结束后，向你们进一步提交因上述原因导致的实际工期延误的工期顺延报告。

请你们在收到此报告____天内予以确认或提出修改意见，逾期未确认也未提出修改意见的，即视你们已批准、确认。

特此报告。

单位名称___________

项目部____________

（项目经理）_______

_____年____月____日

收函方签署意见	单位（章） 例：同意工期展延___天。或收到此原件一份。 （签字）____年____月____日
收函方签署意见	单位（章） （签字）____年____月____日

表单 14-11：

工程工期顺延报告

表格编号：

<table>
<tr><td>项目名称</td><td></td><td>标段</td><td></td></tr>
<tr><td>施工部位</td><td></td><td>第　页</td><td>共　　页</td></tr>
<tr><td colspan="4">事宜：关于因______________________等原因请求工期顺延的函</td></tr>
<tr><td colspan="4">致：____________________公司，尊敬的____________（收函方代表）先生/女士
____________________公司，尊敬的____________（收函方代表）先生/女士
__________________（发包人全称）与我方签订的合同在履行过程中，因遇下列工期延误事件，工程工期造成延误：因本工程计划应在__年__月__日开工的，但现在已距开工仅有 7 天（此条应在开工前 7 天向发包人发出），但因发包人______　原因；
或：总监理工程师（或发包人代表）于__年__月__日发出的指令（或工程联系单）要求暂停施工；
或：执行总监理工程师（或发包人代表）于__年__月__日发出的指令（或工程联系单）导致工程不能按原计划施工；
或：遇非承包人原因，发生了________________紧急情况；
或：发包人未能在合同第____条第____款约定的时间内，完成发包_________工作；
或：按合同约定，发包人应在__年__月__日前向承包人提供_________施工图；
或：按合同约定，发包人应在__年__月__日向承包人支付工程预付款（或工程进度款）__元，但直到__年__月__日承包人才收到应收款项，承包人的施工才在__年__月__日恢复正常；
或：承包人于__年__月__日接到监理工程师（或发包人代表）发出的工程设计变更，为实施该变更，由于工程现场工序（或工程量增加）原因；
或：自__年__月__日始至本报告发出日，工程现场非承包人原因导致停水（或电、气）延续__小时（8 小时以上）；自__年__月__日才恢复正常；
或：本工程于__年__月__日遇到了__的不可抗力事件至__年__月__日才结束；
或：发生了___________上述未提及的事件，至__年__月__日才结束；
等的事件原因，已导致工期延误__天。（详见附件《工期顺延计算书》，按合同约定应补偿工期日历天数__天。本工程合同工期为__天（或本合同工期上期已调整为__天），累计本报告中应补偿的工期后，合同工期应调整为__天。提请你们在收到此报告7 天内予以确认或提出修改意见，逾期未确认也未提出修改意见的，即视你们已批准、确认。

附件：《工期顺延计算书》
特此报告。

单位名称___________
项目部_____________
（项目经理）________
____年____月____日</td></tr>
<tr><td>收函方签署意见</td><td colspan="3">单位（章）

例：同意工期展延____天。或收到此原件一份。

（签字）____年____月____日</td></tr>
<tr><td>收函方签署意见</td><td colspan="3">单位（章）

（签字）____年____月____日</td></tr>
</table>

表单 14-12：

工程费用补偿报告

表格编号：

<table>
<tr><td>项目名称</td><td></td><td>标段</td><td></td></tr>
<tr><td>施工部位</td><td></td><td>第　页</td><td>共　　页</td></tr>
<tr><td colspan="4">事宜：关于因______________________等原因请求工程费用补偿的函</td></tr>
<tr><td colspan="4">致：____________________公司，尊敬的______________（收函方代表）先生/女士
____________________公司，尊敬的______________（收函方代表）先生/女士
___________________（发包人全称）与我方签订的合同在履行过程中，因遇下列事件：
本工程计划应在__年__月__日开工的，但因发包人______原因，未能按时开工，致使承包人已进场的人员、机具等不能有效地利用；
或：总监理工程师（或发包人代表）于__年__月__日发出的指令（或工程联系单）要求暂停施工，致使承包人已进场的人员、机具等不能有效地利用；
或：执行总监理工程师（或发包人代表）于__年__月__日发出的指令（或工程联系单）导致工程不能按原计划施工，致使承包人已进场的人员、机具等不能有效地利用；
或：遇非承包人原因，发生了________紧急情况；承包人为保证人员生命和工程、财产安全采取了紧急措施；
或：发包人未能在合同第____条第____款约定的时间内，完成发包人______工作，导致不能正常施工，承包人已进场的人员、机具等不能有效的利用；
或：按合同约定，发包人应在__年__月__日向承包人支付工程预付款（或工程进度款）__元，但直到__年__月__日承包人才收到应收款项，承包人的施工才在__年__月__日恢复正常，使在非正常施工情况下，相应的人员、机具不能有效地利用；
或：按合同约定，发包人代表（或监理工程师），应向承包人发出关于________以便于承包人继续实施工程的施工，或承包人因______已于__年__月__日向监理工程师（或发包人代表）发出了关于____的请求（报告、申请、联系函），承包人在__年__月日收到书面答复，承包人的施工才在__年__月__日恢复正常，使在非正常情况下，相应的人员、机具不能有效的利用；
或：承包人于__年__月__日接到监理工程师（或发包人代表）发出的工程设计变更，为实施该变更，承包人不得不调整相应的人员、机具增加投入；
或：自__年__月__日始至本报告发出日，工程现场非承包人原因导致停水（或电、气）延续__小时（8 小时以上）；自__年__月__日才恢复正常，在上述停水（或电、气）期间，承包人为了将其影响降低到最低限度，采取了相应的措施（或在上述停水/电/气）期间承包人的人员、机具不能有效地利用）；
或：发生了__________（上述未提及的）事件，承包人采取了措施（或根据总监理工程师或发包人要求做了_____等工作；上述事件发生了合同价款之外的经济支出共计人民币____元（详见附件《工程费用补偿计算书》）。按合同约定，应由发包人给予承包人经济费用补偿。并根据新会计准则（建造合同）的规定，应并入合同价款，即作为合同价款调整，调整合同价款。提请贵方在收到此报告7 天内予以确认或提出修改意见，逾期未确认也未提出修改意见的，即视贵方已批准、确认。

附件：《工程费用补偿计算书》
特此报告。

单位名称____________
项目部____________
（项目经理）________
年___月___日</td></tr>
<tr><td>收函方签署意见</td><td colspan="3">单位（章）
同意给予费用补偿计人民币______元。或收到此原件一份。
（签字）___年___月___日</td></tr>
<tr><td>收函方签署意见</td><td colspan="3">单位（章）
（签字）___年___月___日</td></tr>
</table>

表单 14-13：

签证索赔台账

表格编号：

项目名称：

单位：元

序号	变更内容	存档部门	变更编号	合同计价依据	我方报送时间		我方报送金额	对方确认金额	应付时间（当期或结算）	应付金额	实付金额	涉及工期变更天数	发包人认可工期顺延天数	责任人	备注
					合同约定	实际报送									
合计															

项目经理：　　　　项目法律顾问：　　　　合约商务经理：

填表人：　　　　年　　月　　日

填报说明：

1. “变更内容”：包括设计变更、签证等可能涉及费用和工期的内容。
2. “存档部门”：指这些内容保存在项目资料的具体项目分管部门及文件册位置，以便对应查找。
3. “变更编号”：要求每个变更要对应一个编号，以便管理和对应查找。
4. “合同计价依据”：是指合同所约定的计价取费方式及具体的合同条款号。如为总价合同不可索赔的，则在此注明“总价合同不可索赔”，以后的内容均不用再填。
5. “我方报送时间”：有约定时间和实际报送时间，是看索赔是否及时，判断责任人的工作态度。
6. “应付时间（当期或结算）”：指合同中约定发包人对此项变更的费用，是随当期的进度一起支付还是到竣工结算时支付。若为当期，则写明确定时间。
7. “涉及工期变更天数”：指按合同约定我方可索赔（顺延）的工期天数。
8. “发包人认可工期顺延天数”：指按合同约定的工期顺延和通过双方沟通获得的工期顺延。
9. “责任人”：指项目上具体负责这一变更签证的人。
10. 合计值中金额单位均以万元计，工期顺延均按天计。
11. 此表同样适用于对分供方的二次经营，不填关于工期的内容。虽然格式相同，但主合同和分供方合同的二次经营台账应当分开统计。

第十五章　合同管理支持性工作

本书前几章分析了合同管理的重点环节，除此之外，合同管理的支持性工作也非常重要，受篇幅所限，仅讨论三项支持性工作：合同及协议性文件管理、加强合同管理培训、健全企业合同管理制度。

第一节　合同及协议性文件管理

合同及协议性文件的管理放在合同管理支持性工作的第一节，是因为合同及协议性文件的管理尤其重要，做得好的话，能为工程的验收、索赔、反索赔提供最有力的资料和证据，做得不好的话，后果相信很多施工企业都有深刻的领悟。

工程的原始资料都是在合同实施的过程中产生的，由业主、监理、承包商、项目管理人员共同提供，为了做好合同及协议性文件的管理，大中型项目上要设专门的合同管理部门，并配备专人负责各种合同资料和相关工程资料的收集、整理和归档，这是因为在实际工程中，与合同相关的文件资料，面广、量大、形式多样，合同文件的管理工作繁琐，需要花费大量的时间和精力。

一、文件清单

合同及协议性文件，主要分三大类：合同文件、合同履行过程记录、合同履行控制记录。施工企业需要管理的合同及协议性文件包括但不限于表15-1中的文件清单，每一项合同资料收集的注意要点也一并列出来了，供施工企业参考和借鉴。

合同及协议性文件清单　　　　**表 15-1**

序号	合同资料一般范围	注意要点
一、合同与协议性文件		
1	招（议）标文件及评审资料、投标书、相关承诺	
2	中标通知书	
3	合同条款（协议书、专用条款、通用条款及附件等）及评审资料	
4	合同补充条款和协议及评审资料	
5	质量保修协议书	
6	发包人批准的施工组织设计（含进度计划）	① 需加盖发包人印章，并经有权人员签字 ② 注意批准日期与合同文件的衔接
7	监理合同复印件，发包人、监理方、分包分供/分供方现场管理人员授权委托书（函）及变动情况确认函	① 授权书要由相关单位盖章、法定代表人签字；应当留原件 ② 授权事项和期限要明确

续表

序号	合同资料一般范围	注意要点
二、合同履行过程记录		
1	发函登记簿（包括发函原件、传真记录、寄送凭证）、收函登记簿（包括收函原件）	① 统一编号、统一收发文格式，在收发文记录中准确记载收文或发文标题，在“收文或发文单位”栏中写全称； ② 发包人方、监理方、分包/分供商等收发文人员应为合同、函件或会议纪要中明确的收发文授权人员； ③ 对我方发出的文件，要求收文单位在我方发文本上签字（必要时要求收文人员在文件的复印件上签字），并注明收文时间；对收到的文件建立反签字制度，即要求外单位发文人员在我项目的收文本上签名，并注明发文时间
2	图纸、图纸会审纪要、变更、设计交底文件及供应记录	由设计院、合同约定的建设单位代表、有签字权的监理签字
3	建设单位设计变更通知单及变更工程价款报告	由设计院、合同约定的建设单位代表、有签字权的监理签字，报告要经有权人员签收
4	签证单及签证工程价款报告	须经建设单位签收
5	会议纪要	与会人员签字
6	工程师（监理）指令、通知及对该指令和通知的复函	须有签字权的监理签字、下发和签收，无签收的，可留存送达记录
7	发生违约事件的原始资料	
8	索赔申请、索赔报告及依据资料	经建设单位签收
9	停、送水、电，道路开通、封闭的日期记录	注意搜集通知、公告等，保留现场人员、机械投入资料，依据合同及时递交工期或费用索赔报告
10	干扰事件影响的日期及恢复施工的日期记录	注意搜集新闻报道、天气预报、拍照等作为证据资料
11	气象记录	搜集气象证据
12	质量事故记录	项目管理人员签字、相关劳务、专业分包分供现场代表签字官方处理记录的留存
13	发包人提供材料进场记录	材料员、供货单位负责人、建设单位代表等共同签字；小票、单据内容与主合同一致
14	工程预付款、进度款拨付的数额和日期	形成台账，与财务对应
15	催付工程款通知	签收
16	经发包人审核的形象进度月报表、年报表（合同要求期限内）	
17	经审核的劳务及分包分供进度月报表、年报表	

续表

序号	合同资料一般范围	注意要点
18	报送公司的已完工程量报告（月、年）	
19	开工报告	经建设单位签收
20	中间验收报告（通知）	明确时间，被授权人签字，加盖印章
21	竣工验收报告	明确时间，被授权人签字，加盖印章
22	停工（复工）通知（报告）	经建设单位签收
23	工期延误报告	经建设单位签收
24	竣工验收证明	
25	工程交接证明	交接书双方签字用印
26	工程预算书、分期、分段结算书（按合同约定）、竣工结算报告、竣工结算书、审定的工程结算书（含总分包分供结算）	须经接收单位签收
27	国家省市有关影响工程造价、工期的文件、规定	
三、履行控制记录		
1	合同交底记录	两级交底需双方签字
2	商务法务策划	
3	各类合同台账、各类合同履行情况台账	
4	警示通知单及处理结果记录	持续关注
5	项目责任成本及经济活动分析资料	
6	工程项目管理目标责任书、岗位目标责任书	双方签字
7	总分包分供结算会签记录	
8	合同总结	

对以上文件清单中3大类42小类文件的管理，涉及四项管理工作内容：合同资料的收集、整理、归档、使用。要想真正做好这四项工作，施工企业必须执行严格的管理要求，达到四项要求、做好三项重点工作。

二、四项要求

1. 有效性

（1）合同及协议性文件采用书面形式的，要求文件为原件；采用电子形式的，要求文件未经过技术处理或人为编辑；照片和音像资料，要求保存最原始记录。

（2）合同及协议性文件应由授权组织和授权人员在授权范围内签署。

（3）采用直接送达方式发送或接收合同及协议性文件，须经相对方负责人或负责收发工作的职能部门人员签字并盖章。将有效签收或发送的合同资料连同签收或发送凭证存档并妥善保管。

（4）采用挂号信发送的，信封封面要注明能体现合同资料核心内容的名称与时间（如“×年×月×日关于×××的函”），并留存信封封面复印件。

（5）采用专递形式（包括EMS、航空快递、快递公司等）发送的，应以合同规定的通讯地址为准（一般是发包人的工商登记地作为发包人收件地址；或发包人在开工时给项目发的合同资料中明确的通信地址作为收件地址）。专递封面应当书写“内件品名”，并要体现合同资料主要内容及时间。

（6）采用公证送达的，公证书记载的送达合同资料的时间、内容应当明确，后附发送合同资料。

2. 技巧性

（1）拟发送合同资料的内容（请求、理由、依据等）应当具体、明确；预接收的合同资料，应当严格审核与原合同及协议性文件内容的匹配度，慎重签收。

（2）发送或接收合同资料，对风险情况不能准确判断的，须由项目合约商务经理和项目法律顾问负责审核后方可实施。

（3）接收或拟发送的足以影响工期、质量、价款等重要事宜的合同资料，须经项目主管领导、项目法律顾问及相关职能部门会签同意后，方可接收或发送。

（4）保密要求：合同资料未经许可不能传播、转让、复制。

3. 档案化

（1）合同及协议性文件的原件、各类收发回执单原件应及时归档。

（2）足以影响工期、质量、价款等重要事宜的合同资料，二级/三级单位可要求将原件上交归档。

（3）合同履行完毕后或停工一个月内，将合同资料按归档要求进行整理并移交合同主体单位保管。

（4）合同归档后，需要借阅使用的，按照档案管理办法有关规定执行。

4. 台账化

（1）合同资料的收发，应当建立台账。台账以及收发文登记簿中应当包含以下要素：编号、文件名称、内容、页数、签收（发）人、收发日期等（详见《合约资料台账表》）。

（2）台账由项目部建立，电子版上报二级/三级单位存档。

三、三项重点工作

1. 将原始资料搜集整理的责任落实到人

合同管理人员负责各种合同资料、工程资料的收集整理和保存工作，特别是原始资料的收集整理，必须将责任落实到人，由责任人对资料的及时性、准确性全面负责。如工程小组负责人应提供小组工作日记、记工单、施工进度计划、工作问题报告等。资料的收集工作必须落实到工程现场，要对工程小组负责人和分包商提出具体的要求，尤其要注意各种资料的提供时间，在合同条款中有许多时限，例如日报表在48小时内提供，索赔信在7天内提供等。

2. 文件、数据、资料，做到标准化、结构化

大型建设工程项目的一大特点就是合同数量非常庞大、种类非常繁多。要管理好数量庞大、种类繁多、工期又比较紧张的项目合同文件，必须采取标准化、信息化的管理手段。各种数据、资料的标准化是指，各种文件、报表、单据等应有规定的格式和规定的数据结构要求，简单点说就是做好合同文件范本管理。合同归口管理部门要随时收集工程管理经验教训、政府新的政策要求和公司新的管理要求，及时修订范本内容；同时必须保证

合同稿起草人员采用的是最新的合同范本，这一点可以利用信息化的手段来实现。企业内部合同范本的修订周期是至少每年修订一次，变化大的可随时修订。合同范本修订的工作应由合同归口管理部门牵头组织，范本的修订是合同管理中最重要的基础工作之一。

3. 建立工程资料文档查找系统

工程资料要分类归档、系统整理、便于查找，尤其是大型的、工期长的工程，由于各种环节的多样性和复杂性，如果仍按过去仅在资料外发时留存归档，已不能保证工程档案文件材料的齐全完整。工程资料的不完整，会给后续工程的验收、索赔、反索赔工作造成一系列的麻烦，给企业带来不必要的损失。在建立文档系统时，应安排了解文件特点和相关流程的专人管理，明确管理办法，包括归档范围、归档要求、归档时间等，同时注意文档系统的安全性和保密性问题。

四、附表

表单 15-1：《合同签订台账》
表单 15-2：《合约资料台账表》
表单 15-3：《合同借阅申请及记录表》
表单 15-4：《合同专用章使用申请表》

表单 15-1：

合同签订台账

表格编号：

工程名称	签订日期	建设单位	项目经理	合同额（万元）	工期	结构类型及建筑面积

表单 15-2：

合约资料台账表

表格编号：

项目名称及编码							
编号	文件名称	文件内容	页数	签收（发）人	签收（发）时间	保管人	备注

表单 15-3：

合同借阅申请及记录表

表格编号：

序号	合同名称	借阅用途	借阅单位	借阅人及联系电话	批准人	借阅日期	归还日期

表单 15-4:

合同专用章使用申请表

表格编号：

<table>
<tr><td>合同对方</td><td colspan="3"></td></tr>
<tr><td>合同名称</td><td colspan="3"></td></tr>
<tr><td>合同额</td><td></td><td>授权书编号</td><td></td></tr>
<tr><td>合同编号</td><td></td><td>合同份数</td><td></td></tr>
<tr><td>项目经理</td><td></td><td>联系电话</td><td></td></tr>
<tr><td colspan="4">会同审核意见处理情况：

用印部门（单位）：　　　　　　　　　　年　　月　　日

经办责任人：　　　　　　　　职务：

联系电话：

合同批准人（签字/时间）：</td></tr>
<tr><td colspan="4">1. 是否经过会同审核程序：　　　　　　是□　否□
2. 是否经过授权合同批准人批准：　　　是□　否□
3. 是否经过合同联签：　　　　　　　　是□　否□
4. 其他：

合同管理部门：　　　　　　　　经办责任人：

部门负责人（签字）：　　　　　年　　月　　日</td></tr>
</table>

附：合同文本、会同合同审核、审核程序资料等《合同管理手册》规定的文件资料。

第二节 加强合同管理培训

施工企业合同管理工作，是一项专业性强、知识面宽、法律法规意识要求高、需要丰富实践经验的管理工作，但在实践中，有相当多的施工企业合同管理从业者对合同管理工作的认识和重视程度不够，一些单位配备的合同管理人员数量不足以支撑企业业务量的增长，合同管理人员的思想素质、业务能力也都参差不齐。合同管理人员认识上的差距、人员数量的不足、人员素质的欠缺已经成为制约施工企业发展的瓶颈之一，因此，本书把加强合同管理培训作为合同管理支持性工作的第二项重点工作。

加强合同管理培训，有利于施工企业提高管理人员合同管理、法律意识、风险防范意识，提高合同管理专业人员的业务素质，进而规范公司合同管理工作。

施工企业加强合同管理培训，需要弄清楚三件事：培养什么样的人、培训哪些人、培训哪些内容。

一、培养什么样的人

合同管理培训的目标之一，是培养优秀的合同管理人才，这涉及专业的合同管理培训，目标是让合同管理人员达到以下要求：

1. 熟练掌握和运用各种法律、法规；

2. 精通合同业务，胜任合同拟稿、修改、谈判和解释；

3. 熟悉合同履行和工程索赔管理；

4. 熟悉工程造价和会计账务；

施工企业应制定并实施企业合同管理人才资源战略规划，选调素质高、学习能力强、知识面宽、责任心强的基层员工充实到合同管理队伍。很多施工企业不乏优秀的技术人员，但合同管理人才缺乏，企业应当考虑从工程技术人员中挑选出一部分优秀的、具有潜力的年轻人，对他们进行专业的培训和定向培养，进而缓解合同管理人员严重不足、质量参差不齐的现状。除了在本单位选拔、培养有潜力的人员从事合同管理工作，也可以通过外部聘用或与专业合同管理和研究机构建立长期合作关系等方式提高和改善合同管理人才素质结构。

合同管理工作，涉及工程技术、造价、法律、财税等专业知识，还需要合同管理人员具有良好的组织能力和表达沟通能力，对合同管理人员的综合能力要求较高，最好是复合型人才。一般来说，工程技术专业出身、造价专业出身的人员，从事合同管理较为容易适应，上手也较快，而法律专业出身的人员则应尽快通晓工程技术、造价等专业知识，才能在合同管理中游刃有余。

二、培训哪些人

合同管理培训的对象一般包括：

1. 合同归口管理部门全部人员；

2. 各职能部门负责人、部门中层干部和主管；

3. 各职能部门涉及合同管理的人员，尤其是市场经营、物资、财务、法务、审计部人员；

4. 子分公司总经济师、总会计师、总法律顾问；

5. 项目领导班子、项目经理、项目负责人、项目商务经理；

6. 项目合同管理人员。需要强调的是，提高项目部的合同管理水平，提高项目一线人员防范意识，就能避免很多的争议。

三、培训哪些内容

培训工作主要从合同管理和法律宣传两方面进行，合同管理侧重企业层面，法律宣传侧重项目层面：一是由企业合同归口管理部门来组织，着手合同管理业务培训，持续提升合同管理队伍业务素质能力；二是由项目法律顾问来组织开展法律宣传和培训，提高项目管理人员法律意识。总体来看，合同管理培训的内容，包括但不限于：

1. 合同起草、合同评审、合同谈判、合同签订、合同归档与专用章管理、合同分析、合同交底、合同履约管理、合同变更、二次经营、合同索赔、合同纠纷处理；

2. 合同管理相关的法律知识、法规及相关规定；

3. 合同风险管理；

4. 针对合同评审、审核中发现的问题进行有针对性的培训。

至于培训的形式，可以组织合同管理人员进行短期在职培训，也可以适当选送工作出色、有发展潜力的合同管理骨干人员进入有关院校学习深造，同时还可以通过地方协会、行业协会创造同行交流的渠道，引导同业交流。通过学习培训，提升合同管理人员的理论素养，使合同管理人员做到知法、守法、用法，能够公正、公平、公开、独立地开展合同管理工作。

第三节　健全企业合同管理制度

施工企业要建立标准化、规范化的，与合同管理组织结构相适应的完善、合理、可操作性的合同管理制度和相应的手册、表单，才能够有效控制合同风险，实现合同目标；还要熟知国家有关法律、法规，明确企业实际情况和管理水平，借鉴标杆企业好的做法来制定和健全本企业各项合同管理制度。

一、主要的施工合同管理制度

1. 合同归口管理制度

对企业合同实行由企业法律事务机构全面、统一管理的制度，内容包括：确定合同的管理机构及其职责；规定合同管理的原则和基本内容；规定合同拟定、审查、签订、履行、变更、解除的程序和要求，合同纠纷的处理；规定合同管理人员和合同承办人员的考核和奖惩等。

2. 合同管理人员资格制度

合同管理是一项专业性很强的工作，要求合同管理人员必须熟练掌握合同法律知识，为了保证企业合同管理的质量与水平，应该要求合同管理人员具备一定的资格，例如，对于大中型企业可以要求合同管理人员通过国家司法考试，对于小型企业可以根据实际情况适当降低要求。总之，对于企业合同管理人员一定要有相应的资格要求。

3. 合同授权委托制度

企业对外签合同，应由其法定代表人或法定代表人授权的代理人进行。未经授权，其他人不得以企业名义对外签订合同。法定代表人授权代理人签订合同，必须采用书面形式，由法定代表人签发授权委托书，规定明确的授权范围、代理权限和有效期限。合同授权委托制度一般应明确规定企业法定代表人委托代理人的条件、办理委托代理的程序、委托代理的原则范围、对授权委托书的管理等。

4. 合同评审与审查制度

合同的专业性、法律性很强，内容复杂，特别是一些重大合同，能否正确地签订和履行，对企业的生产、经营和发展影响非常大。因此，合同必须经过谨慎、严密的评审与审查，才能正式签订。合同的评审和审查制度就是规定企业各有关部门在合同评审审查制度中的职责、评审审查程序、评审审查内容、评审审查标准、评审审查时限，保证合同正确签订和履行的制度。

5. 合同会签与审批制度

建立企业合同会签与审批制度，有利于控制企业合同风险，尽量减少和防止合同纠纷的发生。会签与审批的过程就是决策的过程，实际上是企业签订合同过程中的最后把关，是相当重要的一个环节。

6. 合同专用章管理制度

主要内容包括：企业签订合同都必须使用合同专用章；合同专用章由专人使用、保管；合同专用章应由合同归口管理部门编号、备案；合同专用章刻制的申请、审批手续；对滥用合同专用章或合同专用章管理不善的责任者的处理等。

7. 合同监督检查制度

指企业合同的主管机构及其管理人员，对合同的签订、履行和管理情况进行监督检查的一种制度。实行这一制度的目的，是为了发现和解决企业合同管理中存在的问题，以保证企业全面履行合同。同时，通过对合同进行定期或不定期的监督检查，还有利于促进企业各有关部门及合同管理人员不断改进工作，提高工作质量。建立合同监督检查制度，应明确企业合同监督检查的职能、机构、人员以及检查内容等。

8. 合同纠纷调处制度

建立该制度可以使企业面对合同纠纷时能够冷静自如地应付，有条不紊地处理，从而确保企业生产经营活动的正常进行，不至于受到合同纠纷的过多干扰。建立合同纠纷调处制度，需要明确纠纷调处的基本原则、纠纷具体负责机构和基本程序等。

9. 合同台账及报表制度

建立合同台账及有关统计报表，对合同编号、标的类别、标的名称、双方当事人、标的规格和数量、交付期限、执行记录、欠交数量等情况进行登记，以便随时掌握合同订立及履行情况。合同台账主要有合同签订履行情况台账、合同变更解除台账、违约合同登记台账等。合同统计报表主要有合同执行情况进度表、合同签订情况进度表、年度或季度合同签订履行情况汇总表等。

10. 合同档案制度

施工企业必须制定严格的合同档案制度，必须按照国家《档案法》的有关规定把履行完毕、未履行或中途解除的施工合同及有关合同文件加以收集、整理、分类、登记、编号、装订、保管，使施工合同档案工作程序化、规范化，为利用档案打下良好的基础。企业合同档案重在利用，对施工企业谈判合同、接受工程任务、安排生产计划、做出决策有着重要的意义，因此必须建立健全施工合同档案制度。

11. 合同管理考核与奖惩制度

该制度对考核的形式、内容、程序的合法性、完整性等方面的情况作出具体规定。例如，规定考核内容应该包括合同主体、内容、程序的合法性、完整性等方面的情况，签订、履行、变更和终止合同的情况，合同履行的经济效益情况，企业合同管理部门和人员配备情况，合同管理制度建立和执行情况，合同发生纠纷或者意外事件时采取补救措施的情况等。

12. 合同实施的保证体系

包括：定期/不定期协商会办制度、合同文档管理制度、合同交底制度、合同风险管理制度、项目安全制度、客户回访制度、项目规程手册等。

二、常用表单

合同管理常用表单　　**表 15-2**

	表单名称	表单编号	页码
1	承包合同评审表		
2	承包合同评审汇总表		
3	合同谈判记录		
4	授权申请表		
5	合同专用章使用申请表		
6	合同专用章使用登记表		
7	合同借阅申请及记录表		
8	新签合同月报表		
9	合同变更审批表		
10	合同解除审批表		
11	合同交底书		
12	合同资料台账表		*
13	项目部分供方合同评审表		
14	分供方合同评审表		
15	工程（分包、供应商、租赁方）合同汇总表		
16	分供方合同交底书		
17	集采框架协议评审表		
18	海外合同评审表		
19	其他类合同评审表		*

续表

	表单名称	表单编号	页码
20	其他类合同签订台账		
21	项目法律文书汇总目录台账		*
22	项目履约风险报告		
23	项目法务阶段服务记录		
24	投资项目风险销项台账		*
25	授权委托台账		
26	法律纠纷案件策划书审批表		
27	案件授权审批表		
28	案件授权台账		
29	诉讼案件月报表		
30	积案核定审批表		
31	外聘律师代理案件申请与审批表		
32	内部法律争议处理申请书		

三、常用模板

合同管理常用模板 **表 15-3**

	模板名称	模板编号	页码
1	合同谈判策划书		
2	签约阶段法定代表人授权委托书		
3	合同条件分析模板		
4	合同风险识别表		
5	合同责任分解表		
6	常用履约时效时限一览表		
7	风险预警及防控表		
8	合同总结模板		*
9	项目法律意见情况表		
10	项目法律文书的一般范围及注意要点		
11	项目履约主要风险要素表		*
12	法律法规清单		
13	投资项目常规法律风险等级及识别要素库		
14	投资项目法律风险报告		
15	投资项目法律意见书		
16	法律纠纷案件策划书		
17	案件授权委托书		
18	诉讼报表分析		
19	积案申报案件资料目录表		
20	结案报告		
21	外聘律师委托代理合同		
22	常年法律顾问聘用合同		
23	专项法律服务聘用合同		

第十六章　施工合同管理中常见的问题及对策

在建筑施工企业经营管理活动中，各个环节都与施工合同相关，施工合同管理水平低下可能直接带来利润的流失、给企业造成亏损，而有效的、高水平的施工合同管理给企业带来的不仅仅是财富，更有助于企业经营战略的实现，进而奠定企业在行业中的优势地位。因此，分析企业施工合同管理中存在的问题就显得尤为重要。

某研究机构就我国建筑施工企业当前施工合同中存在的问题进行了广泛的调研，并展示了这样一组统计数据：造成合同问题的原因中，由于合同双方理解不一致的占36%，由于权利义务不平衡的占35%，由于合同条款不完整的占18%，由于文字歧义的占5%。我们所看到的合同双方理解不一致、权利义务不平衡、合同条款不完整、文字歧义等等原因，虽然表面都是合同条款本身，是对标准的合同示范文本执行得不好造成的，实质上却是由企业合同管理方方面面的问题共同所导致的。本章的主要内容就是对企业施工合同管理中常见的问题进行分析，并依此提出如何改进的建议。

第一节　常见的问题

一、合同管理意识淡薄

施工企业由于合同管理意识淡薄带来的问题很多，例如：出现问题不找合同，而是习惯找领导协商，或者请客送礼；有的企业只顾到市场承揽任务，却不注重合同签订或是草率签订，结果在遇上纠纷时没有协商与调解的依据，或者依据不足；有的企业对合同签订虽然非常重视，但是合同签订后就束之高阁，忘记了合同履行过程是实现权利义务的过程，而仅仅把它看成是生产的过程；许多建筑企业根本不设专门的合同管理部门，缺乏可行、有效的合同管理体系、制度和具体的管理流程，不能对合同从签订到履行全过程进行有效的监督；施工企业大部分以这样的态度顺应苛刻的合同，先以低价获得合同，然后在项目实施中，以不合法的手段降低成本，或拖延项目工期或寄希望于索赔，希望用索赔来保住自己的利益；应及时变更索赔的，没有变更索赔；应当追究法律责任的，却过了诉讼时效，种种应当行使的权利没有行使，等等。

二、“市场”和“现场”脱节

“市场”和“现场”脱节，指的是建筑施工企业“施工合同管理”与“投标管理”脱节。施工企业编制投标文件中“商务标”、“技术标”的部门一般与工程项目施工合同管理、项目管理是由不同职能部门实施。一旦项目中标，与业主签订施工合同后，此“合同”只是以文件形式转发给项目经理部具体实施，施工合同和相关的技术交底往往只流于形式，对施工合同不进行有效跟踪，长期将施工合同锁进抽屉，打入“冷宫”，最终使得合同管理与招标投标管理在实施过程中严重脱节。

市场与现场脱节的最大恶果是负责投标的市场营销部门只负责工程中标与否，能否与业主签订合同，企业对他们的考核往往是“中标率”、“新签合同额”，至于合同质量如何他们完全可以不管，负责项目实施的工程部门往往很难按合同要求去履约。

三、不执行合同示范文本

住建部和国家工商总局为规范建筑市场的合同管理，制定了2017版《建设工程施工合同（示范文本）》等一些标准文本，以全面体现合同双方的权利、责任和风险。《建设工程施工合同（示范文本）》也不是2017年才出来，最早的一个版本是1991年，当年的建设部和国家工商管理局联合制定了《建设工程施工合同（示范文本）》（CF-91-0201），1999年进一步修订完善并形成《建设工程施工合同（示范文本）》(GF-1999-0201)，之后是2007年修订的《建设工程施工合同（示范文本）》(GF-2007-0201)，再之后是2013年修订的《建设工程施工合同（示范文本）》（GF-2013-0201），2017年版是9月22日发布的。历经三次升级与改版，目的是规范合同当事人双方的行为，维护建筑行业内正常的经济秩序，然而，据业内一些专业的工程律师介绍，近几年，他们平均每年都要为施工企业讲授2013版的《建设工程施工合同（示范文本）》课程不下50次，这说明很多企业仍然没有很好地理解并运用好《建设工程施工合同（示范文本）》。企业普遍由于施工合同管理的经验不足，导致工程施工合同内容不规范，出现例如合同文字不严谨、合同条款遗漏、合同条款用词不准或模棱两可、双方职责划分不清等问题；另外，对于很多的中小项目，企业一般都不按合同示范文本签订施工合同，这是源于施工企业自身的原因。

另一方面的原因，由于施工企业在工程承包市场属于相对弱势、被动的一方，一些建设单位（业主/发包方）不同意严格按照《建设工程施工合同（示范文本）》签订施工合同，个别企业自制不规范的施工合同文本，强行要求施工企业与其签订不平等的施工合同，也有的建设单位的建设项目未按规定的建设程序报建及招标投标，由建设单位自己指定承包方，用自己制定的施工合同文本与承包方签订施工合同，通过自制、笼统、含糊的文本条件，避重就轻，转嫁工程风险。有的甚至仍然采用口头委托和“政府命令”的方式下达任务，由承包方先行进场施工，待工程完工后再补签合同，这样的合同根本起不到任何约束作用。

四、合同背离招标文件和投标书内容

招标文件是建设单位向施工企业发出订立施工合同的邀请要约，投标文件是施工企业根据招标文件要求和自身条件向建设单位发出的要约，中标通知书是建设单位对施工企业要约中全部条款的承诺，是建设单位向施工企业做出按要约签订施工合同意思的表示，因此，招标投标文件是签订施工合同的主要内容之一。一些业主仗着其在买方市场优势地位，在与施工企业签订施工合同时要求附加一些霸王条款，使最终签订的施工合同与招标文件及投标书出现较大的背离，从而为施工合同的履行带来很大困难，例如：要求施工企业垫资施工；工期提前，不计赶工措施费；提高工程质量等级，不计工程质量奖；工程价款一次包死，不计风险包干费等等。

《中华人民共和国合同法》、《中华人民共和国建筑法》、《中华人民共和国招标投标法》

发布实施后，各级政府对一定数额以上的建筑项目明确要求按建设程序办事，但仍有一些建设单位依仗天高皇帝远，对个别项目不报建、不招标；或先招标，后报建；或明招、暗定；较普遍存在不按期支付工程款的现象，最终使得施工合同管理及执行得不到保障。

五、承包商过分迁就业主

过分迁就业主，出现施工合同中语句用词错误、矛盾及两义性问题，迁就业主将直接导致合同履约率低。由于建设工程承包合同条款多、涉及的相关文件广，其中错误、矛盾及两义性问题常常难免，按照建设工程施工合同的一般解释原则，施工单位（承包方）应对施工合同的理解负责，建设单位应主动起草合同文件，应对合同文件的正确性负责。但是在实际工作中，往往是施工单位根据建设单位的意思，依据《建设工程施工合同（示范文本）》草拟合同协议条款，经业主认可后签署，往往几经确认，最终与招标投标文件中相应的合同条款已相距甚远。

相距甚远的原因有：第一，施工企业不重视，认为合同只是一种表面形式，重要的是与甲方代表及上面领导的“沟通”，造成在合同文字表述上错误，矛盾用词和两义性语句大量出现，甚至被迫有意使合同用词错误、矛盾，或设置两义性问题，待事后通过“沟通”解决；第二，承包商常常在合同签署上过分迁就业主，例如，“质量等级”要求提高、“工程进度”要求缩短、“工程造价”要求让利，最终使工程建设违反客观的建设规律，或低于工程成本，使得工程质量无法得到保证，合同执行必然受阻，导致建设工程施工合同履约率低。

除了这种典型的情况，还有一种表现是，在合同谈判中不敢或不善维护己方利益，签订了不平等的合同，加上施工企业自我保护意识差，索赔意识淡薄，导致合同索赔难以进行。

六、黑白合同盛行

“口头协议”、“私下合同”屡禁不止，放松施工管理。黑白合同表现在：第一，同一个建设工程项目中，正规合同与私下协议并存；第二，正式合同用《建设工程施工合同（示范文本）》，但双方当事人并不履行，只是用作对外检查（向主管部门备案、应付各级管理部门的检查）；第三，实际执行是以合同补充条款形式或干脆用君子协定（口头协议），常常是私下合同，秘而不宣，它起到偷梁换柱、瞒天过海的作用；第四，把通过招标投标产生的部分或全部合同条款推翻，换成违法或违反国家及政府管理规定的内容。这种违法协议通常表现在工程进度不合理压缩、工程设计的局部变更、工程材料及设备的替换等方面；第五，施工企业在签订工程施工合同后放松施工管理，例如，不能按照施工组织设计进行施工，人力、材料、机械资源从不同项目工地互相拆借，资金投入不足，或部分资金转移挪用，拆了东墙补西墙，工程质量得不到保障，工期拖延，管理费用严重超支。

七、缺乏专业的合同管理人才

有的施工企业，特别是中小型施工企业，重视公关和预算管理，轻视施工合同管理，甚至不设立合同管理部门、没有专门部门从事过施工合同管理工作，遇有工程签约，便临时抽调人员予以应付，或将合同管理仅作为经营人员、计量人员的一种兼职工作；还有些企业将合同管理简单地视为一种事务性工作，企业领导直接敲定一般办事人员来办理合同，这些原因直接造成的结果就是专业的合同管理人才缺乏，“遇到索赔与纠纷方恨人才缺”，当然这不仅仅只是中小型施工单位的问题，大中型施工单位也面临着缺乏专业合同管理人才的困扰。

专业人才缺乏是影响建设工程施工合同管理水平提高的一个重要因素。施工合同涉及内容多，专业面广，合同管理人员需要有一定的专业技术知识、法律知识、造价管理等知识，需要有全局意识，又要专业性强、技术性强，企业对合同管理人员的素质要求很高，这是导致人才缺乏的一方面原因。而企业合同管理人员缺少培训，对合同管理人才培养的重视程度不够是缺乏专业人才的另一方面原因。

八、合同管理制度不健全、管理流程不规范

一些企业缺乏一套严谨的合同管理制度，对合同的审核、签订、履行、变更、中止或终止、解除及合同的监督、考核全过程，未能实现系统化、规范化和科学化的管理；一些企业合同归口管理、分级管理和授权管理机制不健全，谁都可以签合同；一些企业合同管理程序不明确或有制度不执行，该履行的手续不履行；一些企业合同管理滞后，不能随着产生的新问题适时更新完善。这些都是合同管理制度不健全、管理流程不规范的表现。

九、合同管理信息化程度不高

不少的施工企业不重视合同归档管理，合同管理手段落后，信息化程度不高。在一些施工单位中，项目合同管理仍处于分散管理的状态，企业制度对合同的归档程序、内容、标准等没有明确的规定，合同签订仍然采用手工作业方式进行，合同信息的搜集、保存和维护手段落后，合同管理应用软件的开发和使用相对滞后。总的来说就是，众多的中小型施工企业都没有按照现代项目管理理念对合同管理流程进行重构和优化，建设项目合同管理的信息化程度偏低。

第二节 如何改进

针对施工企业合同管理中常见的问题，施工企业如能清楚地找到自身问题的所在，并能持之以恒地去改进，必定能不断提升施工合同管理水平。面对方方面面的问题，施工企业应该如何改进呢？以下六个方面的建议值得借鉴。

一、加强合同管理意识

合同管理不仅仅只是合同归口管理部门、几个部门领导、几个公司高管的事情，它涉及很多基础性的工作。因此，在建筑项目施工的过程中，要加强相关资料的收集与整理，为施工合同的履行提供完善的资料支持；合同管理涉及的相关人员也比较多，施工企业应成立合同管理组织机构，制定合同管理职责分工，切实将合同目标分解到每一个部门、每一个岗位，让与项目相关的每个管理人员积极主动地参与到合同管理中来；合同管理尤其需要施工企业全员都能够从思想上真正地理解并认同合同管理的重要性、能够自觉按合同

程序办事。

增强合同观念和合同意识，一方面需要普及相关法律知识，无论是施工合同中的当事人，以及涉及有关合同的各类人员，都应当熟悉合同的相关法律、法规，在实践中，承包商由于缺乏法律和合同意识，在签订合同时，对其中合同条款往往未做详细推敲和认真约定，即草率签订，尤其是对违约责任和违约条件未做出具体约定，这些都会直接导致施工合同纠纷的产生；另一方面，作为企业领导，要对合同及合同管理工作常抓不懈，通过经常举办学习班、讲座、设置各种宣传栏等方式，提高全员的合同管理意识，把按合同程序办事、认真执行合同要求变成全员的自觉行为。

二、研究吃透《建设工程施工合同（示范文本)》，严把合同签订关

施工企业应仔细研究和学习《建设工程施工合同（示范文本)》，规范合同表述形式。合同表述形式和示范文本是表象，其实质是施工企业的经营管理人员一定要熟悉合同法规和条款，吃透其精神，合同的内容要反复推敲、考虑周全。凡是涉及验工计价时间、方式及工程款结算的违约条款，各自应承担的经济责任等都必须填写清楚，切忌模棱两可，尽量避免和消除可能出现经济纠纷的隐患；对于那些一开工就需要施工企业垫付大笔资金的项目，一定要谨慎行事，以防合同一签订就出现工程款拖欠的局面。

FIDIC 合同条款之所以能够在世界范围内得到广泛应用，是由于 FIDIC 合同条款本身的严密和完善，同时它能给工程管理带来便利，可减少合同履约过程中的争议。我们有理由相信随着我国施工合同示范文本的不断完善，广大业主及施工企业将能提高对合同示范文本的认识，让《建设工程施工合同（示范文本)》得到大力推广。企业必须认识到，规范合同表述形式，必将从根本上改变合同管理的现状，减少合同中的矛盾与错误，提高合同履约率，进而提高工程施工现场管理水平。

三、做好施工合同变更控制是重点，也是难点

甲方代表在工程施工过程中常驻工程现场的一个重要目的就是要及时掌握工程实施的最新动态，尽可能提早判断并采取相应的措施减少合同履行过程中可能的风险和变动因素，严格控制不必要、不合理的变更。对施工企业来说，做好合同变更的控制，同样是重点，也是难点，一旦发生了工程变更，施工企业要认真分析和慎重决策，必要时要组织相关的专家论证会议。为了让工程变更更有计划性和合理性，对涉及工期、费用变化的工程变更，施工单位应及时记录、收集、整理所涉及的资料，保存好相关记录，以作为进一步分析的依据以及工期、费用调整的证据。

四、架构高效合理的合同管理机构，重视合同管理人才的培养和引入

从企业大小来看，大型施工企业应建设多级合同机构，实施分级合同管理制度，使合同管理覆盖到企业的每个层次，延伸到各个角落，即集团总公司和子公司中分别设立合同管理机构形成总支关系，工作相对独立，及时联络信息共享；集团合同管理机构主控合同总体和宏观层面的管理；各合同分支管理机构负责合同的具体实施落实；子公司的项目合同管理部门负责合同具体事务的统分管理。大型企业可以将法律事务和合同管理的职能设置在同一个机构中，配备专职的管理人员进行合同管理。中小型施工企业无需设立庞大的

合同管理机构，但应配备合同归口管理部门、合同专员、法律顾问，小型企业的合同管理机构和人员可以是兼职，可以指定某个综合部门如预算、经营部门负责合同管理工作。

对于项目部来说，应该根据项目的实际情况设置合同管理机构，并配备专职或兼职的合同管理人员。对较小的工程项目，施工企业需设项目合同管理专员，对特大型工程还可以外聘合同管理专家或咨询工程师，明确合同管理人员的地位、职能，合同管理部门与其他执行部门的职责范围，合同管理的工作流程、规章制度，形成保证合同有效实施的组织保障体系并明确与之相应的管理流程。

合同管理事务是合同管理工作的外在表现，其核心工作是人员队伍建设，应建设称职合格的合同管理专业人员队伍。合同管理技术团队是实施合同管理的主体，只有团结高效的管理团队，才能出色而高效地完成合同管理工作。集团型施工企业合同管理工作较繁重，应配多人且人员内部明确分工；中小型施工企业应根据具体合同管理业务量和企业自身经营情况确定合同管理团队人员数量。施工企业对合同管理人员要求颇高，我们看到很多施工企业不乏优秀的技术人员，但是合同管理人员匮乏，完全从市场招聘中获取到符合上述目标的合同管理人才，难度还是比较大的，作为企业领导人，应当从优秀的工程技术人员中挑选一部分具有潜力的年轻人，让他们接受相对密集的、专业的培训，成功转型成合同管理专业人才，以缓解企业合同管理人员严重不足的现状。

五、建立健全合同管理制度，尤其是合同评审及合同交底制度

合同管理制度是企业和企业内人员的行为准则，可明确合同管理活动，确保组织机构正常且高效率运行，是健全合同管理制的关键。只有建立一套科学完善且有效的合同管理工作制度，各相关人员才能充分行使相关权益、履行合同管理职责，约束自己的行为，将各项合同管理事务和职能落实到位。工作质量责任制是统领合同管理各项制度的基石和核心，质量责任制应从工作职能的内容、拥有的权利、承担的责任及事物处理程序等方面对部门及相关人员进行规范，应能充分调动企业合同管理人员及合同履行中涉及的相关人员的积极性，促成企业内部合同管理分工协作，责任明确，逐级放权负责，围绕项目合同管理目标，齐心协力确保合同管理机构高效运行，保证合同管理任务圆满完成。

建立健全合同管理制度，尤其是全面践行施工合同评审及交底制度。按项目目标和任务由总到次逐级分解，最后落实到一个个建设分项和工序的评审以及向作业工人进行交底。合同评审及交底的重点应放在对工程的质量、技术要求、工期、实施中的关键节点等进行技术、法律的理解、解释和说明。

六、建立和完善合同文本管理体系，建立合同信息管理系统

工程施工合同管理的工作量非常大，相关的数据资料也非常多，这给合同档案文件的管理带来了很大的难度，尤其是大型、超大型的工程项目，一定要建立完善的合同信息管理系统，运用现代化的计算机技术推进合同信息化管理，保证合同顺利履行，提高企业合同管理水平。

第三篇　建设工程施工合同（示范文本）

（GF-2017-0201）

建设工程施工合同

（示范文本）

住 房 城 乡 建 设 部
国家工商行政管理总局　制定

说　　明

为了指导建设工程施工合同当事人的签约行为，维护合同当事人的合法权益，依据《中华人民共和国合同法》、《中华人民共和国建筑法》、《中华人民共和国招标投标法》以及相关法律法规，住房城乡建设部、国家工商行政管理总局对《建设工程施工合同（示范文本）》（GF-2013-0201）进行了修订，制定了《建设工程施工合同（示范文本）》（GF-2017-0201）（以下简称《示范文本》）。为了便于合同当事人使用《示范文本》，现就有关问题说明如下：

一、《示范文本》的组成

《示范文本》由合同协议书、通用合同条款和专用合同条款三部分组成。

（一）合同协议书

《示范文本》合同协议书共计 13 条，主要包括：工程概况、合同工期、质量标准、签约合同价和合同价格形式、项目经理、合同文件构成、承诺以及合同生效条件等重要内容，集中约定了合同当事人基本的合同权利义务。

（二）通用合同条款

通用合同条款是合同当事人根据《中华人民共和国建筑法》、《中华人民共和国合同法》等法律法规的规定，就工程建设的实施及相关事项，对合同当事人的权利义务作出的原则性约定。

通用合同条款共计 20 条，具体条款分别为：一般约定、发包人、承包人、监理人、工程质量、安全文明施工与环境保护、工期和进度、材料与设备、试验与检验、变更、价格调整、合同价格、计量与支付、验收和工程试车、竣工结算、缺陷责任与保修、违约、不可抗力、保险、索赔和争议解决。前述条款安排既考虑了现行法律法规对工程建设的有关要求，也考虑了建设工程施工管理的特殊需要。

（三）专用合同条款

专用合同条款是对通用合同条款原则性约定的细化、完善、补充、修改或另行约定的条款。合同当事人可以根据不同建设工程的特点及具体情况，通过双方的谈判、协商对相应的专用合同条款进行修改补充。在使用专用合同条款时，应注意以下事项：

1. 专用合同条款的编号应与相应的通用合同条款的编号一致；

2. 合同当事人可以通过对专用合同条款的修改，满足具体建设工程的特殊要求，避免直接修改通用合同条款；

3. 在专用合同条款中有横道线的地方，合同当事人可针对相应的通用合同条款进行细化、完善、补充、修改或另行约定；如无细化、完善、补充、修改或另行约定，则填写“无”或划“/”。

二、《示范文本》的性质和适用范围

《示范文本》为非强制性使用文本。《示范文本》适用于房屋建筑工程、土木工程、线路管道和设备安装工程、装修工程等建设工程的施工承发包活动，合同当事人可结合建设工程具体情况，根据《示范文本》订立合同，并按照法律法规规定和合同约定承担相应的法律责任及合同权利义务。

目　录

第一部分　合同协议书

发包人（全称）：____

承包人（全称）：____

根据《中华人民共和国合同法》、《中华人民共和国建筑法》及有关法律规定，遵循平等、自愿、公平和诚实信用的原则，双方就________________________工程施工及有关事项协商一致，共同达成如下协议：

一、工程概况

1. 工程名称：____。

2. 工程地点：____。

3. 工程立项批准文号：__________________________________。

4. 资金来源：____。

5. 工程内容：____。

群体工程应附《承包人承揽工程项目一览表》（附件1）。

6. 工程承包范围：

____

____。

二、合同工期

计划开工日期：______年____月____日。

计划竣工日期：______年____月____日。

工期总日历天数：______天。工期总日历天数与根据前述计划开竣工日期计算的工期天数不一致的，以工期总日历天数为准。

三、质量标准

工程质量符合________________________________标准。

四、签约合同价与合同价格形式

1. 签约合同价为：

人民币（大写）____________（¥__________元）；

其中：

(1) 安全文明施工费：

人民币（大写）____________（¥__________元）；

(2) 材料和工程设备暂估价金额：

人民币（大写）____________（¥__________元）；

(3) 专业工程暂估价金额：

人民币（大写）________________（¥____________元）；

（4）暂列金额：

人民币（大写）________________（¥____________元）。

2. 合同价格形式：______________________________。

五、项目经理

承包人项目经理：______________________________。

六、合同文件构成

本协议书与下列文件一起构成合同文件：

（1）中标通知书（如果有）；

（2）投标函及其附录（如果有）；

（3）专用合同条款及其附件；

（4）通用合同条款；

（5）技术标准和要求；

（6）图纸；

（7）已标价工程量清单或预算书；

（8）其他合同文件。

在合同订立及履行过程中形成的与合同有关的文件均构成合同文件组成部分。

上述各项合同文件包括合同当事人就该项合同文件所作出的补充和修改，属于同一类内容的文件，应以最新签署的为准。专用合同条款及其附件须经合同当事人签字或盖章。

七、承诺

1. 发包人承诺按照法律规定履行项目审批手续、筹集工程建设资金并按照合同约定的期限和方式支付合同价款。

2. 承包人承诺按照法律规定及合同约定组织完成工程施工，确保工程质量和安全，不进行转包及违法分包，并在缺陷责任期及保修期内承担相应的工程维修责任。

3. 发包人和承包人通过招投标形式签订合同的，双方理解并承诺不再就同一工程另行签订与合同实质性内容相背离的协议。

八、词语含义

本协议书中词语含义与第二部分通用合同条款中赋予的含义相同。

九、签订时间

本合同于________年____月____日签订。

十、签订地点

本合同在______________________________签订。

十一、补充协议

合同未尽事宜，合同当事人另行签订补充协议，补充协议是合同的组成部分。

十二、合同生效

本合同自______________________________生效。

十三、合同份数

本合同一式____份，均具有同等法律效力，发包人执____份，承包人执____份。

发包人：　（公章）

法定代表人或其委托代理人：
（签字）

组织机构代码：____________________
地　　址：____________________
邮政编码：____________________
法定代表人：____________________
委托代理人：____________________
电　　话：____________________
传　　真：____________________
电子信箱：____________________
开户银行：____________________
账　　号：____________________

承包人：　（公章）

法定代表人或其委托代理人：
（签字）

组织机构代码：____________________
地　　址：____________________
邮政编码：____________________
法定代表人：____________________
委托代理人：____________________
电　　话：____________________
传　　真：____________________
电子信箱：____________________
开户银行：____________________
账　　号：____________________

第二部分　通用合同条款

1　一般约定

1.1　词语定义与解释

合同协议书、通用合同条款、专用合同条款中的下列词语具有本款所赋予的含义：

1.1.1　合同

1.1.1.1　合同：是指根据法律规定和合同当事人约定具有约束力的文件，构成合同的文件包括合同协议书、中标通知书（如果有）、投标函及其附录（如果有）、专用合同条款及其附件、通用合同条款、技术标准和要求、图纸、已标价工程量清单或预算书以及其他合同文件。

1.1.1.2　合同协议书：是指构成合同的由发包人和承包人共同签署的称为“合同协议书”的书面文件。

1.1.1.3　中标通知书：是指构成合同的由发包人通知承包人中标的书面文件。

1.1.1.4　投标函：是指构成合同的由承包人填写并签署的用于投标的称为“投标函”的文件。

1.1.1.5　投标函附录：是指构成合同的附在投标函后的称为“投标函附录”的文件。

1.1.1.6　技术标准和要求：是指构成合同的施工应当遵守的或指导施工的国家、行业或地方的技术标准和要求，以及合同约定的技术标准和要求。

1.1.1.7　图纸：是指构成合同的图纸，包括由发包人按照合同约定提供或经发包人批准的设计文件、施工图、鸟瞰图及模型等，以及在合同履行过程中形成的图纸文件。图纸应当按照法律规定审查合格。

1.1.1.8　已标价工程量清单：是指构成合同的由承包人按照规定的格式和要求填写并标明价格的工程量清单，包括说明和表格。

1.1.1.9　预算书：是指构成合同的由承包人按照发包人规定的格式和要求编制的工程预算文件。

1.1.1.10　其他合同文件：是指经合同当事人约定的与工程施工有关的具有合同约束力的文件或书面协议。合同当事人可以在专用合同条款中进行约定。

1.1.2　合同当事人及其他相关方

1.1.2.1　合同当事人：是指发包人和（或）承包人。

1.1.2.2　发包人：是指与承包人签订合同协议书的当事人及取得该当事人资格的合法继承人。

1.1.2.3　承包人：是指与发包人签订合同协议书的，具有相应工程施工承包资质的当事人及取得该当事人资格的合法继承人。

1.1.2.4 监理人：是指在专用合同条款中指明的，受发包人委托按照法律规定进行工程监督管理的法人或其他组织。

1.1.2.5 设计人：是指在专用合同条款中指明的，受发包人委托负责工程设计并具备相应工程设计资质的法人或其他组织。

1.1.2.6 分包人：是指按照法律规定和合同约定，分包部分工程或工作，并与承包人签订分包合同的具有相应资质的法人。

1.1.2.7 发包人代表：是指由发包人任命并派驻施工现场在发包人授权范围内行使发包人权利的人。

1.1.2.8 项目经理：是指由承包人任命并派驻施工现场，在承包人授权范围内负责合同履行，且按照法律规定具有相应资格的项目负责人。

1.1.2.9 总监理工程师：是指由监理人任命并派驻施工现场进行工程监理的总负责人。

1.1.3　工程和设备

1.1.3.1 工程：是指与合同协议书中工程承包范围对应的永久工程和（或）临时工程。

1.1.3.2 永久工程：是指按合同约定建造并移交给发包人的工程，包括工程设备。

1.1.3.3 临时工程：是指为完成合同约定的永久工程所修建的各类临时性工程，不包括施工设备。

1.1.3.4 单位工程：是指在合同协议书中指明的，具备独立施工条件并能形成独立使用功能的永久工程。

1.1.3.5 工程设备：是指构成永久工程的机电设备、金属结构设备、仪器及其他类似的设备和装置。

1.1.3.6 施工设备：是指为完成合同约定的各项工作所需的设备、器具和其他物品，但不包括工程设备、临时工程和材料。

1.1.3.7 施工现场：是指用于工程施工的场所，以及在专用合同条款中指明作为施工场所组成部分的其他场所，包括永久占地和临时占地。

1.1.3.8 临时设施：是指为完成合同约定的各项工作所服务的临时性生产和生活设施。

1.1.3.9 永久占地：是指专用合同条款中指明为实施工程需永久占用的土地。

1.1.3.10 临时占地：是指专用合同条款中指明为实施工程需要临时占用的土地。

1.1.4　日期和期限

1.1.4.1 开工日期：包括计划开工日期和实际开工日期。计划开工日期是指合同协议书约定的开工日期；实际开工日期是指监理人按照第 7.3.2 项〔开工通知〕约定发出的符合法律规定的开工通知中载明的开工日期。

1.1.4.2 竣工日期：包括计划竣工日期和实际竣工日期。计划竣工日期是指合同协议书约定的竣工日期；实际竣工日期按照第 13.2.3 项〔竣工日期〕的约定确定。

1.1.4.3 工期：是指在合同协议书约定的承包人完成工程所需的期限，包括按照合同约定所作的期限变更。

1.1.4.4 缺陷责任期：是指承包人按照合同约定承担缺陷修复义务，且发包人预留质量保证金（已缴纳履约保证金的除外）的期限，自工程实际竣工日期起计算。

1.1.4.5 保修期：是指承包人按照合同约定对工程承担保修责任的期限，从工程竣工验收合格之日起计算。

1.1.4.6 基准日期：招标发包的工程以投标截止日前28天的日期为基准日期，直接发包的工程以合同签订日前28天的日期为基准日期。

1.1.4.7 天：除特别指明外，均指日历天。合同中按天计算时间的，开始当天不计入，从次日开始计算，期限最后一天的截止时间为当天24：00时。

1.1.5 合同价格和费用

1.1.5.1 签约合同价：是指发包人和承包人在合同协议书中确定的总金额，包括安全文明施工费、暂估价及暂列金额等。

1.1.5.2 合同价格：是指发包人用于支付承包人按照合同约定完成承包范围内全部工作的金额，包括合同履行过程中按合同约定发生的价格变化。

1.1.5.3 费用：是指为履行合同所发生的或将要发生的所有必需的开支，包括管理费和应分摊的其他费用，但不包括利润。

1.1.5.4 暂估价：是指发包人在工程量清单或预算书中提供的用于支付必然发生但暂时不能确定价格的材料、工程设备的单价、专业工程以及服务工作的金额。

1.1.5.5 暂列金额：是指发包人在工程量清单或预算书中暂定并包括在合同价格中的一笔款项，用于工程合同签订时尚未确定或者不可预见的所需材料、工程设备、服务的采购，施工中可能发生的工程变更、合同约定调整因素出现时的合同价格调整以及发生的索赔、现场签证确认等的费用。

1.1.5.6 计日工：是指合同履行过程中，承包人完成发包人提出的零星工作或需要采用计日工计价的变更工作时，按合同中约定的单价计价的一种方式。

1.1.5.7 质量保证金：是指按照第15.3款〔质量保证金〕约定承包人用于保证其在缺陷责任期内履行缺陷修补义务的担保。

1.1.5.8 总价项目：是指在现行国家、行业以及地方的计量规则中无工程量计算规则，在已标价工程量清单或预算书中以总价或以费率形式计算的项目。

1.1.6 其他

1.1.6.1 书面形式：是指合同文件、信函、电报、传真等可以有形地表现所载内容的形式。

1.2 语言文字

合同以中国的汉语简体文字编写、解释和说明。合同当事人在专用合同条款中约定使用两种以上语言时，汉语为优先解释和说明合同的语言。

1.3 法律

合同所称法律是指中华人民共和国法律、行政法规、部门规章，以及工程所在地的地方性法规、自治条例、单行条例和地方政府规章等。

合同当事人可以在专用合同条款中约定合同适用的其他规范性文件。

1.4　标准和规范

1.4.1　适用于工程的国家标准、行业标准、工程所在地的地方性标准，以及相应的规范、规程等，合同当事人有特别要求的，应在专用合同条款中约定。

1.4.2　发包人要求使用国外标准、规范的，发包人负责提供原文版本和中文译本，并在专用合同条款中约定提供标准规范的名称、份数和时间。

1.4.3　发包人对工程的技术标准、功能要求高于或严于现行国家、行业或地方标准的，应当在专用合同条款中予以明确。除专用合同条款另有约定外，应视为承包人在签订合同前已充分预见前述技术标准和功能要求的复杂程度，签约合同价中已包含由此产生的费用。

1.5　合同文件的优先顺序

组成合同的各项文件应互相解释，互为说明。除专用合同条款另有约定外，解释合同文件的优先顺序如下：

（1）合同协议书；

（2）中标通知书（如果有）；

（3）投标函及其附录（如果有）；

（4）专用合同条款及其附件；

（5）通用合同条款；

（6）技术标准和要求；

（7）图纸；

（8）已标价工程量清单或预算书；

（9）其他合同文件。

上述各项合同文件包括合同当事人就该项合同文件所作出的补充和修改，属于同一类内容的文件，应以最新签署的为准。

在合同订立及履行过程中形成的与合同有关的文件均构成合同文件组成部分，并根据其性质确定优先解释顺序。

1.6　图纸和承包人文件

1.6.1　图纸的提供和交底

发包人应按照专用合同条款约定的期限、数量和内容向承包人免费提供图纸，并组织承包人、监理人和设计人进行图纸会审和设计交底。发包人至迟不得晚于第 7.3.2 项〔开工通知〕载明的开工日期前 14 天向承包人提供图纸。

因发包人未按合同约定提供图纸导致承包人费用增加和（或）工期延误的，按照第 7.5.1 项〔因发包人原因导致工期延误〕约定办理。

1.6.2　图纸的错误

承包人在收到发包人提供的图纸后，发现图纸存在差错、遗漏或缺陷的，应及时通知监理人。监理人接到该通知后，应附具相关意见并立即报送发包人，发包人应在收到监理人报送的通知后的合理时间内作出决定。合理时间是指发包人在收到监理人的报送通知后，尽其努力且不懈怠地完成图纸修改补充所需的时间。

1.6.3　图纸的修改和补充

图纸需要修改和补充的，应经图纸原设计人及审批部门同意，并由监理人在工程或工程相应部位施工前将修改后的图纸或补充图纸提交给承包人，承包人应按修改或补充后的图纸施工。

1.6.4　承包人文件

承包人应按照专用合同条款的约定提供应当由其编制的与工程施工有关的文件，并按照专用合同条款约定的期限、数量和形式提交监理人，并由监理人报送发包人。

除专用合同条款另有约定外，监理人应在收到承包人文件后 7 天内审查完毕，监理人对承包人文件有异议的，承包人应予以修改，并重新报送监理人。监理人的审查并不减轻或免除承包人根据合同约定应当承担的责任。

1.6.5　图纸和承包人文件的保管

除专用合同条款另有约定外，承包人应在施工现场另外保存一套完整的图纸和承包人文件，供发包人、监理人及有关人员进行工程检查时使用。

1.7　联络

1.7.1　与合同有关的通知、批准、证明、证书、指示、指令、要求、请求、同意、意见、确定和决定等，均应采用书面形式，并应在合同约定的期限内送达接收人和送达地点。

1.7.2　发包人和承包人应在专用合同条款中约定各自的送达接收人和送达地点。任何一方合同当事人指定的接收人或送达地点发生变动的，应提前 3 天以书面形式通知对方。

1.7.3　发包人和承包人应当及时签收另一方送达至送达地点和指定接收人的来往信函。拒不签收的，由此增加的费用和（或）延误的工期由拒绝接收一方承担。

1.8　严禁贿赂

合同当事人不得以贿赂或变相贿赂的方式，谋取非法利益或损害对方权益。因一方合同当事人的贿赂造成对方损失的，应赔偿损失，并承担相应的法律责任。

承包人不得与监理人或发包人聘请的第三方串通损害发包人利益。未经发包人书面同意，承包人不得为监理人提供合同约定以外的通信设备、交通工具及其他任何形式的利益，不得向监理人支付报酬。

1.9　化石、文物

在施工现场发掘的所有文物、古迹以及具有地质研究或考古价值的其他遗迹、化石、钱币或物品属于国家所有。一旦发现上述文物，承包人应采取合理有效的保护措施，防止任何人员移动或损坏上述物品，并立即报告有关政府行政管理部门，同时通知监理人。

发包人、监理人和承包人应按有关政府行政管理部门要求采取妥善的保护措施，由此增加的费用和（或）延误的工期由发包人承担。

承包人发现文物后不及时报告或隐瞒不报，致使文物丢失或损坏的，应赔偿损失，并承担相应的法律责任。

1.10　交通运输

1.10.1　出入现场的权利

除专用合同条款另有约定外，发包人应根据施工需要，负责取得出入施工现场所需的批准手续和全部权利，以及取得因施工所需修建道路、桥梁以及其他基础设施的权利，并承担相关手续费用和建设费用。承包人应协助发包人办理修建场内外道路、桥梁以及其他基础设施的手续。

承包人应在订立合同前查勘施工现场，并根据工程规模及技术参数合理预见工程施工所需的进出施工现场的方式、手段、路径等。因承包人未合理预见所增加的费用和（或）延误的工期由承包人承担。

1.10.2　场外交通

发包人应提供场外交通设施的技术参数和具体条件，承包人应遵守有关交通法规，严格按照道路和桥梁的限制荷载行驶，执行有关道路限速、限行、禁止超载的规定，并配合交通管理部门的监督和检查。场外交通设施无法满足工程施工需要的，由发包人负责完善并承担相关费用。

1.10.3　场内交通

发包人应提供场内交通设施的技术参数和具体条件，并应按照专用合同条款的约定向承包人免费提供满足工程施工所需的场内道路和交通设施。因承包人原因造成上述道路或交通设施损坏的，承包人负责修复并承担由此增加的费用。

除发包人按照合同约定提供的场内道路和交通设施外，承包人负责修建、维修、养护和管理施工所需的其他场内临时道路和交通设施。发包人和监理人可以为实现合同目的使用承包人修建的场内临时道路和交通设施。

场外交通和场内交通的边界由合同当事人在专用合同条款中约定。

1.10.4　超大件和超重件的运输

由承包人负责运输的超大件或超重件，应由承包人负责向交通管理部门办理申请手续，发包人给予协助。运输超大件或超重件所需的道路和桥梁临时加固改造费用和其他有关费用，由承包人承担，但专用合同条款另有约定除外。

1.10.5　道路和桥梁的损坏责任

因承包人运输造成施工场地内外公共道路和桥梁损坏的，由承包人承担修复损坏的全部费用和可能引起的赔偿。

1.10.6　水路和航空运输

本款前述各项的内容适用于水路运输和航空运输，其中“道路”一词的涵义包括河道、航线、船闸、机场、码头、堤防以及水路或航空运输中其他相似结构物；“车辆”一词的涵义包括船舶和飞机等。

1.11　知识产权

1.11.1　除专用合同条款另有约定外，发包人提供给承包人的图纸、发包人为实施工程自行编制或委托编制的技术规范以及反映发包人要求的或其他类似性质的文件的著作权属于发包人，承包人可以为实现合同目的而复制、使用此类文件，但不能用于与合同无关的其他事项。未经发包人书面同意，承包人不得为了合同以外的目的而复制、使用上述文件或将之提供给任何第三方。

1.11.2　除专用合同条款另有约定外，承包人为实施工程所编制的文件，除署名权以外的著作权属于发包人，承包人可因实施工程的运行、调试、维修、改造等目的而复制、使用此类文件，但不能用于与合同无关的其他事项。未经发包人书面同意，承包人不得为了合同以外的目的而复制、使用上述文件或将之提供给任何第三方。

1.11.3　合同当事人保证在履行合同过程中不侵犯对方及第三方的知识产权。承包人在使用材料、施工设备、工程设备或采用施工工艺时，因侵犯他人的专利权或其他知识产权所引起的责任，由承包人承担；因发包人提供的材料、施工设备、工程设备或施工工艺导致侵权的，由发包人承担责任。

1.11.4　除专用合同条款另有约定外，承包人在合同签订前和签订时已确定采用的专利、专有技术、技术秘密的使用费已包含在签约合同价中。

1.12　保密

除法律规定或合同另有约定外，未经发包人同意，承包人不得将发包人提供的图纸、文件以及声明需要保密的资料信息等商业秘密泄露给第三方。

除法律规定或合同另有约定外，未经承包人同意，发包人不得将承包人提供的技术秘密及声明需要保密的资料信息等商业秘密泄露给第三方。

1.13　工程量清单错误的修正

除专用合同条款另有约定外，发包人提供的工程量清单，应被认为是准确的和完整的。出现下列情形之一时，发包人应予以修正，并相应调整合同价格：

（1）工程量清单存在缺项、漏项的；

（2）工程量清单偏差超出专用合同条款约定的工程量偏差范围的；

（3）未按照国家现行计量规范强制性规定计量的。

2. 发包人

2.1　许可或批准

发包人应遵守法律，并办理法律规定由其办理的许可、批准或备案，包括但不限于建设用地规划许可证、建设工程规划许可证、建设工程施工许可证、施工所需临时用水、临时用电、中断道路交通、临时占用土地等许可和批准。发包人应协助承包人办理法律规定的有关施工证件和批件。

因发包人原因未能及时办理完毕前述许可、批准或备案，由发包人承担由此增加的费用和（或）延误的工期，并支付承包人合理的利润。

2.2　发包人代表

发包人应在专用合同条款中明确其派驻施工现场的发包人代表的姓名、职务、联系方式及授权范围等事项。发包人代表在发包人的授权范围内，负责处理合同履行过程中与发包人有关的具体事宜。发包人代表在授权范围内的行为由发包人承担法律责任。发包人更换发包人代表的，应提前 7 天书面通知承包人。

发包人代表不能按照合同约定履行其职责及义务，并导致合同无法继续正常履行的，承包人可以要求发包人撤换发包人代表。

不属于法定必须监理的工程，监理人的职权可以由发包人代表或发包人指定的其他人员行使。

2.3　发包人人员

发包人应要求在施工现场的发包人人员遵守法律及有关安全、质量、环境保护、文明施工等规定，并保障承包人免于承受因发包人人员未遵守上述要求给承包人造成的损失和责任。

发包人人员包括发包人代表及其他由发包人派驻施工现场的人员。

2.4　施工现场、施工条件和基础资料的提供

2.4.1　提供施工现场

除专用合同条款另有约定外，发包人应最迟于开工日期 7 天前向承包人移交施工现场。

2.4.2　提供施工条件

除专用合同条款另有约定外，发包人应负责提供施工所需要的条件，包括：

（1）将施工用水、电力、通信线路等施工所必需的条件接至施工现场内；

（2）保证向承包人提供正常施工所需要的进入施工现场的交通条件；

（3）协调处理施工现场周围地下管线和邻近建筑物、构筑物、古树名木的保护工作，并承担相关费用；

（4）按照专用合同条款约定应提供的其他设施和条件。

2.4.3　提供基础资料

发包人应当在移交施工现场前向承包人提供施工现场及工程施工所必需的毗邻区域内供水、排水、供电、供气、供热、通信、广播电视等地下管线资料，气象和水文观测资料，地质勘察资料，相邻建筑物、构筑物和地下工程等有关基础资料，并对所提供资料的真实性、准确性和完整性负责。

按照法律规定确需在开工后方能提供的基础资料，发包人应尽其努力及时地在相应工程施工前的合理期限内提供，合理期限应以不影响承包人的正常施工为限。

2.4.4　逾期提供的责任

因发包人原因未能按合同约定及时向承包人提供施工现场、施工条件、基础资料的，由发包人承担由此增加的费用和（或）延误的工期。

2.5　资金来源证明及支付担保

除专用合同条款另有约定外，发包人应在收到承包人要求提供资金来源证明的书面通知后28天内，向承包人提供能够按照合同约定支付合同价款的相应资金来源证明。

除专用合同条款另有约定外，发包人要求承包人提供履约担保的，发包人应当向承包人提供支付担保。支付担保可以采用银行保函或担保公司担保等形式，具体由合同当事人在专用合同条款中约定。

2.6　支付合同价款

发包人应按合同约定向承包人及时支付合同价款。

2.7　组织竣工验收

发包人应按合同约定及时组织竣工验收。

2.8　现场统一管理协议

发包人应与承包人、由发包人直接发包的专业工程的承包人签订施工现场统一管理协议，明确各方的权利义务。施工现场统一管理协议作为专用合同条款的附件。

3. 承包人

3.1　承包人的一般义务

承包人在履行合同过程中应遵守法律和工程建设标准规范，并履行以下义务：

（1）办理法律规定应由承包人办理的许可和批准，并将办理结果书面报送发包人留存；

（2）按法律规定和合同约定完成工程，并在保修期内承担保修义务；

（3）按法律规定和合同约定采取施工安全和环境保护措施，办理工伤保险，确保工程及人员、材料、设备和设施的安全；

(4) 按合同约定的工作内容和施工进度要求，编制施工组织设计和施工措施计划，并对所有施工作业和施工方法的完备性和安全可靠性负责；

(5) 在进行合同约定的各项工作时，不得侵害发包人与他人使用公用道路、水源、市政管网等公共设施的权利，避免对邻近的公共设施产生干扰。承包人占用或使用他人的施工场地，影响他人作业或生活的，应承担相应责任；

(6) 按照第 6.3 款〔环境保护〕约定负责施工场地及其周边环境与生态的保护工作；

(7) 按第 6.1 款〔安全文明施工〕约定采取施工安全措施，确保工程及其人员、材料、设备和设施的安全，防止因工程施工造成的人身伤害和财产损失；

(8) 将发包人按合同约定支付的各项价款专用于合同工程，且应及时支付其雇用人员工资，并及时向分包人支付合同价款；

(9) 按照法律规定和合同约定编制竣工资料，完成竣工资料立卷及归档，并按专用合同条款约定的竣工资料的套数、内容、时间等要求移交发包人；

(10) 应履行的其他义务。

3.2　项目经理

3.2.1　项目经理应为合同当事人所确认的人选，并在专用合同条款中明确项目经理的姓名、职称、注册执业证书编号、联系方式及授权范围等事项，项目经理经承包人授权后代表承包人负责履行合同。项目经理应是承包人正式聘用的员工，承包人应向发包人提交项目经理与承包人之间的劳动合同，以及承包人为项目经理缴纳社会保险的有效证明。承包人不提交上述文件的，项目经理无权履行职责，发包人有权要求更换项目经理，由此增加的费用和（或）延误的工期由承包人承担。

项目经理应常驻施工现场，且每月在施工现场时间不得少于专用合同条款约定的天数。项目经理不得同时担任其他项目的项目经理。项目经理确需离开施工现场时，应事先通知监理人，并取得发包人的书面同意。项目经理的通知中应当载明临时代行其职责的人员的注册执业资格、管理经验等资料，该人员应具备履行相应职责的能力。

承包人违反上述约定的，应按照专用合同条款的约定，承担违约责任。

3.2.2　项目经理按合同约定组织工程实施。在紧急情况下为确保施工安全和人员安全，在无法与发包人代表和总监理工程师及时取得联系时，项目经理有权采取必要的措施保证与工程有关的人身、财产和工程的安全，但应在 48 小时内向发包人代表和总监理工程师提交书面报告。

3.2.3　承包人需要更换项目经理的，应提前 14 天书面通知发包人和监理人，并征得发包人书面同意。通知中应当载明继任项目经理的注册执业资格、管理经验等资料，继任项目经理继续履行第 3.2.1 项约定的职责。未经发包人书面同意，承包人不得擅自更换项目经理。承包人擅自更换项目经理的，应按照专用合同条款的约定承担违约责任。

3.2.4　发包人有权书面通知承包人更换其认为不称职的项目经理，通知中应当载明要求更换的理由。承包人应在接到更换通知后 14 天内向发包人提出书面的改进报告。发包人收到改进报告后仍要求更换的，承包人应在接到第二次更换通知的 28 天内进行更换，并将新任命的项目经理的注册执业资格、管理经验等资料书面通知发包人。继任项目经理继续履行第 3.2.1 项约定的职责。承包人无正当理由拒绝更换项目经理的，应按照专用合同条款的约定承担违约责任。

3.2.5 项目经理因特殊情况授权其下属人员履行其某项工作职责的，该下属人员应具备履行相应职责的能力，并应提前 7 天将上述人员的姓名和授权范围书面通知监理人，并征得发包人书面同意。

3.3 承包人人员

3.3.1 除专用合同条款另有约定外，承包人应在接到开工通知后 7 天内，向监理人提交承包人项目管理机构及施工现场人员安排的报告，其内容应包括合同管理、施工、技术、材料、质量、安全、财务等主要施工管理人员名单及其岗位、注册执业资格等，以及各工种技术工人的安排情况，并同时提交主要施工管理人员与承包人之间的劳动关系证明和缴纳社会保险的有效证明。

3.3.2 承包人派驻到施工现场的主要施工管理人员应相对稳定。施工过程中如有变动，承包人应及时向监理人提交施工现场人员变动情况的报告。承包人更换主要施工管理人员时，应提前 7 天书面通知监理人，并征得发包人书面同意。通知中应当载明继任人员的注册执业资格、管理经验等资料。

特殊工种作业人员均应持有相应的资格证明，监理人可以随时检查。

3.3.3 发包人对于承包人主要施工管理人员的资格或能力有异议的，承包人应提供资料证明被质疑人员有能力完成其岗位工作或不存在发包人所质疑的情形。发包人要求撤换不能按照合同约定履行职责及义务的主要施工管理人员的，承包人应当撤换。承包人无正当理由拒绝撤换的，应按照专用合同条款的约定承担违约责任。

3.3.4 除专用合同条款另有约定外，承包人的主要施工管理人员离开施工现场每月累计不超过 5 天的，应报监理人同意；离开施工现场每月累计超过 5 天的，应通知监理人，并征得发包人书面同意。主要施工管理人员离开施工现场前应指定一名有经验的人员临时代行其职责，该人员应具备履行相应职责的资格和能力，且应征得监理人或发包人的同意。

3.3.5 承包人擅自更换主要施工管理人员，或前述人员未经监理人或发包人同意擅自离开施工现场的，应按照专用合同条款约定承担违约责任。

3.4 承包人现场查勘

承包人应对基于发包人按照第 2.4.3 项〔提供基础资料〕提交的基础资料所做出的解释和推断负责，但因基础资料存在错误、遗漏导致承包人解释或推断失实的，由发包人承担责任。

承包人应对施工现场和施工条件进行查勘，并充分了解工程所在地的气象条件、交通条件、风俗习惯以及其他与完成合同工作有关的其他资料。因承包人未能充分查勘、了解前述情况或未能充分估计前述情况所可能产生后果的，承包人承担由此增加的费用和（或）延误的工期。

3.5　分包

3.5.1　分包的一般约定

承包人不得将其承包的全部工程转包给第三人，或将其承包的全部工程肢解后以分包的名义转包给第三人。承包人不得将工程主体结构、关键性工作及专用合同条款中禁止分包的专业工程分包给第三人，主体结构、关键性工作的范围由合同当事人按照法律规定在专用合同条款中予以明确。

承包人不得以劳务分包的名义转包或违法分包工程。

3.5.2　分包的确定

承包人应按专用合同条款的约定进行分包，确定分包人。已标价工程量清单或预算书中给定暂估价的专业工程，按照第10.7款〔暂估价〕确定分包人。按照合同约定进行分包的，承包人应确保分包人具有相应的资质和能力。工程分包不减轻或免除承包人的责任和义务，承包人和分包人就分包工程向发包人承担连带责任。除合同另有约定外，承包人应在分包合同签订后7天内向发包人和监理人提交分包合同副本。

3.5.3　分包管理

承包人应向监理人提交分包人的主要施工管理人员表，并对分包人的施工人员进行实名制管理，包括但不限于进出场管理、登记造册以及各种证照的办理。

3.5.4　分包合同价款

（1）除本项第（2）目约定的情况或专用合同条款另有约定外，分包合同价款由承包人与分包人结算，未经承包人同意，发包人不得向分包人支付分包工程价款；

（2）生效法律文书要求发包人向分包人支付分包合同价款的，发包人有权从应付承包人工程款中扣除该部分款项。

3.5.5　分包合同权益的转让

分包人在分包合同项下的义务持续到缺陷责任期届满以后的，发包人有权在缺陷责任期届满前，要求承包人将其在分包合同项下的权益转让给发包人，承包人应当转让。除转让合同另有约定外，转让合同生效后，由分包人向发包人履行义务。

3.6　工程照管与成品、半成品保护

（1）除专用合同条款另有约定外，自发包人向承包人移交施工现场之日起，承包人应负责照管工程及工程相关的材料、工程设备，直到颁发工程接收证书之日止。

（2）在承包人负责照管期间，因承包人原因造成工程、材料、工程设备损坏的，由承包人负责修复或更换，并承担由此增加的费用和（或）延误的工期。

（3）对合同内分期完成的成品和半成品，在工程接收证书颁发前，由承包人承担保护责任。因承包人原因造成成品或半成品损坏的，由承包人负责修复或更换，并承担由此增加的费用和（或）延误的工期。

3.7 履约担保

发包人需要承包人提供履约担保的，由合同当事人在专用合同条款中约定履约担保的方式、金额及期限等。履约担保可以采用银行保函或担保公司担保等形式，具体由合同当事人在专用合同条款中约定。

因承包人原因导致工期延长的，继续提供履约担保所增加的费用由承包人承担；非因承包人原因导致工期延长的，继续提供履约担保所增加的费用由发包人承担。

3.8 联合体

3.8.1 联合体各方应共同与发包人签订合同协议书。联合体各方应为履行合同向发包人承担连带责任。

3.8.2 联合体协议经发包人确认后作为合同附件。在履行合同过程中，未经发包人同意，不得修改联合体协议。

3.8.3 联合体牵头人负责与发包人和监理人联系，并接受指示，负责组织联合体各成员全面履行合同。

4. 监理人

4.1 监理人的一般规定

工程实行监理的，发包人和承包人应在专用合同条款中明确监理人的监理内容及监理权限等事项。监理人应当根据发包人授权及法律规定，代表发包人对工程施工相关事项进行检查、查验、审核、验收，并签发相关指示，但监理人无权修改合同，且无权减轻或免除合同约定的承包人的任何责任与义务。

除专用合同条款另有约定外，监理人在施工现场的办公场所、生活场所由承包人提供，所发生的费用由发包人承担。

4.2 监理人员

发包人授予监理人对工程实施监理的权利由监理人派驻施工现场的监理人员行使，监理人员包括总监理工程师及监理工程师。监理人应将授权的总监理工程师和监理工程师的姓名及授权范围以书面形式提前通知承包人。更换总监理工程师的，监理人应提前7天书面通知承包人；更换其他监理人员，监理人应提前48小时书面通知承包人。

4.3 监理人的指示

监理人应按照发包人的授权发出监理指示。监理人的指示应采用书面形式，并经其授权的监理人员签字。紧急情况下，为了保证施工人员的安全或避免工程受损，监理人员可以口头形式发出指示，该指示与书面形式的指示具有同等法律效力，但必须在发出口头指示后24小时内补发书面监理指示，补发的书面监理指示应与口头指示一致。

监理人发出的指示应送达承包人项目经理或经项目经理授权接收的人员。因监理人未能按合同约定发出指示、指示延误或发出了错误指示而导致承包人费用增加和（或）工期延误的，由发包人承担相应责任。除专用合同条款另有约定外，总监理工程师不应将第4.4款〔商定或确定〕约定应由总监理工程师作出确定的权力授权或委托给其他监理人员。

承包人对监理人发出的指示有疑问的，应向监理人提出书面异议，监理人应在48小时内对该指示予以确认、更改或撤销，监理人逾期未回复的，承包人有权拒绝执行上述指示。

监理人对承包人的任何工作、工程或其采用的材料和工程设备未在约定的或合理期限内提出意见的，视为批准，但不免除或减轻承包人对该工作、工程、材料、工程设备等应承担的责任和义务。

4.4 商定或确定

合同当事人进行商定或确定时，总监理工程师应当会同合同当事人尽量通过协商达成一致，不能达成一致的，由总监理工程师按照合同约定审慎做出公正的确定。

总监理工程师应将确定以书面形式通知发包人和承包人，并附详细依据。合同当事人对总监理工程师的确定没有异议的，按照总监理工程师的确定执行。任何一方合同当事人有异议，按照第20条〔争议解决〕约定处理。争议解决前，合同当事人暂按总监理工程师的确定执行；争议解决后，争议解决的结果与总监理工程师的确定不一致的，按照争议解决的结果执行，由此造成的损失由责任人承担。

5. 工程质量

5.1 质量要求

5.1.1 工程质量标准必须符合现行国家有关工程施工质量验收规范和标准的要求。有关工程质量的特殊标准或要求由合同当事人在专用合同条款中约定。

5.1.2 因发包人原因造成工程质量未达到合同约定标准的，由发包人承担由此增加的费用和（或）延误的工期，并支付承包人合理的利润。

5.1.3 因承包人原因造成工程质量未达到合同约定标准的，发包人有权要求承包人返工直至工程质量达到合同约定的标准为止，并由承包人承担由此增加的费用和（或）延误的工期。

5.2 质量保证措施

5.2.1 发包人的质量管理

发包人应按照法律规定及合同约定完成与工程质量有关的各项工作。

5.2.2 承包人的质量管理

承包人按照第7.1款〔施工组织设计〕约定向发包人和监理人提交工程质量保证体系及措施文件，建立完善的质量检查制度，并提交相应的工程质量文件。对于发包人和监理人违反法律规定和合同约定的错误指示，承包人有权拒绝实施。

承包人应对施工人员进行质量教育和技术培训，定期考核施工人员的劳动技能，严格执行施工规范和操作规程。

承包人应按照法律规定和发包人的要求，对材料、工程设备以及工程的所有部位及其施工工艺进行全过程的质量检查和检验，并作详细记录，编制工程质量报表，报送监理人审查。此外，承包人还应按照法律规定和发包人的要求，进行施工现场取样试验、工程复核测量和设备性能检测，提供试验样品、提交试验报告和测量成果以及其他工作。

5.2.3　监理人的质量检查和检验

监理人按照法律规定和发包人授权对工程的所有部位及其施工工艺、材料和工程设备进行检查和检验。承包人应为监理人的检查和检验提供方便，包括监理人到施工现场，或制造、加工地点，或合同约定的其他地方进行察看和查阅施工原始记录。监理人为此进行的检查和检验，不免除或减轻承包人按照合同约定应当承担的责任。

监理人的检查和检验不应影响施工正常进行。监理人的检查和检验影响施工正常进行的，且经检查检验不合格的，影响正常施工的费用由承包人承担，工期不予顺延；经检查检验合格的，由此增加的费用和（或）延误的工期由发包人承担。

5.3　隐蔽工程检查

5.3.1　承包人自检

承包人应当对工程隐蔽部位进行自检，并经自检确认是否具备覆盖条件。

5.3.2　检查程序

除专用合同条款另有约定外，工程隐蔽部位经承包人自检确认具备覆盖条件的，承包人应在共同检查前48小时书面通知监理人检查，通知中应载明隐蔽检查的内容、时间和地点，并应附有自检记录和必要的检查资料。

监理人应按时到场并对隐蔽工程及其施工工艺、材料和工程设备进行检查。经监理人检查确认质量符合隐蔽要求，并在验收记录上签字后，承包人才能进行覆盖。经监理人检查质量不合格的，承包人应在监理人指示的时间内完成修复，并由监理人重新检查，由此增加的费用和（或）延误的工期由承包人承担。

除专用合同条款另有约定外，监理人不能按时进行检查的，应在检查前24小时向承包人提交书面延期要求，但延期不能超过48小时，由此导致工期延误的，工期应予以顺延。监理人未按时进行检查，也未提出延期要求的，视为隐蔽工程检查合格，承包人可自行完成覆盖工作，并作相应记录报送监理人，监理人应签字确认。监理人事后对检查记录有疑问的，可按第5.3.3项〔重新检查〕的约定重新检查。

5.3.3　重新检查

承包人覆盖工程隐蔽部位后，发包人或监理人对质量有疑问的，可要求承包人对已覆盖的部位进行钻孔探测或揭开重新检查，承包人应遵照执行，并在检查后重新覆盖恢复原状。经检查证明工程质量符合合同要求的，由发包人承担由此增加的费用和（或）延误的工期，并支付承包人合理的利润；经检查证明工程质量不符合合同要求的，由此增加的费用和（或）延误的工期由承包人承担。

5.3.4　承包人私自覆盖

承包人未通知监理人到场检查，私自将工程隐蔽部位覆盖的，监理人有权指示承包人钻孔探测或揭开检查，无论工程隐蔽部位质量是否合格，由此增加的费用和（或）延误的工期均由承包人承担。

5.4　不合格工程的处理

5.4.1　因承包人原因造成工程不合格的，发包人有权随时要求承包人采取补救措施，直至达到合同要求的质量标准，由此增加的费用和（或）延误的工期由承包人承担。无法补救的，按照第13.2.4项〔拒绝接收全部或部分工程〕约定执行。

5.4.2　因发包人原因造成工程不合格的，由此增加的费用和（或）延误的工期由发包人承担，并支付承包人合理的利润。

5.5　质量争议检测

合同当事人对工程质量有争议的，由双方协商确定的工程质量检测机构鉴定，由此产生的费用及因此造成的损失，由责任方承担。

合同当事人均有责任的，由双方根据其责任分别承担。合同当事人无法达成一致的，按照第4.4款〔商定或确定〕执行。

6. 安全文明施工与环境保护

6.1　安全文明施工

6.1.1　安全生产要求

合同履行期间，合同当事人均应当遵守国家和工程所在地有关安全生产的要求，合同当事人有特别要求的，应在专用合同条款中明确施工项目安全生产标准化达标目标及相应事项。承包人有权拒绝发包人及监理人强令承包人违章作业、冒险施工的任何指示。

在施工过程中，如遇到突发的地质变动、事先未知的地下施工障碍等影响施工安全的紧急情况，承包人应及时报告监理人和发包人，发包人应当及时下令停工并报政府有关行政管理部门采取应急措施。

因安全生产需要暂停施工的，按照第7.8款〔暂停施工〕的约定执行。

6.1.2　安全生产保证措施

承包人应当按照有关规定编制安全技术措施或者专项施工方案，建立安全生产责任制度、治安保卫制度及安全生产教育培训制度，并按安全生产法律规定及合同约定履行安全职责，如实编制工程安全生产的有关记录，接受发包人、监理人及政府安全监督部门的检查与监督。

6.1.3 特别安全生产事项

承包人应按照法律规定进行施工，开工前做好安全技术交底工作，施工过程中做好各项安全防护措施。承包人为实施合同而雇用的特殊工种的人员应受过专门的培训并已取得政府有关管理机构颁发的上岗证书。

承包人在动力设备、输电线路、地下管道、密封防震车间、易燃易爆地段以及临街交通要道附近施工时，施工开始前应向发包人和监理人提出安全防护措施，经发包人认可后实施。

实施爆破作业，在放射、毒害性环境中施工（含储存、运输、使用）及使用毒害性、腐蚀性物品施工时，承包人应在施工前 7 天以书面通知发包人和监理人，并报送相应的安全防护措施，经发包人认可后实施。

需单独编制危险性较大分部分项专项工程施工方案的，及要求进行专家论证的超过一定规模的危险性较大的分部分项工程，承包人应及时编制和组织论证。

6.1.4 治安保卫

除专用合同条款另有约定外，发包人应与当地公安部门协商，在现场建立治安管理机构或联防组织，统一管理施工场地的治安保卫事项，履行合同工程的治安保卫职责。

发包人和承包人除应协助现场治安管理机构或联防组织维护施工场地的社会治安外，还应做好包括生活区在内的各自管辖区的治安保卫工作。

除专用合同条款另有约定外，发包人和承包人应在工程开工后 7 天内共同编制施工场地治安管理计划，并制定应对突发治安事件的紧急预案。在工程施工过程中，发生暴乱、爆炸等恐怖事件，以及群殴、械斗等群体性突发治安事件的，发包人和承包人应立即向当地政府报告。发包人和承包人应积极协助当地有关部门采取措施平息事态，防止事态扩大，尽量避免人员伤亡和财产损失。

6.1.5 文明施工

承包人在工程施工期间，应当采取措施保持施工现场平整，物料堆放整齐。工程所在地有关政府行政管理部门有特殊要求的，按照其要求执行。合同当事人对文明施工有其他要求的，可以在专用合同条款中明确。

在工程移交之前，承包人应当从施工现场清除承包人的全部工程设备、多余材料、垃圾和各种临时工程，并保持施工现场清洁整齐。经发包人书面同意，承包人可在发包人指定的地点保留承包人履行保修期内的各项义务所需要的材料、施工设备和临时工程。

6.1.6 安全文明施工费

安全文明施工费由发包人承担，发包人不得以任何形式扣减该部分费用。因基准日期后合同所适用的法律或政府有关规定发生变化，增加的安全文明施工费由发包人承担。

承包人经发包人同意采取合同约定以外的安全措施所产生的费用，由发包人承担。未经发包人同意的，如果该措施避免了发包人的损失，则发包人在避免损失的额度内承担该措施费。如果该措施避免了承包人的损失，由承包人承担该措施费。

除专用合同条款另有约定外，发包人应在开工后 28 天内预付安全文明施工费总额的 50%，其余部分与进度款同期支付。发包人逾期支付安全文明施工费超过 7 天的，承包人有权向发包人发出要求预付的催告通知，发包人收到通知后 7 天内仍未支付的，承包人有权暂停施工，并按第 16.1.1 项〔发包人违约的情形〕执行。

承包人对安全文明施工费应专款专用，承包人应在财务账目中单独列项备查，不得挪作他用，否则发包人有权责令其限期改正；逾期未改正的，可以责令其暂停施工，由此增加的费用和（或）延误的工期由承包人承担。

6.1.7 紧急情况处理

在工程实施期间或缺陷责任期内发生危及工程安全的事件，监理人通知承包人进行抢救，承包人声明无能力或不愿立即执行的，发包人有权雇佣其他人员进行抢救。此类抢救按合同约定属于承包人义务的，由此增加的费用和（或）延误的工期由承包人承担。

6.1.8 事故处理

工程施工过程中发生事故的，承包人应立即通知监理人，监理人应立即通知发包人。发包人和承包人应立即组织人员和设备进行紧急抢救和抢修，减少人员伤亡和财产损失，防止事故扩大，并保护事故现场。需要移动现场物品时，应作出标记和书面记录，妥善保管有关证据。发包人和承包人应按国家有关规定，及时如实地向有关部门报告事故发生的情况，以及正在采取的紧急措施等。

6.1.9 安全生产责任

6.1.9.1 发包人的安全责任

发包人应负责赔偿以下各种情况造成的损失：

（1）工程或工程的任何部分对土地的占用所造成的第三者财产损失；

（2）由于发包人原因在施工场地及其毗邻地带造成的第三者人身伤亡和财产损失；

（3）由于发包人原因对承包人、监理人造成的人员人身伤亡和财产损失；

（4）由于发包人原因造成的发包人自身人员的人身伤害以及财产损失。

6.1.9.2 承包人的安全责任

由于承包人原因在施工场地内及其毗邻地带造成的发包人、监理人以及第三者人员伤亡和财产损失，由承包人负责赔偿。

6.2 职业健康

6.2.1 劳动保护

承包人应按照法律规定安排现场施工人员的劳动和休息时间，保障劳动者的休息时间，并支付合理的报酬和费用。承包人应依法为其履行合同所雇用的人员办理必要的证件、许可、保险和注册等，承包人应督促其分包人为分包人所雇用的人员办理必要的证件、许可、保险和注册等。

承包人应按照法律规定保障现场施工人员的劳动安全，并提供劳动保护，并应按国家有关劳动保护的规定，采取有效的防止粉尘、降低噪声、控制有害气体和保障高温、高寒、高空作业安全等劳动保护措施。承包人雇佣人员在施工中受到伤害的，承包人应立即采取有效措施进行抢救和治疗。

承包人应按法律规定安排工作时间，保证其雇佣人员享有休息和休假的权利。因工程施工的特殊需要占用休假日或延长工作时间的，应不超过法律规定的限度，并按法律规定给予补休或付酬。

6.2.2　生活条件

承包人应为其履行合同所雇用的人员提供必要的膳宿条件和生活环境；承包人应采取有效措施预防传染病，保证施工人员的健康，并定期对施工现场、施工人员生活基地和工程进行防疫和卫生的专业检查和处理，在远离城镇的施工场地，还应配备必要的伤病防治和急救的医务人员与医疗设施。

6.3　环境保护

承包人应在施工组织设计中列明环境保护的具体措施。在合同履行期间，承包人应采取合理措施保护施工现场环境。对施工作业过程中可能引起的大气、水、噪声以及固体废物污染采取具体可行的防范措施。

承包人应当承担因其原因引起的环境污染侵权损害赔偿责任，因上述环境污染引起纠纷而导致暂停施工的，由此增加的费用和（或）延误的工期由承包人承担。

7. 工期和进度

7.1　施工组织设计

7.1.1　施工组织设计的内容

施工组织设计应包含以下内容：

（1）施工方案；

（2）施工现场平面布置图；

（3）施工进度计划和保证措施；

（4）劳动力及材料供应计划；

（5）施工机械设备的选用；

（6）质量保证体系及措施；

（7）安全生产、文明施工措施；

（8）环境保护、成本控制措施；

（9）合同当事人约定的其他内容。

7.1.2　施工组织设计的提交和修改

除专用合同条款另有约定外，承包人应在合同签订后 14 天内，但至迟不得晚于第 7.3.2 项〔开工通知〕载明的开工日期前 7 天，向监理人提交详细的施工组织设计，并由监理人报送发包人。除专用合同条款另有约定外，发包人和监理人应在监理人收到施工组织设计后7天内确认或提出修改意见。对发包人和监理人提出的合理意见和要求，承包人应自费修改完善。根据工程实际情况需要修改施工组织设计的，承包人应向发包人和监理人提交修改后的施工组织设计。

施工进度计划的编制和修改按照第7.2款〔施工进度计划〕执行。

7.2 施工进度计划

7.2.1 施工进度计划的编制

承包人应按照第7.1款〔施工组织设计〕约定提交详细的施工进度计划，施工进度计划的编制应当符合国家法律规定和一般工程实践惯例，施工进度计划经发包人批准后实施。施工进度计划是控制工程进度的依据，发包人和监理人有权按照施工进度计划检查工程进度情况。

7.2.2 施工进度计划的修订

施工进度计划不符合合同要求或与工程的实际进度不一致的，承包人应向监理人提交修订的施工进度计划，并附具有关措施和相关资料，由监理人报送发包人。除专用合同条款另有约定外，发包人和监理人应在收到修订的施工进度计划后7天内完成审核和批准或提出修改意见。发包人和监理人对承包人提交的施工进度计划的确认，不能减轻或免除承包人根据法律规定和合同约定应承担的任何责任或义务。

7.3 开工

7.3.1 开工准备

除专用合同条款另有约定外，承包人应按照第7.1款〔施工组织设计〕约定的期限，向监理人提交工程开工报审表，经监理人报发包人批准后执行。开工报审表应详细说明按施工进度计划正常施工所需的施工道路、临时设施、材料、工程设备、施工设备、施工人员等落实情况以及工程的进度安排。

除专用合同条款另有约定外，合同当事人应按约定完成开工准备工作。

7.3.2 开工通知

发包人应按照法律规定获得工程施工所需的许可。经发包人同意后，监理人发出的开工通知应符合法律规定。监理人应在计划开工日期7天前向承包人发出开工通知，工期自开工通知中载明的开工日期起算。

除专用合同条款另有约定外，因发包人原因造成监理人未能在计划开工日期之日起90天内发出开工通知的，承包人有权提出价格调整要求，或者解除合同。发包人应当承担由此增加的费用和（或）延误的工期，并向承包人支付合理利润。

7.4 测量放线

7.4.1 除专用合同条款另有约定外，发包人应在至迟不得晚于第7.3.2项〔开工通知〕

载明的开工日期前 7 天通过监理人向承包人提供测量基准点、基准线和水准点及其书面资料。发包人应对其提供的测量基准点、基准线和水准点及其书面资料的真实性、准确性和完整性负责。

承包人发现发包人提供的测量基准点、基准线和水准点及其书面资料存在错误或疏漏的，应及时通知监理人。监理人应及时报告发包人，并会同发包人和承包人予以核实。发包人应就如何处理和是否继续施工作出决定，并通知监理人和承包人。

7.4.2 承包人负责施工过程中的全部施工测量放线工作，并配置具有相应资质的人员、合格的仪器、设备和其他物品。承包人应矫正工程的位置、标高、尺寸或准线中出现的任何差错，并对工程各部分的定位负责。

施工过程中对施工现场内水准点等测量标志物的保护工作由承包人负责。

7.5　工期延误

7.5.1　因发包人原因导致工期延误

在合同履行过程中，因下列情况导致工期延误和（或）费用增加的，由发包人承担由此延误的工期和（或）增加的费用，且发包人应支付承包人合理的利润：

（1）发包人未能按合同约定提供图纸或所提供图纸不符合合同约定的；

（2）发包人未能按合同约定提供施工现场、施工条件、基础资料、许可、批准等开工条件的；

（3）发包人提供的测量基准点、基准线和水准点及其书面资料存在错误或疏漏的；

（4）发包人未能在计划开工日期之日起 7 天内同意下达开工通知的；

（5）发包人未能按合同约定日期支付工程预付款、进度款或竣工结算款的；

（6）监理人未按合同约定发出指示、批准等文件的；

（7）专用合同条款中约定的其他情形。

因发包人原因未按计划开工日期开工的，发包人应按实际开工日期顺延竣工日期，确保实际工期不低于合同约定的工期总日历天数。因发包人原因导致工期延误需要修订施工进度计划的，按照第 7.2.2 项〔施工进度计划的修订〕执行。

7.5.2　因承包人原因导致工期延误

因承包人原因造成工期延误的，可以在专用合同条款中约定逾期竣工违约金的计算方法和逾期竣工违约金的上限。承包人支付逾期竣工违约金后，不免除承包人继续完成工程及修补缺陷的义务。

7.6　不利物质条件

不利物质条件是指有经验的承包人在施工现场遇到的不可预见的自然物质条件、非自然的物质障碍和污染物，包括地表以下物质条件和水文条件以及专用合同条款约定的其他情形，但不包括气候条件。

承包人遇到不利物质条件时，应采取克服不利物质条件的合理措施继续施工，并及时通知发包人和监理人。通知应载明不利物质条件的内容以及承包人认为不可预见的理由。

监理人经发包人同意后应当及时发出指示，指示构成变更的，按第10条〔变更〕约定执行。承包人因采取合理措施而增加的费用和（或）延误的工期由发包人承担。

7.7　异常恶劣的气候条件

异常恶劣的气候条件是指在施工过程中遇到的，有经验的承包人在签订合同时不可预见的，对合同履行造成实质性影响的，但尚未构成不可抗力事件的恶劣气候条件。合同当事人可以在专用合同条款中约定异常恶劣的气候条件的具体情形。

承包人应采取克服异常恶劣的气候条件的合理措施继续施工，并及时通知发包人和监理人。监理人经发包人同意后应当及时发出指示，指示构成变更的，按第10条〔变更〕约定办理。承包人因采取合理措施而增加的费用和（或）延误的工期由发包人承担。

7.8　暂停施工

7.8.1　发包人原因引起的暂停施工

因发包人原因引起暂停施工的，监理人经发包人同意后，应及时下达暂停施工指示。情况紧急且监理人未及时下达暂停施工指示的，按照第7.8.4项〔紧急情况下的暂停施工〕执行。

因发包人原因引起的暂停施工，发包人应承担由此增加的费用和（或）延误的工期，并支付承包人合理的利润。

7.8.2　承包人原因引起的暂停施工

因承包人原因引起的暂停施工，承包人应承担由此增加的费用和（或）延误的工期，且承包人在收到监理人复工指示后84天内仍未复工的，视为第16.2.1项〔承包人违约的情形〕第（7）目约定的承包人无法继续履行合同的情形。

7.8.3　指示暂停施工

监理人认为有必要时，并经发包人批准后，可向承包人作出暂停施工的指示，承包人应按监理人指示暂停施工。

7.8.4　紧急情况下的暂停施工

因紧急情况需暂停施工，且监理人未及时下达暂停施工指示的，承包人可先暂停施工，并及时通知监理人。监理人应在接到通知后24小时内发出指示，逾期未发出指示，视为同意承包人暂停施工。监理人不同意承包人暂停施工的，应说明理由，承包人对监理人的答复有异议，按照第20条〔争议解决〕约定处理。

7.8.5　暂停施工后的复工

暂停施工后，发包人和承包人应采取有效措施积极消除暂停施工的影响。在工程复工前，监理人会同发包人和承包人确定因暂停施工造成的损失，并确定工程复工条件。当工程具备复工条件时，监理人应经发包人批准后向承包人发出复工通知，承包人应按照复工通知要求复工。

承包人无故拖延和拒绝复工的，承包人承担由此增加的费用和（或）延误的工期；因发包人原因无法按时复工的，按照第 7.5.1 项〔因发包人原因导致工期延误〕约定办理。

7.8.6　暂停施工持续 56 天以上

监理人发出暂停施工指示后 56 天内未向承包人发出复工通知，除该项停工属于第 7.8.2 项〔承包人原因引起的暂停施工〕及第 17 条〔不可抗力〕约定的情形外，承包人可向发包人提交书面通知，要求发包人在收到书面通知后 28 天内准许已暂停施工的部分或全部工程继续施工。发包人逾期不予批准的，则承包人可以通知发包人，将工程受影响的部分视为按第 10.1 款〔变更的范围〕第（2）项的可取消工作。

暂停施工持续 84 天以上不复工的，且不属于第 7.8.2 项〔承包人原因引起的暂停施工〕及第 17 条〔不可抗力〕约定的情形，并影响到整个工程以及合同目的实现的，承包人有权提出价格调整要求，或者解除合同。解除合同的，按照第 16.1.3 项〔因发包人违约解除合同〕执行。

7.8.7　暂停施工期间的工程照管

暂停施工期间，承包人应负责妥善照管工程并提供安全保障，由此增加的费用由责任方承担。

7.8.8　暂停施工的措施

暂停施工期间，发包人和承包人均应采取必要的措施确保工程质量及安全，防止因暂停施工扩大损失。

7.9　提前竣工

7.9.1　发包人要求承包人提前竣工的，发包人应通过监理人向承包人下达提前竣工指示，承包人应向发包人和监理人提交提前竣工建议书，提前竣工建议书应包括实施的方案、缩短的时间、增加的合同价格等内容。发包人接受该提前竣工建议书的，监理人应与发包人和承包人协商采取加快工程进度的措施，并修订施工进度计划，由此增加的费用由发包人承担。承包人认为提前竣工指示无法执行的，应向监理人和发包人提出书面异议，发包人和监理人应在收到异议后 7 天内予以答复。任何情况下，发包人不得压缩合理工期。

7.9.2　发包人要求承包人提前竣工，或承包人提出提前竣工的建议能够给发包人带来效益的，合同当事人可以在专用合同条款中约定提前竣工的奖励。

8. 材料与设备

8.1　发包人供应材料与工程设备

发包人自行供应材料、工程设备的，应在签订合同时在专用合同条款的附件《发包人供应材料设备一览表》中明确材料、工程设备的品种、规格、型号、数量、单价、质量等级和送达地点。

承包人应提前 30 天通过监理人以书面形式通知发包人供应材料与工程设备进场。承包人按照第 7.2.2 项〔施工进度计划的修订〕约定修订施工进度计划时，需同时提交经修订后的发包人供应材料与工程设备的进场计划。

8.2　承包人采购材料与工程设备

承包人负责采购材料、工程设备的，应按照设计和有关标准要求采购，并提供产品合格证明及出厂证明，对材料、工程设备质量负责。合同约定由承包人采购的材料、工程设备，发包人不得指定生产厂家或供应商，发包人违反本款约定指定生产厂家或供应商的，承包人有权拒绝，并由发包人承担相应责任。

8.3　材料与工程设备的接收与拒收

8.3.1　发包人应按《发包人供应材料设备一览表》约定的内容提供材料和工程设备，并向承包人提供产品合格证明及出厂证明，对其质量负责。发包人应提前 24 小时以书面形式通知承包人、监理人材料和工程设备到货时间，承包人负责材料和工程设备的清点、检验和接收。

发包人提供的材料和工程设备的规格、数量或质量不符合合同约定的，或因发包人原因导致交货日期延误或交货地点变更等情况的，按照第 16.1 款〔发包人违约〕约定办理。

8.3.2　承包人采购的材料和工程设备，应保证产品质量合格，承包人应在材料和工程设备到货前 24 小时通知监理人检验。承包人进行永久设备、材料的制造和生产的，应符合相关质量标准，并向监理人提交材料的样本以及有关资料，并应在使用该材料或工程设备之前获得监理人同意。

承包人采购的材料和工程设备不符合设计或有关标准要求时，承包人应在监理人要求的合理期限内将不符合设计或有关标准要求的材料、工程设备运出施工现场，并重新采购符合要求的材料、工程设备，由此增加的费用和（或）延误的工期，由承包人承担。

8.4　材料与工程设备的保管与使用

8.4.1　发包人供应材料与工程设备的保管与使用

发包人供应的材料和工程设备，承包人清点后由承包人妥善保管，保管费用由发包人承担，但已标价工程量清单或预算书已经列支或专用合同条款另有约定除外。因承包人原因发生丢失毁损的，由承包人负责赔偿；监理人未通知承包人清点的，承包人不负责材料和工程设备的保管，由此导致丢失毁损的由发包人负责。

发包人供应的材料和工程设备使用前，由承包人负责检验，检验费用由发包人承担，不合格的不得使用。

8.4.2　承包人采购材料与工程设备的保管与使用

承包人采购的材料和工程设备由承包人妥善保管，保管费用由承包人承担。法律规定材料和工程设备使用前必须进行检验或试验的，承包人应按监理人的要求进行检验或试验，检验或试验费用由承包人承担，不合格的不得使用。

发包人或监理人发现承包人使用不符合设计或有关标准要求的材料和工程设备时，有权要求承包人进行修复、拆除或重新采购，由此增加的费用和（或）延误的工期，由承包人承担。

8.5 禁止使用不合格的材料和工程设备

8.5.1 监理人有权拒绝承包人提供的不合格材料或工程设备，并要求承包人立即进行更换。监理人应在更换后再次进行检查和检验，由此增加的费用和（或）延误的工期由承包人承担。

8.5.2 监理人发现承包人使用了不合格的材料和工程设备，承包人应按照监理人的指示立即改正，并禁止在工程中继续使用不合格的材料和工程设备。

8.5.3 发包人提供的材料或工程设备不符合合同要求的，承包人有权拒绝，并可要求发包人更换，由此增加的费用和（或）延误的工期由发包人承担，并支付承包人合理的利润。

8.6 样品

8.6.1 样品的报送与封存

需要承包人报送样品的材料或工程设备，样品的种类、名称、规格、数量等要求均应在专用合同条款中约定。样品的报送程序如下：

（1）承包人应在计划采购前 28 天向监理人报送样品。承包人报送的样品均应来自供应材料的实际生产地，且提供的样品的规格、数量足以表明材料或工程设备的质量、型号、颜色、表面处理、质地、误差和其他要求的特征。

（2）承包人每次报送样品时应随附申报单，申报单应载明报送样品的相关数据和资料，并标明每件样品对应的图纸号，预留监理人批复意见栏。监理人应在收到承包人报送的样品后 7 天向承包人回复经发包人签认的样品审批意见。

（3）经发包人和监理人审批确认的样品应按约定的方法封样，封存的样品作为检验工程相关部分的标准之一。承包人在施工过程中不得使用与样品不符的材料或工程设备。

（4）发包人和监理人对样品的审批确认仅为确认相关材料或工程设备的特征或用途，不得被理解为对合同的修改或改变，也并不减轻或免除承包人任何的责任和义务。如果封存的样品修改或改变了合同约定，合同当事人应当以书面协议予以确认。

8.6.2 样品的保管

经批准的样品应由监理人负责封存于现场，承包人应在现场为保存样品提供适当和固定的场所并保持适当和良好的存储环境条件。

8.7 材料与工程设备的替代

8.7.1 出现下列情况需要使用替代材料和工程设备的，承包人应按照第 8.7.2 项约定的程序执行：

（1）基准日期后生效的法律规定禁止使用的；

（2）发包人要求使用替代品的；

（3）因其他原因必须使用替代品的。

8.7.2 承包人应在使用替代材料和工程设备28天前书面通知监理人，并附下列文件：

（1）被替代的材料和工程设备的名称、数量、规格、型号、品牌、性能、价格及其他相关资料；

（2）替代品的名称、数量、规格、型号、品牌、性能、价格及其他相关资料；

（3）替代品与被替代产品之间的差异以及使用替代品可能对工程产生的影响；

（4）替代品与被替代产品的价格差异；

（5）使用替代品的理由和原因说明；

（6）监理人要求的其他文件。

监理人应在收到通知后14天内向承包人发出经发包人签认的书面指示；监理人逾期发出书面指示的，视为发包人和监理人同意使用替代品。

8.7.3 发包人认可使用替代材料和工程设备的，替代材料和工程设备的价格，按照已标价工程量清单或预算书相同项目的价格认定；无相同项目的，参考相似项目价格认定；既无相同项目也无相似项目的，按照合理的成本与利润构成的原则，由合同当事人按照第4.4款〔商定或确定〕确定价格。

8.8　施工设备和临时设施

8.8.1　承包人提供的施工设备和临时设施

承包人应按合同进度计划的要求，及时配置施工设备和修建临时设施。进入施工场地的承包人设备需经监理人核查后才能投入使用。承包人更换合同约定的承包人设备的，应报监理人批准。

除专用合同条款另有约定外，承包人应自行承担修建临时设施的费用，需要临时占地的，应由发包人办理申请手续并承担相应费用。

8.8.2　发包人提供的施工设备和临时设施

发包人提供的施工设备或临时设施在专用合同条款中约定。

8.8.3　要求承包人增加或更换施工设备

承包人使用的施工设备不能满足合同进度计划和（或）质量要求时，监理人有权要求承包人增加或更换施工设备，承包人应及时增加或更换，由此增加的费用和（或）延误的工期由承包人承担。

8.9　材料与设备专用要求

承包人运入施工现场的材料、工程设备、施工设备以及在施工场地建设的临时设施，包括备品备件、安装工具与资料，必须专用于工程。未经发包人批准，承包人不得运出施工现场或挪作他用；经发包人批准，承包人可以根据施工进度计划撤走闲置的施工设备和其他物品。

9. 试验与检验

9.1　试验设备与试验人员

9.1.1　承包人根据合同约定或监理人指示进行的现场材料试验，应由承包人提供试验场所、试验人员、试验设备以及其他必要的试验条件。监理人在必要时可以使用承包人提供的试验场所、试验设备以及其他试验条件，进行以工程质量检查为目的的材料复核试验，承包人应予以协助。

9.1.2　承包人应按专用合同条款的约定提供试验设备、取样装置、试验场所和试验条件，并向监理人提交相应进场计划表。

承包人配置的试验设备要符合相应试验规程的要求并经过具有资质的检测单位检测，且在正式使用该试验设备前，需要经过监理人与承包人共同校定。

9.1.3　承包人应向监理人提交试验人员的名单及其岗位、资格等证明资料，试验人员必须能够熟练进行相应的检测试验，承包人对试验人员的试验程序和试验结果的正确性负责。

9.2　取样

试验属于自检性质的，承包人可以单独取样。试验属于监理人抽检性质的，可由监理人取样，也可由承包人的试验人员在监理人的监督下取样。

9.3　材料、工程设备和工程的试验和检验

9.3.1　承包人应按合同约定进行材料、工程设备和工程的试验和检验，并为监理人对上述材料、工程设备和工程的质量检查提供必要的试验资料和原始记录。按合同约定应由监理人与承包人共同进行试验和检验的，由承包人负责提供必要的试验资料和原始记录。

9.3.2　试验属于自检性质的，承包人可以单独进行试验。试验属于监理人抽检性质的，监理人可以单独进行试验，也可由承包人与监理人共同进行。承包人对由监理人单独进行的试验结果有异议的，可以申请重新共同进行试验。约定共同进行试验的，监理人未按照约定参加试验的，承包人可自行试验，并将试验结果报送监理人，监理人应承认该试验结果。

9.3.3　监理人对承包人的试验和检验结果有异议的，或为查清承包人试验和检验成果的可靠性要求承包人重新试验和检验的，可由监理人与承包人共同进行。重新试验和检验的结果证明该项材料、工程设备或工程的质量不符合合同要求的，由此增加的费用和（或）延误的工期由承包人承担；重新试验和检验结果证明该项材料、工程设备和工程符合合同要求的，由此增加的费用和（或）延误的工期由发包人承担。

9.4　现场工艺试验

承包人应按合同约定或监理人指示进行现场工艺试验。对大型的现场工艺试验，监理人认为必要时，承包人应根据监理人提出的工艺试验要求，编制工艺试验措施计划，报送监理人审查。

10. 变更

10.1　变更的范围

除专用合同条款另有约定外，合同履行过程中发生以下情形的，应按照本条约定进行变更：

（1）增加或减少合同中任何工作，或追加额外的工作；

（2）取消合同中任何工作，但转由他人实施的工作除外；

（3）改变合同中任何工作的质量标准或其他特性；

（4）改变工程的基线、标高、位置和尺寸；

（5）改变工程的时间安排或实施顺序。

10.2　变更权

发包人和监理人均可以提出变更。变更指示均通过监理人发出，监理人发出变更指示前应征得发包人同意。承包人收到经发包人签认的变更指示后，方可实施变更。未经许可，承包人不得擅自对工程的任何部分进行变更。

涉及设计变更的，应由设计人提供变更后的图纸和说明。如变更超过原设计标准或批准的建设规模时，发包人应及时办理规划、设计变更等审批手续。

10.3　变更程序

10.3.1　发包人提出变更

发包人提出变更的，应通过监理人向承包人发出变更指示，变更指示应说明计划变更的工程范围和变更的内容。

10.3.2　监理人提出变更建议

监理人提出变更建议的，需要向发包人以书面形式提出变更计划，说明计划变更工程范围和变更的内容、理由，以及实施该变更对合同价格和工期的影响。发包人同意变更的，由监理人向承包人发出变更指示。发包人不同意变更的，监理人无权擅自发出变更指示。

10.3.3　变更执行

承包人收到监理人下达的变更指示后，认为不能执行，应立即提出不能执行该变更指示的理由。承包人认为可以执行变更的，应当书面说明实施该变更指示对合同价格和工期的影响，且合同当事人应当按照第 10.4 款〔变更估价〕约定确定变更估价。

10.4　变更估价

10.4.1　变更估价原则

除专用合同条款另有约定外，变更估价按照本款约定处理：

（1）已标价工程量清单或预算书有相同项目的，按照相同项目单价认定；

（2）已标价工程量清单或预算书中无相同项目，但有类似项目的，参照类似项目的单价认定；

（3）变更导致实际完成的变更工程量与已标价工程量清单或预算书中列明的该项目工程量的变化幅度超过 15%的，或已标价工程量清单或预算书中无相同项目及类似项目单价的，按照合理的成本与利润构成的原则，由合同当事人按照第 4.4 款〔商定或确定〕确定变更工作的单价。

10.4.2　变更估价程序

承包人应在收到变更指示后 14 天内，向监理人提交变更估价申请。监理人应在收到承包人提交的变更估价申请后 7 天内审查完毕并报送发包人，监理人对变更估价申请有异议，通知承包人修改后重新提交。发包人应在承包人提交变更估价申请后 14 天内审批完毕。发包人逾期未完成审批或未提出异议的，视为认可承包人提交的变更估价申请。

因变更引起的价格调整应计入最近一期的进度款中支付。

10.5　承包人的合理化建议

承包人提出合理化建议的，应向监理人提交合理化建议说明，说明建议的内容和理由，以及实施该建议对合同价格和工期的影响。

除专用合同条款另有约定外，监理人应在收到承包人提交的合理化建议后 7 天内审查完毕并报送发包人，发现其中存在技术上的缺陷，应通知承包人修改。发包人应在收到监理人报送的合理化建议后 7 天内审批完毕。合理化建议经发包人批准的，监理人应及时发出变更指示，由此引起的合同价格调整按照第 10.4 款〔变更估价〕约定执行。发包人不同意变更的，监理人应书面通知承包人。

合理化建议降低了合同价格或者提高了工程经济效益的，发包人可对承包人给予奖励，奖励的方法和金额在专用合同条款中约定。

10.6　变更引起的工期调整

因变更引起工期变化的，合同当事人均可要求调整合同工期，由合同当事人按照第 4.4 款〔商定或确定〕并参考工程所在地的工期定额标准确定增减工期天数。

10.7　暂估价

暂估价专业分包工程、服务、材料和工程设备的明细由合同当事人在专用合同条款中约定。

10.7.1　依法必须招标的暂估价项目

对于依法必须招标的暂估价项目，采取以下第1种方式确定。合同当事人也可以在专用合同条款中选择其他招标方式。

第1种方式：对于依法必须招标的暂估价项目，由承包人招标，对该暂估价项目的确认和批准按照以下约定执行：

（1）承包人应当根据施工进度计划，在招标工作启动前14天将招标方案通过监理人报送发包人审查，发包人应当在收到承包人报送的招标方案后7天内批准或提出修改意见。承包人应当按照经过发包人批准的招标方案开展招标工作；

（2）承包人应当根据施工进度计划，提前14天将招标文件通过监理人报送发包人审批，发包人应当在收到承包人报送的相关文件后7天内完成审批或提出修改意见；发包人有权确定招标控制价并按照法律规定参加评标；

（3）承包人与供应商、分包人在签订暂估价合同前，应当提前7天将确定的中标候选供应商或中标候选分包人的资料报送发包人，发包人应在收到资料后3天内与承包人共同确定中标人；承包人应当在签订合同后7天内，将暂估价合同副本报送发包人留存。

第2种方式：对于依法必须招标的暂估价项目，由发包人和承包人共同招标确定暂估价供应商或分包人的，承包人应按照施工进度计划，在招标工作启动前14天通知发包人，并提交暂估价招标方案和工作分工。发包人应在收到后7天内确认。确定中标人后，由发包人、承包人与中标人共同签订暂估价合同。

10.7.2　不属于依法必须招标的暂估价项目

除专用合同条款另有约定外，对于不属于依法必须招标的暂估价项目，采取以下第1种方式确定：

第1种方式：对于不属于依法必须招标的暂估价项目，按本项约定确认和批准：

（1）承包人应根据施工进度计划，在签订暂估价项目的采购合同、分包合同前28天向监理人提出书面申请。监理人应当在收到申请后3天内报送发包人，发包人应当在收到申请后14天内给予批准或提出修改意见，发包人逾期未予批准或提出修改意见的，视为该书面申请已获得同意；

（2）发包人认为承包人确定的供应商、分包人无法满足工程质量或合同要求的，发包人可以要求承包人重新确定暂估价项目的供应商、分包人；

（3）承包人应当在签订暂估价合同后7天内，将暂估价合同副本报送发包人留存。

第2种方式：承包人按照第10.7.1项〔依法必须招标的暂估价项目〕约定的第1种方式确定暂估价项目。

第3种方式：承包人直接实施的暂估价项目

承包人具备实施暂估价项目的资格和条件的，经发包人和承包人协商一致后，可由承包人自行实施暂估价项目，合同当事人可以在专用合同条款约定具体事项。

10.7.3　因发包人原因导致暂估价合同订立和履行迟延的，由此增加的费用和（或）延误的工期由发包人承担，并支付承包人合理的利润。因承包人原因导致暂估价合同订立和履行迟延的，由此增加的费用和（或）延误的工期由承包人承担。

10.8　暂列金额

暂列金额应按照发包人的要求使用，发包人的要求应通过监理人发出。合同当事人可以在专用合同条款中协商确定有关事项。

10.9　计日工

需要采用计日工方式的，经发包人同意后，由监理人通知承包人以计日工计价方式实施相应的工作，其价款按列入已标价工程量清单或预算书中的计日工计价项目及其单价进行计算；已标价工程量清单或预算书中无相应的计日工单价的，按照合理的成本与利润构成的原则，由合同当事人按照第 4.4 款〔商定或确定〕确定计日工的单价。

采用计日工计价的任何一项工作，承包人应在该项工作实施过程中，每天提交以下报表和有关凭证报送监理人审查：

（1）工作名称、内容和数量；

（2）投入该工作的所有人员的姓名、专业、工种、级别和耗用工时；

（3）投入该工作的材料类别和数量；

（4）投入该工作的施工设备型号、台数和耗用台时；

（5）其他有关资料和凭证。

计日工由承包人汇总后，列入最近一期进度付款申请单，由监理人审查并经发包人批准后列入进度付款。

11. 价格调整

11.1　市场价格波动引起的调整

除专用合同条款另有约定外，市场价格波动超过合同当事人约定的范围，合同价格应当调整。合同当事人可以在专用合同条款中约定选择以下一种方式对合同价格进行调整：

第 1 种方式：采用价格指数进行价格调整。

（1）价格调整公式

因人工、材料和设备等价格波动影响合同价格时，根据专用合同条款中约定的数据，按以下公式计算差额并调整合同价格：

$$\Delta P = P_0\left[A + \left(B_1 \times \frac{F_{t1}}{F_{01}} + B_2 \times \frac{F_{t2}}{F_{02}} + B_3 \times \frac{F_{t3}}{F_{03}} + \cdots + B_n \times \frac{F_{tn}}{F_{0n}}\right) - 1\right]$$

公式中：　ΔP——需调整的价格差额；

P_0——约定的付款证书中承包人应得到的已完成工程量的金额。此项金额应不包括价格调整、不计质量保证金的扣留和支付、预付款的支付和扣回。约定的变更及其他金额已按现行价格计价的，也不计在内；

A——定值权重（即不调部分的权重）；

B_1；B_2；B_3……B_n——各可调因子的变值权重（即可调部分的权重），为各可调因子在签约合同价中所占的比例；

F_{t1}；F_{t2}；F_{t3}……F_{tn}——各可调因子的现行价格指数，指约定的付款证书相关周期最后一天的前42天的各可调因子的价格指数；

F_{01}；F_{02}；F_{03}……F_{0n}——各可调因子的基本价格指数，指基准日期的各可调因子的价格指数。

以上价格调整公式中的各可调因子、定值和变值权重，以及基本价格指数及其来源在投标函附录价格指数和权重表中约定，非招标订立的合同，由合同当事人在专用合同条款中约定。价格指数应首先采用工程造价管理机构发布的价格指数，无前述价格指数时，可采用工程造价管理机构发布的价格代替。

(2) 暂时确定调整差额

在计算调整差额时无现行价格指数的，合同当事人同意暂用前次价格指数计算。实际价格指数有调整的，合同当事人进行相应调整。

(3) 权重的调整

因变更导致合同约定的权重不合理时，按照第4.4款〔商定或确定〕执行。

(4) 因承包人原因工期延误后的价格调整

因承包人原因未按期竣工的，对合同约定的竣工日期后继续施工的工程，在使用价格调整公式时，应采用计划竣工日期与实际竣工日期的两个价格指数中较低的一个作为现行价格指数。

第2种方式：采用造价信息进行价格调整。

合同履行期间，因人工、材料、工程设备和机械台班价格波动影响合同价格时，人工、机械使用费按照国家或省、自治区、直辖市建设行政管理部门、行业建设管理部门或其授权的工程造价管理机构发布的人工、机械使用费系数进行调整；需要进行价格调整的材料，其单价和采购数量应由发包人审批，发包人确认需调整的材料单价及数量，作为调整合同价格的依据。

(1) 人工单价发生变化且符合省级或行业建设主管部门发布的人工费调整规定，合同当事人应按省级或行业建设主管部门或其授权的工程造价管理机构发布的人工费等文件调整合同价格，但承包人对人工费或人工单价的报价高于发布价格的除外。

(2) 材料、工程设备价格变化的价款调整按照发包人提供的基准价格，按以下风险范围规定执行：

① 承包人在已标价工程量清单或预算书中载明材料单价低于基准价格的：除专用合同条款另有约定外，合同履行期间材料单价涨幅以基准价格为基础超过5%时，或材料单价跌幅以在已标价工程量清单或预算书中载明材料单价为基础超过5%时，其超过部分据实调整。

② 承包人在已标价工程量清单或预算书中载明材料单价高于基准价格的：除专用合同条款另有约定外，合同履行期间材料单价跌幅以基准价格为基础超过5%时，材料单价涨幅以在已标价工程量清单或预算书中载明材料单价为基础超过5%时，其超过部分据实调整。

③ 承包人在已标价工程量清单或预算书中载明材料单价等于基准价格的：除专用合

同条款另有约定外，合同履行期间材料单价涨跌幅以基准价格为基础超过±5%时，其超过部分据实调整。

④ 承包人应在采购材料前将采购数量和新的材料单价报发包人核对，发包人确认用于工程时，发包人应确认采购材料的数量和单价。发包人在收到承包人报送的确认资料后5天内不予答复的视为认可，作为调整合同价格的依据。未经发包人事先核对，承包人自行采购材料的，发包人有权不予调整合同价格。发包人同意的，可以调整合同价格。

前述基准价格是指由发包人在招标文件或专用合同条款中给定的材料、工程设备的价格，该价格原则上应当按照省级或行业建设主管部门或其授权的工程造价管理机构发布的信息价编制。

(3) 施工机械台班单价或施工机械使用费发生变化超过省级或行业建设主管部门或其授权的工程造价管理机构规定的范围时，按规定调整合同价格。

第3种方式：专用合同条款约定的其他方式。

11.2 法律变化引起的调整

基准日期后，法律变化导致承包人在合同履行过程中所需要的费用发生除第11.1款〔市场价格波动引起的调整〕约定以外的增加时，由发包人承担由此增加的费用；减少时，应从合同价格中予以扣减。基准日期后，因法律变化造成工期延误时，工期应予以顺延。

因法律变化引起的合同价格和工期调整，合同当事人无法达成一致的，由总监理工程师按第4.4款〔商定或确定〕的约定处理。

因承包人原因造成工期延误，在工期延误期间出现法律变化的，由此增加的费用和（或）延误的工期由承包人承担。

12. 合同价格、计量与支付

12.1 合同价格形式

发包人和承包人应在合同协议书中选择下列一种合同价格形式：

1. 单价合同

单价合同是指合同当事人约定以工程量清单及其综合单价进行合同价格计算、调整和确认的建设工程施工合同，在约定的范围内合同单价不作调整。合同当事人应在专用合同条款中约定综合单价包含的风险范围和风险费用的计算方法，并约定风险范围以外的合同价格的调整方法，其中因市场价格波动引起的调整按第11.1款〔市场价格波动引起的调整〕约定执行。

2. 总价合同

总价合同是指合同当事人约定以施工图、已标价工程量清单或预算书及有关条件进行合同价格计算、调整和确认的建设工程施工合同，在约定的范围内合同总价不作调整。合同当事人应在专用合同条款中约定总价包含的风险范围和风险费用的计算方法，并约定风险范围以外的合同价格的调整方法，其中因市场价格波动引起的调整按第11.1款〔市场价格波动引起的调整〕、因法律变化引起的调整按第11.2款〔法律变化引起的调整〕约定执行。

3. 其他价格形式

合同当事人可在专用合同条款中约定其他合同价格形式。

12.2　预付款

12.2.1　预付款的支付

预付款的支付按照专用合同条款约定执行，但至迟应在开工通知载明的开工日期7天前支付。预付款应当用于材料、工程设备、施工设备的采购及修建临时工程、组织施工队伍进场等。

除专用合同条款另有约定外，预付款在进度付款中同比例扣回。在颁发工程接收证书前，提前解除合同的，尚未扣完的预付款应与合同价款一并结算。

发包人逾期支付预付款超过7天的，承包人有权向发包人发出要求预付的催告通知，发包人收到通知后7天内仍未支付的，承包人有权暂停施工，并按第16.1.1项〔发包人违约的情形〕执行。

12.2.2　预付款担保

发包人要求承包人提供预付款担保的，承包人应在发包人支付预付款7天前提供预付款担保，专用合同条款另有约定除外。预付款担保可采用银行保函、担保公司担保等形式，具体由合同当事人在专用合同条款中约定。在预付款完全扣回之前，承包人应保证预付款担保持续有效。

发包人在工程款中逐期扣回预付款后，预付款担保额度应相应减少，但剩余的预付款担保金额不得低于未被扣回的预付款金额。

12.3　计量

12.3.1　计量原则

工程量计量按照合同约定的工程量计算规则、图纸及变更指示等进行计量。工程量计算规则应以相关的国家标准、行业标准等为依据，由合同当事人在专用合同条款中约定。

12.3.2　计量周期

除专用合同条款另有约定外，工程量的计量按月进行。

12.3.3　单价合同的计量

除专用合同条款另有约定外，单价合同的计量按照本项约定执行：

（1）承包人应于每月25日向监理人报送上月20日至当月19日已完成的工程量报告，并附具进度付款申请单、已完成工程量报表和有关资料。

（2）监理人应在收到承包人提交的工程量报告后7天内完成对承包人提交的工程量报表的审核并报送发包人，以确定当月实际完成的工程量。监理人对工程量有异议的，有权要求承包人进行共同复核或抽样复测。承包人应协助监理人进行复核或抽样复测，并按监理人要求提供补充计量资料。承包人未按监理人要求参加复核或抽样复测的，监理人复核或修正的工程量视为承包人实际完成的工程量。

（3）监理人未在收到承包人提交的工程量报表后的7天内完成审核的，承包人报送的工程量报告中的工程量视为承包人实际完成的工程量，据此计算工程价款。

12.3.4　总价合同的计量

除专用合同条款另有约定外，按月计量支付的总价合同，按照本项约定执行：

（1）承包人应于每月25日向监理人报送上月20日至当月19日已完成的工程量报告，并附具进度付款申请单、已完成工程量报表和有关资料。

（2）监理人应在收到承包人提交的工程量报告后7天内完成对承包人提交的工程量报表的审核并报送发包人，以确定当月实际完成的工程量。监理人对工程量有异议的，有权要求承包人进行共同复核或抽样复测。承包人应协助监理人进行复核或抽样复测并按监理人要求提供补充计量资料。承包人未按监理人要求参加复核或抽样复测的，监理人审核或修正的工程量视为承包人实际完成的工程量。

（3）监理人未在收到承包人提交的工程量报表后的7天内完成复核的，承包人提交的工程量报告中的工程量视为承包人实际完成的工程量。

12.3.5　总价合同采用支付分解表计量支付的，可以按照第12.3.4项〔总价合同的计量〕约定进行计量，但合同价款按照支付分解表进行支付。

12.3.6　其他价格形式合同的计量

合同当事人可在专用合同条款中约定其他价格形式合同的计量方式和程序。

12.4　工程进度款支付

12.4.1　付款周期

除专用合同条款另有约定外，付款周期应按照第12.3.2项〔计量周期〕的约定与计量周期保持一致。

12.4.2　进度付款申请单的编制

除专用合同条款另有约定外，进度付款申请单应包括下列内容：

（1）截至本次付款周期已完成工作对应的金额；

（2）根据第10条〔变更〕应增加和扣减的变更金额；

（3）根据第12.2款〔预付款〕约定应支付的预付款和扣减的返还预付款；

（4）根据第15.3款〔质量保证金〕约定应扣减的质量保证金；

（5）根据第19条〔索赔〕应增加和扣减的索赔金额；

（6）对已签发的进度款支付证书中出现错误的修正，应在本次进度付款中支付或扣除的金额；

（7）根据合同约定应增加和扣减的其他金额。

12.4.3　进度付款申请单的提交

（1）单价合同进度付款申请单的提交

单价合同的进度付款申请单，按照第12.3.3项〔单价合同的计量〕约定的时间按月向监理人提交，并附上已完成工程量报表和有关资料。单价合同中的总价项目按月进行支付分解，并汇总列入当期进度付款申请单。

（2）总价合同进度付款申请单的提交

总价合同按月计量支付的，承包人按照第 12.3.4 项〔总价合同的计量〕约定的时间按月向监理人提交进度付款申请单，并附上已完成工程量报表和有关资料。

总价合同按支付分解表支付的，承包人应按照第 12.4.6 项〔支付分解表〕及第 12.4.2 项〔进度付款申请单的编制〕的约定向监理人提交进度付款申请单。

（3）其他价格形式合同的进度付款申请单的提交

合同当事人可在专用合同条款中约定其他价格形式合同的进度付款申请单的编制和提交程序。

12.4.4　进度款审核和支付

（1）除专用合同条款另有约定外，监理人应在收到承包人进度付款申请单以及相关资料后 7 天内完成审查并报送发包人，发包人应在收到后 7 天内完成审批并签发进度款支付证书。发包人逾期未完成审批且未提出异议的，视为已签发进度款支付证书。

发包人和监理人对承包人的进度付款申请单有异议的，有权要求承包人修正和提供补充资料，承包人应提交修正后的进度付款申请单。监理人应在收到承包人修正后的进度付款申请单及相关资料后 7 天内完成审查并报送发包人，发包人应在收到监理人报送的进度付款申请单及相关资料后 7 天内，向承包人签发无异议部分的临时进度款支付证书。存在争议的部分，按照第 20 条〔争议解决〕的约定处理。

（2）除专用合同条款另有约定外，发包人应在进度款支付证书或临时进度款支付证书签发后 14 天内完成支付，发包人逾期支付进度款的，应按照中国人民银行发布的同期同类贷款基准利率支付违约金。

（3）发包人签发进度款支付证书或临时进度款支付证书，不表明发包人已同意、批准或接受了承包人完成的相应部分的工作。

12.4.5　进度付款的修正

在对已签发的进度款支付证书进行阶段汇总和复核中发现错误、遗漏或重复的，发包人和承包人均有权提出修正申请。经发包人和承包人同意的修正，应在下期进度付款中支付或扣除。

12.4.6　支付分解表

1. 支付分解表的编制要求

（1）支付分解表中所列的每期付款金额，应为第 12.4.2 项〔进度付款申请单的编制〕第（1）目的估算金额；

（2）实际进度与施工进度计划不一致的，合同当事人可按照第 4.4 款〔商定或确定〕修改支付分解表；

（3）不采用支付分解表的，承包人应向发包人和监理人提交按季度编制的支付估算分解表，用于支付参考。

2. 总价合同支付分解表的编制与审批

（1）除专用合同条款另有约定外，承包人应根据第7.2款〔施工进度计划〕约定的施工进度计划、签约合同价和工程量等因素对总价合同按月进行分解，编制支付分解表。承包人应当在收到监理人和发包人批准的施工进度计划后7天内，将支付分解表及编制支付分解表的支持性资料报送监理人。

（2）监理人应在收到支付分解表后7天内完成审核并报送发包人。发包人应在收到经监理人审核的支付分解表后7天内完成审批，经发包人批准的支付分解表为有约束力的支付分解表。

（3）发包人逾期未完成支付分解表审批的，也未及时要求承包人进行修正和提供补充资料的，则承包人提交的支付分解表视为已经获得发包人批准。

3. 单价合同的总价项目支付分解表的编制与审批

除专用合同条款另有约定外，单价合同的总价项目，由承包人根据施工进度计划和总价项目的总价构成、费用性质、计划发生时间和相应工程量等因素按月进行分解，形成支付分解表，其编制与审批参照总价合同支付分解表的编制与审批执行。

12.5 支付账户

发包人应将合同价款支付至合同协议书中约定的承包人账户。

13. 验收和工程试车

13.1 分部分项工程验收

13.1.1 分部分项工程质量应符合国家有关工程施工验收规范、标准及合同约定，承包人应按照施工组织设计的要求完成分部分项工程施工。

13.1.2 除专用合同条款另有约定外，分部分项工程经承包人自检合格并具备验收条件的，承包人应提前48小时通知监理人进行验收。监理人不能按时进行验收的，应在验收前24小时向承包人提交书面延期要求，但延期不能超过48小时。监理人未按时进行验收，也未提出延期要求的，承包人有权自行验收，监理人应认可验收结果。分部分项工程未经验收的，不得进入下一道工序施工。

分部分项工程的验收资料应当作为竣工资料的组成部分。

13.2 竣工验收

13.2.1 竣工验收条件

工程具备以下条件的，承包人可以申请竣工验收：

（1）除发包人同意的甩项工作和缺陷修补工作外，合同范围内的全部工程以及有关工作，包括合同要求的试验、试运行以及检验均已完成，并符合合同要求；

（2）已按合同约定编制了甩项工作和缺陷修补工作清单以及相应的施工计划；

（3）已按合同约定的内容和份数备齐竣工资料。

13.2.2　竣工验收程序

除专用合同条款另有约定外，承包人申请竣工验收的，应当按照以下程序进行：

（1）承包人向监理人报送竣工验收申请报告，监理人应在收到竣工验收申请报告后14天内完成审查并报送发包人。监理人审查后认为尚不具备验收条件的，应通知承包人在竣工验收前承包人还需完成的工作内容，承包人应在完成监理人通知的全部工作内容后，再次提交竣工验收申请报告。

（2）监理人审查后认为已具备竣工验收条件的，应将竣工验收申请报告提交发包人，发包人应在收到经监理人审核的竣工验收申请报告后28天内审批完毕并组织监理人、承包人、设计人等相关单位完成竣工验收。

（3）竣工验收合格的，发包人应在验收合格后14天内向承包人签发工程接收证书。发包人无正当理由逾期不颁发工程接收证书的，自验收合格后第15天起视为已颁发工程接收证书。

（4）竣工验收不合格的，监理人应按照验收意见发出指示，要求承包人对不合格工程返工、修复或采取其他补救措施，由此增加的费用和（或）延误的工期由承包人承担。承包人在完成不合格工程的返工、修复或采取其他补救措施后，应重新提交竣工验收申请报告，并按本项约定的程序重新进行验收。

（5）工程未经验收或验收不合格，发包人擅自使用的，应在转移占有工程后7天内向承包人颁发工程接收证书；发包人无正当理由逾期不颁发工程接收证书的，自转移占有后第15天起视为已颁发工程接收证书。

除专用合同条款另有约定外，发包人不按照本项约定组织竣工验收、颁发工程接收证书的，每逾期一天，应以签约合同价为基数，按照中国人民银行发布的同期同类贷款基准利率支付违约金。

13.2.3　竣工日期

工程经竣工验收合格的，以承包人提交竣工验收申请报告之日为实际竣工日期，并在工程接收证书中载明；因发包人原因，未在监理人收到承包人提交的竣工验收申请报告42天内完成竣工验收，或完成竣工验收不予签发工程接收证书的，以提交竣工验收申请报告的日期为实际竣工日期；工程未经竣工验收，发包人擅自使用的，以转移占有工程之日为实际竣工日期。

13.2.4　拒绝接收全部或部分工程

对于竣工验收不合格的工程，承包人完成整改后，应当重新进行竣工验收，经重新组织验收仍不合格的且无法采取措施补救的，则发包人可以拒绝接收不合格工程，因不合格工程导致其他工程不能正常使用的，承包人应采取措施确保相关工程的正常使用，由此增加的费用和（或）延误的工期由承包人承担。

13.2.5　移交、接收全部与部分工程

除专用合同条款另有约定外，合同当事人应当在颁发工程接收证书后7天内完成工程

的移交。

发包人无正当理由不接收工程的，发包人自应当接收工程之日起，承担工程照管、成品保护、保管等与工程有关的各项费用，合同当事人可以在专用合同条款中另行约定发包人逾期接收工程的违约责任。

承包人无正当理由不移交工程的，承包人应承担工程照管、成品保护、保管等与工程有关的各项费用，合同当事人可以在专用合同条款中另行约定承包人无正当理由不移交工程的违约责任。

13.3 工程试车

13.3.1 试车程序

工程需要试车的，除专用合同条款另有约定外，试车内容应与承包人承包范围相一致，试车费用由承包人承担。工程试车应按如下程序进行：

（1）具备单机无负荷试车条件，承包人组织试车，并在试车前 48 小时书面通知监理人，通知中应载明试车内容、时间、地点。承包人准备试车记录，发包人根据承包人要求为试车提供必要条件。试车合格的，监理人在试车记录上签字。监理人在试车合格后不在试车记录上签字，自试车结束满 24 小时后视为监理人已经认可试车记录，承包人可继续施工或办理竣工验收手续。

监理人不能按时参加试车，应在试车前 24 小时以书面形式向承包人提出延期要求，但延期不能超过 48 小时，由此导致工期延误的，工期应予以顺延。监理人未能在前述期限内提出延期要求，又不参加试车的，视为认可试车记录。

（2）具备无负荷联动试车条件，发包人组织试车，并在试车前 48 小时以书面形式通知承包人。通知中应载明试车内容、时间、地点和对承包人的要求，承包人按要求做好准备工作。试车合格，合同当事人在试车记录上签字。承包人无正当理由不参加试车的，视为认可试车记录。

13.3.2 试车中的责任

因设计原因导致试车达不到验收要求，发包人应要求设计人修改设计，承包人按修改后的设计重新安装。发包人承担修改设计、拆除及重新安装的全部费用，工期相应顺延。因承包人原因导致试车达不到验收要求，承包人按监理人要求重新安装和试车，并承担重新安装和试车的费用，工期不予顺延。

因工程设备制造原因导致试车达不到验收要求的，由采购该工程设备的合同当事人负责重新购置或修理，承包人负责拆除和重新安装，由此增加的修理、重新购置、拆除及重新安装的费用及延误的工期由采购该工程设备的合同当事人承担。

13.3.3 投料试车

如需进行投料试车的，发包人应在工程竣工验收后组织投料试车。发包人要求在工程竣工验收前进行或需要承包人配合时，应征得承包人同意，并在专用合同条款中约定有关事项。

投料试车合格的，费用由发包人承担；因承包人原因造成投料试车不合格的，承包人应按照发包人要求进行整改，由此产生的整改费用由承包人承担；非因承包人原因导致投料试车不合格的，如发包人要求承包人进行整改的，由此产生的费用由发包人承担。

13.4　提前交付单位工程的验收

13.4.1　发包人需要在工程竣工前使用单位工程的，或承包人提出提前交付已经竣工的单位工程且经发包人同意的，可进行单位工程验收，验收的程序按照第13.2款〔竣工验收〕的约定进行。

验收合格后，由监理人向承包人出具经发包人签认的单位工程接收证书。已签发单位工程接收证书的单位工程由发包人负责照管。单位工程的验收成果和结论作为整体工程竣工验收申请报告的附件。

13.4.2　发包人要求在工程竣工前交付单位工程，由此导致承包人费用增加和（或）工期延误的，由发包人承担由此增加的费用和（或）延误的工期，并支付承包人合理的利润。

13.5　施工期运行

13.5.1　施工期运行是指合同工程尚未全部竣工，其中某项或某几项单位工程或工程设备安装已竣工，根据专用合同条款约定，需要投入施工期运行的，经发包人按第13.4款〔提前交付单位工程的验收〕的约定验收合格，证明能确保安全后，才能在施工期投入运行。

13.5.2　在施工期运行中发现工程或工程设备损坏或存在缺陷的，由承包人按第15.2款〔缺陷责任期〕约定进行修复。

13.6　竣工退场

13.6.1　竣工退场

颁发工程接收证书后，承包人应按以下要求对施工现场进行清理：

（1）施工现场内残留的垃圾已全部清除出场；

（2）临时工程已拆除，场地已进行清理、平整或复原；

（3）按合同约定应撤离的人员、承包人施工设备和剩余的材料，包括废弃的施工设备和材料，已按计划撤离施工现场；

（4）施工现场周边及其附近道路、河道的施工堆积物，已全部清理；

（5）施工现场其他场地清理工作已全部完成。

施工现场的竣工退场费用由承包人承担。承包人应在专用合同条款约定的期限内完成竣工退场，逾期未完成的，发包人有权出售或另行处理承包人遗留的物品，由此支出的费用由承包人承担，发包人出售承包人遗留物品所得款项在扣除必要费用后应返还承包人。

13.6.2　地表还原

承包人应按发包人要求恢复临时占地及清理场地，承包人未按发包人的要求恢复临时占地，或者场地清理未达到合同约定要求的，发包人有权委托其他人恢复或清理，所发生的费用由承包人承担。

14. 竣工结算

14.1　竣工结算申请

除专用合同条款另有约定外，承包人应在工程竣工验收合格后28天内向发包人和监理人提交竣工结算申请单，并提交完整的结算资料，有关竣工结算申请单的资料清单和份数等要求由合同当事人在专用合同条款中约定。

除专用合同条款另有约定外，竣工结算申请单应包括以下内容：

（1）竣工结算合同价格；

（2）发包人已支付承包人的款项；

（3）应扣留的质量保证金。已缴纳履约保证金的或提供其他工程质量担保方式的除外；

（4）发包人应支付承包人的合同价款。

14.2　竣工结算审核

（1）除专用合同条款另有约定外，监理人应在收到竣工结算申请单后14天内完成核查并报送发包人。发包人应在收到监理人提交的经审核的竣工结算申请单后14天内完成审批，并由监理人向承包人签发经发包人签认的竣工付款证书。监理人或发包人对竣工结算申请单有异议的，有权要求承包人进行修正和提供补充资料，承包人应提交修正后的竣工结算申请单。

发包人在收到承包人提交竣工结算申请书后28天内未完成审批且未提出异议的，视为发包人认可承包人提交的竣工结算申请单，并自发包人收到承包人提交的竣工结算申请单后第29天起视为已签发竣工付款证书。

（2）除专用合同条款另有约定外，发包人应在签发竣工付款证书后的14天内，完成对承包人的竣工付款。发包人逾期支付的，按照中国人民银行发布的同期同类贷款基准利率支付违约金；逾期支付超过56天的，按照中国人民银行发布的同期同类贷款基准利率的两倍支付违约金。

（3）承包人对发包人签认的竣工付款证书有异议的，对于有异议部分应在收到发包人签认的竣工付款证书后7天内提出异议，并由合同当事人按照专用合同条款约定的方式和程序进行复核，或按照第20条〔争议解决〕约定处理。对于无异议部分，发包人应签发临时竣工付款证书，并按本款第（2）项完成付款。承包人逾期未提出异议的，视为认可发包人的审批结果。

14.3　甩项竣工协议

发包人要求甩项竣工的，合同当事人应签订甩项竣工协议。在甩项竣工协议中应明确，合同当事人按照第14.1款〔竣工结算申请〕及14.2款〔竣工结算审核〕的约定，对已完合格工程进行结算，并支付相应合同价款。

14.4　最终结清

14.4.1　最终结清申请单

（1）除专用合同条款另有约定外，承包人应在缺陷责任期终止证书颁发后 7 天内，按专用合同条款约定的份数向发包人提交最终结清申请单，并提供相关证明材料。

除专用合同条款另有约定外，最终结清申请单应列明质量保证金、应扣除的质量保证金、缺陷责任期内发生的增减费用。

（2）发包人对最终结清申请单内容有异议的，有权要求承包人进行修正和提供补充资料，承包人应向发包人提交修正后的最终结清申请单。

14.4.2　最终结清证书和支付

（1）除专用合同条款另有约定外，发包人应在收到承包人提交的最终结清申请单后 14 天内完成审批并向承包人颁发最终结清证书。发包人逾期未完成审批，又未提出修改意见的，视为发包人同意承包人提交的最终结清申请单，且自发包人收到承包人提交的最终结清申请单后 15 天起视为已颁发最终结清证书。

（2）除专用合同条款另有约定外，发包人应在颁发最终结清证书后 7 天内完成支付。发包人逾期支付的，按照中国人民银行发布的同期同类贷款基准利率支付违约金；逾期支付超过 56 天的，按照中国人民银行发布的同期同类贷款基准利率的两倍支付违约金。

（3）承包人对发包人颁发的最终结清证书有异议的，按第 20 条〔争议解决〕的约定办理。

15. 缺陷责任与保修

15.1　工程保修的原则

在工程移交发包人后，因承包人原因产生的质量缺陷，承包人应承担质量缺陷责任和保修义务。缺陷责任期届满，承包人仍应按合同约定的工程各部位保修年限承担保修义务。

15.2　缺陷责任期

15.2.1　缺陷责任期从工程通过竣工验收之日起计算，合同当事人应在专用合同条款约定缺陷责任期的具体期限，但该期限最长不超过 24 个月。

单位工程先于全部工程进行验收，经验收合格并交付使用的，该单位工程缺陷责任期自单位工程验收合格之日起算。因承包人原因导致工程无法按合同约定期限进行竣工验收的，缺陷责任期从实际通过竣工验收之日起计算。因发包人原因导致工程无法按合同约定期限进行竣工验收的，在承包人提交竣工验收报告 90 天后，工程自动进入缺陷责任期；发包人未经竣工验收擅自使用工程的，缺陷责任期自工程转移占有之日起开始计算。

15.2.2　缺陷责任期内，由承包人原因造成的缺陷，承包人应负责维修，并承担鉴定及维修费用。如承包人不维修也不承担费用，发包人可按合同约定从保证金或银行保函中扣除，费用超出保证金额的，发包人可按合同约定向承包人进行索赔。承包人维修并承担相应费用后，不免除对工程的损失赔偿责任。发包人有权要求承包人延长缺陷责任期，并应在原缺陷责任期届满前发出延长通知。但缺陷责任期（含延长部分）最长不能超过 24 个月。

由他人原因造成的缺陷，发包人负责组织维修，承包人不承担费用，且发包人不得从保证金中扣除费用。

15.2.3 任何一项缺陷或损坏修复后，经检查证明其影响了工程或工程设备的使用性能，承包人应重新进行合同约定的试验和试运行，试验和试运行的全部费用应由责任方承担。

15.2.4 除专用合同条款另有约定外，承包人应于缺陷责任期届满后 7 天内向发包人发出缺陷责任期届满通知，发包人应在收到缺陷责任期满通知后 14 天内核实承包人是否履行缺陷修复义务，承包人未能履行缺陷修复义务的，发包人有权扣除相应金额的维修费用。发包人应在收到缺陷责任期届满通知后 14 天内，向承包人颁发缺陷责任期终止证书。

15.3　质量保证金

经合同当事人协商一致扣留质量保证金的，应在专用合同条款中予以明确。

在工程项目竣工前，承包人已经提供履约担保的，发包人不得同时预留工程质量保证金。

15.3.1　承包人提供质量保证金的方式

承包人提供质量保证金有以下三种方式：

（1）质量保证金保函；

（2）相应比例的工程款；

（3）双方约定的其他方式。

除专用合同条款另有约定外，质量保证金原则上采用上述第（1）种方式。

15.3.2　质量保证金的扣留

质量保证金的扣留有以下三种方式：

（1）在支付工程进度款时逐次扣留，在此情形下，质量保证金的计算基数不包括预付款的支付、扣回以及价格调整的金额；

（2）工程竣工结算时一次性扣留质量保证金；

（3）双方约定的其他扣留方式。

除专用合同条款另有约定外，质量保证金的扣留原则上采用上述第（1）种方式。

发包人累计扣留的质量保证金不得超过工程价款结算总额的 3%。如承包人在发包人签发竣工付款证书后 28 天内提交质量保证金保函，发包人应同时退还扣留的作为质量保证金的工程价款；保函金额不得超过工程价款结算总额的 3%。

发包人在退还质量保证金的同时按照中国人民银行发布的同期同类贷款基准利率支付利息。

15.3.3　质量保证金的退还

缺陷责任期内，承包人认真履行合同约定的责任，到期后，承包人可向发包人申请返还保证金。

发包人在接到承包人返还保证金申请后，应于14天内会同承包人按照合同约定的内容进行核实。如无异议，发包人应当按照约定将保证金返还给承包人。对返还期限没有约定或者约定不明确的，发包人应当在核实后14天内将保证金返还承包人，逾期未返还的，依法承担违约责任。发包人在接到承包人返还保证金申请后14天内不予答复，经催告后14天内仍不予答复，视同认可承包人的返还保证金申请。

发包人和承包人对保证金预留、返还以及工程维修质量、费用有争议的，按本合同第20条约定的争议和纠纷解决程序处理。

15.4　保修

15.4.1　保修责任

工程保修期从工程竣工验收合格之日起算，具体分部分项工程的保修期由合同当事人在专用合同条款中约定，但不得低于法定最低保修年限。在工程保修期内，承包人应当根据有关法律规定以及合同约定承担保修责任。

发包人未经竣工验收擅自使用工程的，保修期自转移占有之日起算。

15.4.2　修复费用

保修期内，修复的费用按照以下约定处理：

（1）保修期内，因承包人原因造成工程的缺陷、损坏，承包人应负责修复，并承担修复的费用以及因工程的缺陷、损坏造成的人身伤害和财产损失；

（2）保修期内，因发包人使用不当造成工程的缺陷、损坏，可以委托承包人修复，但发包人应承担修复的费用，并支付承包人合理利润；

（3）因其他原因造成工程的缺陷、损坏，可以委托承包人修复，发包人应承担修复的费用，并支付承包人合理的利润，因工程的缺陷、损坏造成的人身伤害和财产损失由责任方承担。

15.4.3　修复通知

在保修期内，发包人在使用过程中，发现已接收的工程存在缺陷或损坏的，应书面通知承包人予以修复，但情况紧急必须立即修复缺陷或损坏的，发包人可以口头通知承包人并在口头通知后48小时内书面确认，承包人应在专用合同条款约定的合理期限内到达工程现场并修复缺陷或损坏。

15.4.4　未能修复

因承包人原因造成工程的缺陷或损坏，承包人拒绝维修或未能在合理期限内修复缺陷或损坏，且经发包人书面催告后仍未修复的，发包人有权自行修复或委托第三方修复，所需费用由承包人承担。但修复范围超出缺陷或损坏范围的，超出范围部分的修复费用由发包人承担。

15.4.5　承包人出入权

在保修期内，为了修复缺陷或损坏，承包人有权出入工程现场，除情况紧急必须立即修复缺陷或损坏外，承包人应提前 24 小时通知发包人进场修复的时间。承包人进入工程现场前应获得发包人同意，且不应影响发包人正常的生产经营，并应遵守发包人有关保安和保密等规定。

16. 违约

16.1　发包人违约

16.1.1　发包人违约的情形

在合同履行过程中发生的下列情形，属于发包人违约：

（1）因发包人原因未能在计划开工日期前 7 天内下达开工通知的；

（2）因发包人原因未能按合同约定支付合同价款的；

（3）发包人违反第 10.1 款〔变更的范围〕第（2）项约定，自行实施被取消的工作或转由他人实施的；

（4）发包人提供的材料、工程设备的规格、数量或质量不符合合同约定，或因发包人原因导致交货日期延误或交货地点变更等情况的；

（5）因发包人违反合同约定造成暂停施工的；

（6）发包人无正当理由没有在约定期限内发出复工指示，导致承包人无法复工的；

（7）发包人明确表示或者以其行为表明不履行合同主要义务的；

（8）发包人未能按照合同约定履行其他义务的。

发包人发生除本项第（7）目以外的违约情况时，承包人可向发包人发出通知，要求发包人采取有效措施纠正违约行为。发包人收到承包人通知后 28 天内仍不纠正违约行为的，承包人有权暂停相应部位工程施工，并通知监理人。

16.1.2　发包人违约的责任

发包人应承担因其违约给承包人增加的费用和（或）延误的工期，并支付承包人合理的利润。此外，合同当事人可在专用合同条款中另行约定发包人违约责任的承担方式和计算方法。

16.1.3　因发包人违约解除合同

除专用合同条款另有约定外，承包人按第 16.1.1 项〔发包人违约的情形〕约定暂停施工满 28 天后，发包人仍不纠正其违约行为并致使合同目的不能实现的，或出现第 16.1.1 项〔发包人违约的情形〕第（7）目约定的违约情况，承包人有权解除合同，发包人应承担由此增加的费用，并支付承包人合理的利润。

16.1.4　因发包人违约解除合同后的付款

承包人按照本款约定解除合同的，发包人应在解除合同后 28 天内支付下列款项，并解除履约担保：

（1）合同解除前所完成工作的价款；

（2）承包人为工程施工订购并已付款的材料、工程设备和其他物品的价款；

（3）承包人撤离施工现场以及遣散承包人人员的款项；

（4）按照合同约定在合同解除前应支付的违约金；

（5）按照合同约定应当支付给承包人的其他款项；

（6）按照合同约定应退还的质量保证金；

（7）因解除合同给承包人造成的损失。

合同当事人未能就解除合同后的结清达成一致的，按照第 20 条〔争议解决〕的约定处理。

承包人应妥善做好已完工程和与工程有关的已购材料、工程设备的保护和移交工作，并将施工设备和人员撤出施工现场，发包人应为承包人撤出提供必要条件。

16.2 承包人违约

16.2.1 承包人违约的情形

在合同履行过程中发生的下列情形，属于承包人违约：

（1）承包人违反合同约定进行转包或违法分包的；

（2）承包人违反合同约定采购和使用不合格的材料和工程设备的；

（3）因承包人原因导致工程质量不符合合同要求的；

（4）承包人违反第 8.9 款〔材料与设备专用要求〕的约定，未经批准，私自将已按照合同约定进入施工现场的材料或设备撤离施工现场的；

（5）承包人未能按施工进度计划及时完成合同约定的工作，造成工期延误的；

（6）承包人在缺陷责任期及保修期内，未能在合理期限对工程缺陷进行修复，或拒绝按发包人要求进行修复的；

（7）承包人明确表示或者以其行为表明不履行合同主要义务的；

（8）承包人未能按照合同约定履行其他义务的。

承包人发生除本项第（7）目约定以外的其他违约情况时，监理人可向承包人发出整改通知，要求其在指定的期限内改正。

16.2.2 承包人违约的责任

承包人应承担因其违约行为而增加的费用和（或）延误的工期。此外，合同当事人可在专用合同条款中另行约定承包人违约责任的承担方式和计算方法。

16.2.3 因承包人违约解除合同

除专用合同条款另有约定外，出现第 16.2.1 项〔承包人违约的情形〕第（7）目约定的违约情况时，或监理人发出整改通知后，承包人在指定的合理期限内仍不纠正违约行为并致使合同目的不能实现的，发包人有权解除合同。合同解除后，因继续完成工程的需要，发包人有权使用承包人在施工现场的材料、设备、临时工程、承包人文件和由承包人或以其名义编制的其他文件，合同当事人应在专用合同条款约定相应费用的承担方式。发包人继续使用的行为不免除或减轻承包人应承担的违约责任。

16.2.4　因承包人违约解除合同后的处理

因承包人原因导致合同解除的，则合同当事人应在合同解除后 28 天内完成估价、付款和清算，并按以下约定执行：

（1）合同解除后，按第 4.4 款〔商定或确定〕商定或确定承包人实际完成工作对应的合同价款，以及承包人已提供的材料、工程设备、施工设备和临时工程等的价值；

（2）合同解除后，承包人应支付的违约金；

（3）合同解除后，因解除合同给发包人造成的损失；

（4）合同解除后，承包人应按照发包人要求和监理人的指示完成现场的清理和撤离；

（5）发包人和承包人应在合同解除后进行清算，出具最终结清付款证书，结清全部款项。

因承包人违约解除合同的，发包人有权暂停对承包人的付款，查清各项付款和已扣款项。发包人和承包人未能就合同解除后的清算和款项支付达成一致的，按照第 20 条〔争议解决〕的约定处理。

16.2.5　采购合同权益转让

因承包人违约解除合同的，发包人有权要求承包人将其为实施合同而签订的材料和设备的采购合同的权益转让给发包人，承包人应在收到解除合同通知后 14 天内，协助发包人与采购合同的供应商达成相关的转让协议。

16.3　第三人造成的违约

在履行合同过程中，一方当事人因第三人的原因造成违约的，应当向对方当事人承担违约责任。一方当事人和第三人之间的纠纷，依照法律规定或者按照约定解决。

17. 不可抗力

17.1　不可抗力的确认

不可抗力是指合同当事人在签订合同时不可预见，在合同履行过程中不可避免且不能克服的自然灾害和社会性突发事件，如地震、海啸、瘟疫、骚乱、戒严、暴动、战争和专用合同条款中约定的其他情形。

不可抗力发生后，发包人和承包人应收集证明不可抗力发生及不可抗力造成损失的证据，并及时认真统计所造成的损失。合同当事人对是否属于不可抗力或其损失的意见不一致的，由监理人按第 4.4 款〔商定或确定〕的约定处理。发生争议时，按第 20 条〔争议解决〕的约定处理。

17.2　不可抗力的通知

合同一方当事人遇到不可抗力事件，使其履行合同义务受到阻碍时，应立即通知合同另一方当事人和监理人，书面说明不可抗力和受阻碍的详细情况，并提供必要的证明。

不可抗力持续发生的，合同一方当事人应及时向合同另一方当事人和监理人提交中间报告，说明不可抗力和履行合同受阻的情况，并于不可抗力事件结束后28天内提交最终报告及有关资料。

17.3　不可抗力后果的承担

17.3.1　不可抗力引起的后果及造成的损失由合同当事人按照法律规定及合同约定各自承担。不可抗力发生前已完成的工程应当按照合同约定进行计量支付。

17.3.2　不可抗力导致的人员伤亡、财产损失、费用增加和（或）工期延误等后果，由合同当事人按以下原则承担：

（1）永久工程、已运至施工现场的材料和工程设备的损坏，以及因工程损坏造成的第三人人员伤亡和财产损失由发包人承担；

（2）承包人施工设备的损坏由承包人承担；

（3）发包人和承包人承担各自人员伤亡和财产的损失；

（4）因不可抗力影响承包人履行合同约定的义务，已经引起或将引起工期延误的，应当顺延工期，由此导致承包人停工的费用损失由发包人和承包人合理分担，停工期间必须支付的工人工资由发包人承担；

（5）因不可抗力引起或将引起工期延误，发包人要求赶工的，由此增加的赶工费用由发包人承担；

（6）承包人在停工期间按照发包人要求照管、清理和修复工程的费用由发包人承担。

不可抗力发生后，合同当事人均应采取措施尽量避免和减少损失的扩大，任何一方当事人没有采取有效措施导致损失扩大的，应对扩大的损失承担责任。

因合同一方迟延履行合同义务，在迟延履行期间遭遇不可抗力的，不免除其违约责任。

17.4　因不可抗力解除合同

因不可抗力导致合同无法履行连续超过84天或累计超过140天的，发包人和承包人均有权解除合同。合同解除后，由双方当事人按照第4.4款〔商定或确定〕商定或确定发包人应支付的款项，该款项包括：

（1）合同解除前承包人已完成工作的价款；

（2）承包人为工程订购的并已交付给承包人，或承包人有责任接受交付的材料、工程设备和其他物品的价款；

（3）发包人要求承包人退货或解除订货合同而产生的费用，或因不能退货或解除合同而产生的损失；

（4）承包人撤离施工现场以及遣散承包人人员的费用；

（5）按照合同约定在合同解除前应支付给承包人的其他款项；

（6）扣减承包人按照合同约定应向发包人支付的款项；

（7）双方商定或确定的其他款项。

除专用合同条款另有约定外，合同解除后，发包人应在商定或确定上述款项后28天内完成上述款项的支付。

18. 保险

18.1　工程保险

除专用合同条款另有约定外，发包人应投保建筑工程一切险或安装工程一切险；发包人委托承包人投保的，因投保产生的保险费和其他相关费用由发包人承担。

18.2　工伤保险

18.2.1　发包人应依照法律规定参加工伤保险，并为在施工现场的全部员工办理工伤保险，缴纳工伤保险费，并要求监理人及由发包人为履行合同聘请的第三方依法参加工伤保险。

18.2.2　承包人应依照法律规定参加工伤保险，并为其履行合同的全部员工办理工伤保险，缴纳工伤保险费，并要求分包人及由承包人为履行合同聘请的第三方依法参加工伤保险。

18.3　其他保险

发包人和承包人可以为其施工现场的全部人员办理意外伤害保险并支付保险费，包括其员工及为履行合同聘请的第三方的人员，具体事项由合同当事人在专用合同条款约定。

除专用合同条款另有约定外，承包人应为其施工设备等办理财产保险。

18.4　持续保险

合同当事人应与保险人保持联系，使保险人能够随时了解工程实施中的变动，并确保按保险合同条款要求持续保险。

18.5　保险凭证

合同当事人应及时向另一方当事人提交其已投保的各项保险的凭证和保险单复印件。

18.6　未按约定投保的补救

18.6.1　发包人未按合同约定办理保险，或未能使保险持续有效的，则承包人可代为办理，所需费用由发包人承担。发包人未按合同约定办理保险，导致未能得到足额赔偿的，由发包人负责补足。

18.6.2　承包人未按合同约定办理保险，或未能使保险持续有效的，则发包人可代为办理，所需费用由承包人承担。承包人未按合同约定办理保险，导致未能得到足额赔偿的，由承包人负责补足。

18.7　通知义务

除专用合同条款另有约定外，发包人变更除工伤保险之外的保险合同时，应事先征得承包人同意，并通知监理人；承包人变更除工伤保险之外的保险合同时，应事先征得发包人同意，并通知监理人。

保险事故发生时，投保人应按照保险合同规定的条件和期限及时向保险人报告。发包人和承包人应当在知道保险事故发生后及时通知对方。

19. 索赔

19.1　承包人的索赔

根据合同约定，承包人认为有权得到追加付款和（或）延长工期的，应按以下程序向发包人提出索赔：

（1）承包人应在知道或应当知道索赔事件发生后28天内，向监理人递交索赔意向通知书，并说明发生索赔事件的事由；承包人未在前述28天内发出索赔意向通知书的，丧失要求追加付款和（或）延长工期的权利；

（2）承包人应在发出索赔意向通知书后28天内，向监理人正式递交索赔报告；索赔报告应详细说明索赔理由以及要求追加的付款金额和（或）延长的工期，并附必要的记录和证明材料；

（3）索赔事件具有持续影响的，承包人应按合理时间间隔继续递交延续索赔通知，说明持续影响的实际情况和记录，列出累计的追加付款金额和（或）工期延长天数；

（4）在索赔事件影响结束后28天内，承包人应向监理人递交最终索赔报告，说明最终要求索赔的追加付款金额和（或）延长的工期，并附必要的记录和证明材料。

19.2　对承包人索赔的处理

对承包人索赔的处理如下：

（1）监理人应在收到索赔报告后14天内完成审查并报送发包人。监理人对索赔报告存在异议的，有权要求承包人提交全部原始记录副本；

（2）发包人应在监理人收到索赔报告或有关索赔的进一步证明材料后的28天内，由监理人向承包人出具经发包人签认的索赔处理结果。发包人逾期答复的，则视为认可承包人的索赔要求；

（3）承包人接受索赔处理结果的，索赔款项在当期进度款中进行支付；承包人不接受索赔处理结果的，按照第20条〔争议解决〕约定处理。

19.3　发包人的索赔

根据合同约定，发包人认为有权得到赔付金额和（或）延长缺陷责任期的，监理人应向承包人发出通知并附有详细的证明。

发包人应在知道或应当知道索赔事件发生后28天内通过监理人向承包人提出索赔意向通知书，发包人未在前述28天内发出索赔意向通知书的，丧失要求赔付金额和（或）延长缺陷责任期的权利。发包人应在发出索赔意向通知书后28天内，通过监理人向承包人正式递交索赔报告。

19.4　对发包人索赔的处理

对发包人索赔的处理如下：

（1）承包人收到发包人提交的索赔报告后，应及时审查索赔报告的内容、查验发包人证明材料；

（2）承包人应在收到索赔报告或有关索赔的进一步证明材料后28天内，将索赔处理结果答复发包人。如果承包人未在上述期限内作出答复的，则视为对发包人索赔要求的认可；

（3）承包人接受索赔处理结果的，发包人可从应支付给承包人的合同价款中扣除赔付的金额或延长缺陷责任期；发包人不接受索赔处理结果的，按第20条〔争议解决〕约定处理。

19.5　提出索赔的期限

（1）承包人按第14.2款〔竣工结算审核〕约定接收竣工付款证书后，应被视为已无权再提出在工程接收证书颁发前所发生的任何索赔。

（2）承包人按第14.4款〔最终结清〕提交的最终结清申请单中，只限于提出工程接收证书颁发后发生的索赔。提出索赔的期限自接受最终结清证书时终止。

20. 争议解决

20.1　和解

合同当事人可以就争议自行和解，自行和解达成协议的经双方签字并盖章后作为合同补充文件，双方均应遵照执行。

20.2　调解

合同当事人可以就争议请求建设行政主管部门、行业协会或其他第三方进行调解，调解达成协议的，经双方签字并盖章后作为合同补充文件，双方均应遵照执行。

20.3　争议评审

合同当事人在专用合同条款中约定采取争议评审方式解决争议以及评审规则，并按下列约定执行：

20.3.1　争议评审小组的确定

合同当事人可以共同选择一名或三名争议评审员，组成争议评审小组。除专用合同条款另有约定外，合同当事人应当自合同签订后28天内，或者争议发生后14天内，选定争议评审员。

选择一名争议评审员的，由合同当事人共同确定；选择三名争议评审员的，各自选定一名，第三名成员为首席争议评审员，由合同当事人共同确定或由合同当事人委托已选定的争议评审员共同确定，或由专用合同条款约定的评审机构指定第三名首席争议评审员。

除专用合同条款另有约定外，评审员报酬由发包人和承包人各承担一半。

20.3.2　争议评审小组的决定

合同当事人可在任何时间将与合同有关的任何争议共同提请争议评审小组进行评审。

争议评审小组应秉持客观、公正原则，充分听取合同当事人的意见，依据相关法律、规范、标准、案例经验及商业惯例等，自收到争议评审申请报告后 14 天内作出书面决定，并说明理由。合同当事人可以在专用合同条款中对本项事项另行约定。

20.3.3　争议评审小组决定的效力

争议评审小组作出的书面决定经合同当事人签字确认后，对双方具有约束力，双方应遵照执行。

任何一方当事人不接受争议评审小组决定或不履行争议评审小组决定的，双方可选择采用其他争议解决方式。

20.4　仲裁或诉讼

因合同及合同有关事项产生的争议，合同当事人可以在专用合同条款中约定以下一种方式解决争议：

（1）向约定的仲裁委员会申请仲裁；

（2）向有管辖权的人民法院起诉。

20.5　争议解决条款效力

合同有关争议解决的条款独立存在，合同的变更、解除、终止、无效或者被撤销均不影响其效力。

第三部分　专用合同条款

1. 一般约定

1.1　词语定义

1.1.1　合同

1.1.1.10　其他合同文件包括：____
____
____。

1.1.2　合同当事人及其他相关方

1.1.2.4　监理人：
名　　称：____；
资质类别和等级：____；
联系电话：____；
电子信箱：____；
通信地址：____。

1.1.2.5　设计人：
名　　称：____；
资质类别和等级：____；
联系电话：____；
电子信箱：____；
通信地址：____。

1.1.3　工程和设备

1.1.3.7　作为施工现场组成部分的其他场所包括：____________________
____。

1.1.3.9　永久占地包括：____。

1.1.3.10　临时占地包括：____。

1.3　法律

适用于合同的其他规范性文件：____
____
____。

1.4　标准和规范

1.4.1　适用于工程的标准规范包括：____。

1.4.2　发包人提供国外标准、规范的名称：____；

发包人提供国外标准、规范的份数：__________________________；

发包人提供国外标准、规范的名称：__________________________。

1.4.3　发包人对工程的技术标准和功能要求的特殊要求：______________________________。

1.5　合同文件的优先顺序

合同文件组成及优先顺序为：____。

1.6　图纸和承包人文件

1.6.1　图纸的提供

发包人向承包人提供图纸的期限：__________________________；

发包人向承包人提供图纸的数量：__________________________；

发包人向承包人提供图纸的内容：__________________________。

1.6.4　承包人文件

需要由承包人提供的文件，包括：____；

承包人提供的文件的期限为：______________________________；

承包人提供的文件的数量为：______________________________；

承包人提供的文件的形式为：______________________________；

发包人审批承包人文件的期限：____________________________。

1.6.5　现场图纸准备

关于现场图纸准备的约定：________________________________。

1.7　联络

1.7.1　发包人和承包人应当在____天内将与合同有关的通知、批准、证明、证书、指示、指令、要求、请求、同意、意见、确定和决定等书面函件送达对方当事人。

1.7.2　发包人接收文件的地点：__________________________；

发包人指定的接收人为：______________________________。

承包人接收文件的地点：____；

承包人指定的接收人为：____。

监理人接收文件的地点：____；

监理人指定的接收人为：____。

1.10　交通运输

1.10.1　出入现场的权利

关于出入现场的权利的约定：____

____

1.10.3　场内交通

关于场外交通和场内交通的边界的约定：________________________________

____。

关于发包人向承包人免费提供满足工程施工需要的场内道路和交通设施的约定：

____

____。

1.10.4　超大件和超重件的运输

运输超大件或超重件所需的道路和桥梁临时加固改造费用和其他有关费用由________承担。

1.11　知识产权

1.11.1　关于发包人提供给承包人的图纸、发包人为实施工程自行编制或委托编制的技术规范以及反映发包人关于合同要求或其他类似性质的文件的著作权的归属：

____

____。

关于发包人提供的上述文件的使用限制的要求：__________________________

____。

____

1.11.2　关于承包人为实施工程所编制文件的著作权的归属：________________

____。

关于承包人提供的上述文件的使用限制的要求：__________________________

____。

1.11.4　承包人在施工过程中所采用的专利、专有技术、技术秘密的使用费的承担方式：

____。

1.13　工程量清单错误的修正

出现工程量清单错误时，是否调整合同价格：______________________________。

允许调整合同价格的工程量偏差范围：____

____。

2. 发包人

2.2　发包人代表

发包人代表：

姓　　名：____；

身份证号：____；

职　　务：____；

联系电话：____；

电子信箱：____；

通信地址：____。

发包人对发包人代表的授权范围如下：________________________________

____。

2.4　施工现场、施工条件和基础资料的提供

2.4.1　提供施工现场

关于发包人移交施工现场的期限要求：________________________________

____。

2.4.2　提供施工条件

关于发包人应负责提供施工所需要的条件，包括：______________________

____。

2.5　资金来源证明及支付担保

发包人提供资金来源证明的期限要求：________________________________。

发包人是否提供支付担保：____。

发包人提供支付担保的形式：______________________________________。

3. 承包人

3.1　承包人的一般义务

（9）承包人提交的竣工资料的内容：________________________________

____。

承包人需要提交的竣工资料套数：__________________________________。

承包人提交的竣工资料的费用承担：________________________________。

承包人提交的竣工资料移交时间：__________________________________。

承包人提交的竣工资料形式要求：______________________________。

（10）承包人应履行的其他义务：______________________________

______________________________。

3.2　项目经理

3.2.1　项目经理：

姓　　名：______________________________；

身份证号：______________________________；

建造师执业资格等级：______________________________；

建造师注册证书号：______________________________；

建造师执业印章号：______________________________；

安全生产考核合格证书号：______________________________；

联系电话：______________________________；

电子信箱：______________________________；

通信地址：______________________________；

承包人对项目经理的授权范围如下：______________________________

______________________________。

关于项目经理每月在施工现场的时间要求：______________________________

______________________________。

承包人未提交劳动合同，以及没有为项目经理缴纳社会保险证明的违约责任：______

______________________________。

项目经理未经批准，擅自离开施工现场的违约责任：______________________________

______________________________。

3.2.3　承包人擅自更换项目经理的违约责任：______________________________

______________________________。

3.2.4　承包人无正当理由拒绝更换项目经理的违约责任：______________________________

______________________________。

3.3　承包人人员

3.3.1　承包人提交项目管理机构及施工现场管理人员安排报告的期限：______________

______________________________。

3.3.3　承包人无正当理由拒绝撤换主要施工管理人员的违约责任：______________

______________________________。

3.3.4　承包人主要施工管理人员离开施工现场的批准要求：______________________

______________________________。

3.3.5　承包人擅自更换主要施工管理人员的违约责任：______________________

______________________________。

承包人主要施工管理人员擅自离开施工现场的违约责任：______________________

____。

3.5　分包

3.5.1　分包的一般约定

禁止分包的工程包括：____。
主体结构、关键性工作的范围：____________________________________
____。

3.5.2　分包的确定

允许分包的专业工程包括：____。
其他关于分包的约定：____
____。

3.5.4　分包合同价款

关于分包合同价款支付的约定：____________________________________。

3.6　工程照管与成品、半成品保护

承包人负责照管工程及工程相关的材料、工程设备的起始时间：__________
____。

3.7　履约担保

承包人是否提供履约担保：____。
承包人提供履约担保的形式、金额及期限的：________________________
____。

4. 监理人

4.1　监理人的一般规定

关于监理人的监理内容：____。
关于监理人的监理权限：____。
关于监理人在施工现场的办公场所、生活场所的提供和费用承担的约定：______
____。

4.2　监理人员

总监理工程师：
姓　　名：____；
职　　务：____；
监理工程师执业资格证书号：______________________________________；

联系电话：____；
电子信箱：____；
通信地址：____；
关于监理人的其他约定：______________________________。

4.4　商定或确定

在发包人和承包人不能通过协商达成一致意见时，发包人授权监理人对以下事项进行确定：

（1）____；
（2）____；
（3）____。

5．工程质量

5.1　质量要求

5.1.1　特殊质量标准和要求：______________________________
____。
关于工程奖项的约定：______________________________
____。

5.3　隐蔽工程检查

5.3.2　承包人提前通知监理人隐蔽工程检查的期限的约定：______________
____。
监理人不能按时进行检查时，应提前______小时提交书面延期要求。
关于延期最长不得超过：________小时。

6．安全文明施工与环境保护

6.1　安全文明施工

6.1.1　项目安全生产的达标目标及相应事项的约定：______________
____。
6.1.4　关于治安保卫的特别约定：______________________________
____。
关于编制施工场地治安管理计划的约定：______________________
____。
6.1.5　文明施工
合同当事人对文明施工的要求：______________________________
____。
6.1.6　关于安全文明施工费支付比例和支付期限的约定：______________

____。

7. 工期和进度

7.1　施工组织设计

7.1.1　合同当事人约定的施工组织设计应包括的其他内容：____。

7.1.2　施工组织设计的提交和修改

承包人提交详细施工组织设计的期限的约定：____。

发包人和监理人在收到详细的施工组织设计后确认或提出修改意见的期限：______。

7.2　施工进度计划

7.2.2　施工进度计划的修订

发包人和监理人在收到修订的施工进度计划后确认或提出修改意见的期限：______。

7.3　开工

7.3.1　开工准备

关于承包人提交工程开工报审表的期限：______________________。
关于发包人应完成的其他开工准备工作及期限：____。

关于承包人应完成的其他开工准备工作及期限：____。

7.3.2　开工通知

因发包人原因造成监理人未能在计划开工日期之日起____天内发出开工通知的，承包人有权提出价格调整要求，或者解除合同。

7.4　测量放线

7.4.1　发包人通过监理人向承包人提供测量基准点、基准线和水准点及其书面资料的期限：____。

7.5　工期延误

7.5.1　因发包人原因导致工期延误

（7）因发包人原因导致工期延误的其他情形：____。

7.5.2　因承包人原因导致工期延误

因承包人原因造成工期延误，逾期竣工违约金的计算方法为：____。

因承包人原因造成工期延误，逾期竣工违约金的上限：____。

7.6　不利物质条件

不利物质条件的其他情形和有关约定：____。

7.7　异常恶劣的气候条件

发包人和承包人同意以下情形视为异常恶劣的气候条件：

(1) ____；

(2) ____；

(3) ____。

7.9　提前竣工的奖励

7.9.2　提前竣工的奖励：____。

8. 材料与设备

8.4　材料与工程设备的保管与使用

8.4.1　发包人供应的材料设备的保管费用的承担：____。

8.6　样品

8.6.1　样品的报送与封存

需要承包人报送样品的材料或工程设备，样品的种类、名称、规格、数量要求：____。

8.8　施工设备和临时设施

8.8.1　承包人提供的施工设备和临时设施

关于修建临时设施费用承担的约定：____。

9. 试验与检验

9.1　试验设备与试验人员

9.1.2　试验设备

施工现场需要配置的试验场所：____
____。

施工现场需要配备的试验设备：____
____。

施工现场需要具备的其他试验条件：____________________________________
____。

9.4　现场工艺试验

现场工艺试验的有关约定：____
____。

10. 变更

10.1　变更的范围

关于变更的范围的约定：____
____。

10.4　变更估价

10.4.1　变更估价原则

关于变更估价的约定：____
____。

10.5　承包人的合理化建议

监理人审查承包人合理化建议的期限：__________________________________。
____

发包人审批承包人合理化建议的期限：__________________________________。

承包人提出的合理化建议降低了合同价格或者提高了工程经济效益的奖励的方法和金额为：____
____。

10.7　暂估价

暂估价材料和工程设备的明细详见附件11：《暂估价一览表》。

10.7.1　依法必须招标的暂估价项目

对于依法必须招标的暂估价项目的确认和批准采取第____种方式确定。

10.7.2　不属于依法必须招标的暂估价项目

对于不属于依法必须招标的暂估价项目的确认和批准采取第____种方式确定。
第3种方式：承包人直接实施的暂估价项目
承包人直接实施的暂估价项目的约定：____
____。

10.8　暂列金额

合同当事人关于暂列金额使用的约定：____
____。

11. 价格调整

11.1　市场价格波动引起的调整

市场价格波动是否调整合同价格的约定：________________________________。
因市场价格波动调整合同价格，采用以下第____种方式对合同价格进行调整：
第1种方式：采用价格指数进行价格调整。
关于各可调因子、定值和变值权重，以及基本价格指数及其来源的约定：________；
第2种方式：采用造价信息进行价格调整。
（2）关于基准价格的约定：____。

专用合同条款①承包人在已标价工程量清单或预算书中载明的材料单价低于基准价格的：专用合同条款合同履行期间材料单价涨幅以基准价格为基础超过__%时，或材料单价跌幅以已标价工程量清单或预算书中载明材料单价为基础超过__%时，其超过部分据实调整。

②承包人在已标价工程量清单或预算书中载明的材料单价高于基准价格的：专用合同条款合同履行期间材料单价跌幅以基准价格为基础超过__%时，材料单价涨幅以已标价工程量清单或预算书中载明材料单价为基础超过__%时，其超过部分据实调整。

③承包人在已标价工程量清单或预算书中载明的材料单价等于基准单价的：专用合同条款合同履行期间材料单价涨跌幅以基准单价为基础超过±__%时，其超过部分据实调整。

第3种方式：其他价格调整方式：____
____。

12. 合同价格、计量与支付

12.1　合同价格形式

1. 单价合同。

综合单价包含的风险范围：______________________________

______________________________。

风险费用的计算方法：______________________________

______________________________。

风险范围以外合同价格的调整方法：______________________________

______________________________。

2. 总价合同。

总价包含的风险范围：______________________________

______________________________。

风险费用的计算方法：______________________________

______________________________。

风险范围以外合同价格的调整方法：______________________________

______________________________。

3. 其他价格方式：______________________________

____

____

______________________________。

12.2 预付款

12.2.1 预付款的支付

预付款支付比例或金额：______________________________。

预付款支付期限：______________________________。

预付款扣回的方式：______________________________。

12.2.2 预付款担保

承包人提交预付款担保的期限：______________________________。

预付款担保的形式为：______________________________。

12.3 计量

12.3.1 计量原则

工程量计算规则：______________________________。

12.3.2 计量周期

关于计量周期的约定：______________________________。

12.3.3 单价合同的计量

关于单价合同计量的约定：______________________________。

12.3.4 总价合同的计量

关于总价合同计量的约定：______________________________。

12.3.5 总价合同采用支付分解表计量支付的，是否适用第12.3.4项〔总价合同的计量〕

约定进行计量：＿＿＿＿＿＿＿＿＿＿＿＿＿＿＿＿＿＿＿＿＿＿＿＿＿＿＿＿＿＿。

12.3.6　其他价格形式合同的计量

其他价格形式的计量方式和程序：＿＿＿＿＿＿＿＿＿＿＿＿＿＿＿＿＿＿＿＿＿＿

＿＿＿＿＿＿＿＿＿＿＿＿＿＿＿＿＿＿＿＿＿＿＿＿＿＿＿＿＿＿＿＿＿＿＿＿。

12.4　工程进度款支付

12.4.1　付款周期

关于付款周期的约定：＿＿＿＿＿＿＿＿＿＿＿＿＿＿＿＿＿＿＿＿＿＿＿＿＿＿＿。

12.4.2　进度付款申请单的编制

关于进度付款申请单编制的约定：＿＿＿＿＿＿＿＿＿＿＿＿＿＿＿＿＿＿＿＿＿＿

＿＿＿＿＿＿＿＿＿＿＿＿＿＿＿＿＿＿＿＿＿＿＿＿＿＿＿＿＿＿＿＿＿＿＿＿。

12.4.3　进度付款申请单的提交

（1）单价合同进度付款申请单提交的约定：＿＿＿＿＿＿＿＿＿＿＿＿＿＿＿＿＿。

（2）总价合同进度付款申请单提交的约定：＿＿＿＿＿＿＿＿＿＿＿＿＿＿＿＿＿。

（3）其他价格形式合同进度付款申请单提交的约定：＿＿＿＿＿＿＿＿＿＿＿＿＿＿

＿＿＿＿＿＿＿＿＿＿＿＿＿＿＿＿＿＿＿＿＿＿＿＿＿＿＿＿＿＿＿＿＿＿＿＿。

12.4.4　进度款审核和支付

（1）监理人审查并报送发包人的期限：＿＿＿＿＿＿＿＿＿＿＿＿＿＿＿＿＿＿＿。

发包人完成审批并签发进度款支付证书的期限：＿＿＿＿＿＿＿＿＿＿＿＿＿＿＿＿

＿＿＿＿＿＿＿＿＿＿＿＿＿＿＿＿＿＿＿＿＿＿＿＿＿＿＿＿＿＿＿＿＿＿＿＿。

（2）发包人支付进度款的期限：＿＿＿＿＿＿＿＿＿＿＿＿＿＿＿＿＿＿＿＿＿＿。

发包人逾期支付进度款的违约金的计算方式：＿＿＿＿＿＿＿＿＿＿＿＿＿＿＿＿＿

＿＿＿＿＿＿＿＿＿＿＿＿＿＿＿＿＿＿＿＿＿＿＿＿＿＿＿＿＿＿＿＿＿＿＿＿。

12.4.6　支付分解表的编制

2. 总价合同支付分解表的编制与审批：＿＿＿＿＿＿＿＿＿＿＿＿＿＿＿＿＿＿＿＿

＿＿＿＿＿＿＿＿＿＿＿＿＿＿＿＿＿＿＿＿＿＿＿＿＿＿＿＿＿＿＿＿＿＿＿＿。

3. 单价合同的总价项目支付分解表的编制与审批：＿＿＿＿＿＿＿＿＿＿＿＿＿＿＿

＿＿＿＿＿＿＿＿＿＿＿＿＿＿＿＿＿＿＿＿＿＿＿＿＿＿＿＿＿＿＿＿＿＿＿＿。

13. 验收和工程试车

13.1　分部分项工程验收

13.1.2　监理人不能按时进行验收时，应提前＿＿＿＿＿小时提交书面延期要求。

关于延期最长不得超过：＿＿＿＿＿＿小时。

13.2　竣工验收

13.2.2　竣工验收程序

关于竣工验收程序的约定：____

____。

发包人不按照本项约定组织竣工验收、颁发工程接收证书的违约金的计算方法：____

____。

13.2.5　移交、接收全部与部分工程

承包人向发包人移交工程的期限：__________________________________。

发包人未按本合同约定接收全部或部分工程的，违约金的计算方法为：__________。

承包人未按时移交工程的，违约金的计算方法为：___________________________

____。

13.3　工程试车

13.3.1　试车程序

工程试车内容：____

____。

____。

（1）单机无负荷试车费用由__________________承担；

（2）无负荷联动试车费用由__________________承担。

13.3.3　投料试车

关于投料试车相关事项的约定：____

____。

13.6　竣工退场

13.6.1　竣工退场

承包人完成竣工退场的期限：____。

14. 竣工结算

14.1　竣工结算申请

承包人提交竣工结算申请单的期限：____。

竣工结算申请单应包括的内容：____。

____。

14.2　竣工结算审核

发包人审批竣工付款申请单的期限：____。
发包人完成竣工付款的期限：____。
关于竣工付款证书异议部分复核的方式和程序：_________________________________
____。

14.4　最终结清

14.4.1　最终结清申请单

承包人提交最终结清申请单的份数：____。
承包人提交最终结算申请单的期限：____。

14.4.2　最终结清证书和支付

（1）发包人完成最终结清申请单的审批并颁发最终结清证书的期限：____________。
（2）发包人完成支付的期限：____。

15. 缺陷责任期与保修

15.2　缺陷责任期

缺陷责任期的具体期限：____
____。

15.3　质量保证金

关于是否扣留质量保证金的约定：____。
在工程项目竣工前，承包人按专用合同条款第3.7条提供履约担保的，发包人不得同时预留工程质量保证金。

15.3.1　承包人提供质量保证金的方式

质量保证金采用以下第____种方式：
（1）质量保证金保函，保证金额为：____；
（2）______%的工程款；
（3）其他方式：____。

15.3.2　质量保证金的扣留

质量保证金的扣留采取以下第____种方式：
（1）在支付工程进度款时逐次扣留，在此情形下，质量保证金的计算基数不包括预付款的支付、扣回以及价格调整的金额；
（2）工程竣工结算时一次性扣留质量保证金；

（3）其他扣留方式：____。

关于质量保证金的补充约定：____

____。

15.4　保修

15.4.1　保修责任

工程保修期为：____

____。

15.4.3　修复通知

承包人收到保修通知并到达工程现场的合理时间：____________________

____。

16. 违约

16.1　发包人违约

16.1.1　发包人违约的情形

发包人违约的其他情形：____

____。

16.1.2　发包人违约的责任

发包人违约责任的承担方式和计算方法：

（1）因发包人原因未能在计划开工日期前7天内下达开工通知的违约责任：______。

（2）因发包人原因未能按合同约定支付合同价款的违约责任：__________。

（3）发包人违反第10.1款〔变更的范围〕第（2）项约定，自行实施被取消的工作或转由他人实施的违约责任：____

____。

（4）发包人提供的材料、工程设备的规格、数量或质量不符合合同约定，或因发包人原因导致交货日期延误或交货地点变更等情况的违约责任：______________。

（5）因发包人违反合同约定造成暂停施工的违约责任：______________

____。

（6）发包人无正当理由没有在约定期限内发出复工指示，导致承包人无法复工的违约责任：____。

（7）其他：____。

16.1.3　因发包人违约解除合同

承包人按16.1.1项〔发包人违约的情形〕约定暂停施工满____天后发包人仍不纠正

其违约行为并致使合同目的不能实现的，承包人有权解除合同。

16.2 承包人违约

16.2.1 承包人违约的情形

承包人违约的其他情形：____

____。

16.2.2 承包人违约的责任

承包人违约责任的承担方式和计算方法：____________________________________

____。

16.2.3 因承包人违约解除合同

关于承包人违约解除合同的特别约定：______________________________________

____。

发包人继续使用承包人在施工现场的材料、设备、临时工程、承包人文件和由承包人或以其名义编制的其他文件的费用承担方式：____________________________________

____。

17. 不可抗力

17.1 不可抗力的确认

除通用合同条款约定的不可抗力事件之外，视为不可抗力的其他情形：__________。

17.4 因不可抗力解除合同

合同解除后，发包人应在商定或确定发包人应支付款项后____天内完成款项的支付。

18. 保险

18.1 工程保险

关于工程保险的特别约定：____。

18.3 其他保险

关于其他保险的约定：____。

承包人是否应为其施工设备等办理财产保险：________________________________

____。

18.7 通知义务

关于变更保险合同时的通知义务的约定：____________________________________

____。

20. 争议解决

20.3　争议评审

合同当事人是否同意将工程争议提交争议评审小组决定：____________________
____。

20.3.1　争议评审小组的确定

争议评审小组成员的确定：____。
选定争议评审员的期限：____。
争议评审小组成员的报酬承担方式：________________________________。
其他事项的约定：____。

20.3.2　争议评审小组的决定

合同当事人关于本项的约定：______________________________________。

20.4　仲裁或诉讼

因合同及合同有关事项发生的争议，按下列第____种方式解决：
（1）向____________________仲裁委员会申请仲裁；
（2）向____________________人民法院起诉。

附件

协议书附件：
附件 1：承包人承揽工程项目一览表
专用合同条款附件：
附件 2：发包人供应材料设备一览表
附件 3：工程质量保修书
附件 4：主要建设工程文件目录
附件 5：承包人用于本工程施工的机械设备表
附件 6：承包人主要施工管理人员表
附件 7：分包人主要施工管理人员表
附件 8：履约担保
附件 9：预付款担保
附件 10：支付担保
附件 11：暂估价一览表

附件 1：

承包人承揽工程项目一览表

单位工程名称	建设规模	建筑面积（平方米）	结构形式	层数	生产能力	设备安装内容	合同价格（元）	开工日期	竣工日期

附件 2：

发包人供应材料设备一览表

序号	材料、设备品种	规格型号	单位	数量	单价（元）	质量等级	供应时间	送达地点	备注

附件3：

工程质量保修书

发包人（全称）：____

承包人（全称）：____

发包人和承包人根据《中华人民共和国建筑法》和《建设工程质量管理条例》，经协商一致就______________（工程全称）签订工程质量保修书。

一、工程质量保修范围和内容

承包人在质量保修期内，按照有关法律规定和合同约定，承担工程质量保修责任。

质量保修范围包括地基基础工程、主体结构工程，屋面防水工程、有防水要求的卫生间、房间和外墙面的防渗漏，供热与供冷系统，电气管线、给排水管道、设备安装和装修工程，以及双方约定的其他项目。具体保修的内容，双方约定如下：

____

____

____。

二、质量保修期

根据《建设工程质量管理条例》及有关规定，工程的质量保修期如下：

1. 地基基础工程和主体结构工程为设计文件规定的工程合理使用年限；
2. 屋面防水工程、有防水要求的卫生间、房间和外墙面的防渗为________年；
3. 装修工程为________年；
4. 电气管线、给排水管道、设备安装工程为________年；
5. 供热与供冷系统为________个采暖期、供冷期；
6. 住宅小区内的给排水设施、道路等配套工程为________年；
7. 其他项目保修期限约定如下：

____

____

____。

质量保修期自工程竣工验收合格之日起计算。

三、缺陷责任期

工程缺陷责任期为________个月，缺陷责任期自工程通过竣工验收之日起计算。单位工程先于全部工程进行验收，单位工程缺陷责任期自单位工程验收合格之日起算。

缺陷责任期终止后，发包人应退还剩余的质量保证金。

四、质量保修责任

1. 属于保修范围、内容的项目，承包人应当在接到保修通知之日起 7 天内派人保修。承包人不在约定期限内派人保修的，发包人可以委托他人修理。

2. 发生紧急事故需抢修的，承包人在接到事故通知后，应当立即到达事故现场抢修。

3. 对于涉及结构安全的质量问题，应当按照《建设工程质量管理条例》的规定，立即向当地建设行政主管部门和有关部门报告，采取安全防范措施，并由原设计人或者具有相应资质等级的设计人提出保修方案，承包人实施保修。

4. 质量保修完成后，由发包人组织验收。

五、保修费用

保修费用由造成质量缺陷的责任方承担。

六、双方约定的其他工程质量保修事项：________________________

____。

工程质量保修书由发包人、承包人在工程竣工验收前共同签署，作为施工合同附件，其有效期限至保修期满。

发包人（公章）：________________

地　址：________________

法定代表人（签字）：________________

委托代理人（签字）：________________

电　话：________________

传　真：________________

开户银行：________________

账　号：________________

邮政编码：________________

承包人（公章）：________________

地　址：________________

法定代表人（签字）：________________

委托代理人（签字）：________________

电　话：________________

传　真：________________

开户银行：________________

账　号：________________

邮政编码：________________

附件 4：

主要建设工程文件目录

文件名称	套数	费用（元）	质量	移交时间	责任人

附件5：

承包人用于本工程施工的机械设备表

序号	机械或设备名称	规格型号	数量	产地	制造年份	额定功率（kW）	生产能力	备注

附件6：

承包人主要施工管理人员表

名 称	姓名	职务	职称	主要资历、经验及承担过的项目
一、总部人员				
项目主管				
其他人员				
二、现场人员				
项目经理				
项目副经理				
技术负责人				
造价管理				
质量管理				
材料管理				
计划管理				
安全管理				
其他人员				

附件 7：

分包人主要施工管理人员表

名　　称	姓名	职务	职称	主要资历、经验及承担过的项目
一、总部人员				
项目主管				
其他人员				
二、现场人员				
项目经理				
项目副经理				
技术负责人				
造价管理				
质量管理				
材料管理				
计划管理				
安全管理				
其他人员				

附件8：

履约担保

____________________（发包人名称）：

鉴于____________（发包人名称，以下简称“发包人”）与______________（承包人名称）（以下称“承包人”）于______年____月____日就____________________（工程名称）施工及有关事项协商一致共同签订《建设工程施工合同》。我方愿意无条件地、不可撤销地就承包人履行与你方签订的合同，向你方提供连带责任担保。

1. 担保金额人民币（大写）____________________元（¥____________________）。

2. 担保有效期自你方与承包人签订的合同生效之日起至你方签发或应签发工程接收证书之日止。

3. 在本担保有效期内，因承包人违反合同约定的义务给你方造成经济损失时，我方在收到你方以书面形式提出的在担保金额内的赔偿要求后，在7天内无条件支付。

4. 你方和承包人按合同约定变更合同时，我方承担本担保规定的义务不变。

5. 因本保函发生的纠纷，可由双方协商解决，协商不成的，任何一方均可提请__________仲裁委员会仲裁。

6. 本保函自我方法定代表人（或其授权代理人）签字并加盖公章之日起生效。

担 保 人：________________________________（盖单位章）

法定代表人或其委托代理人：____________________（签字）

地　　址：____

邮政编码：____

电　　话：____

传　　真：____

__________年______月______日

附件 9：

预付款担保

______________（发包人名称）：

根据__________（承包人名称）（以下称“承包人”）与__________（发包人名称）（以下简称“发包人”）于____年___月___日签订的__________（工程名称）《建设工程施工合同》，承包人按约定的金额向你方提交一份预付款担保，即有权得到你方支付相等金额的预付款。我方愿意就你方提供给承包人的预付款为承包人提供连带责任担保。

1. 担保金额人民币（大写）______________元（¥______________）。

2. 担保有效期自预付款支付给承包人起生效，至你方签发的进度款支付证书说明已完全扣清止。

3. 在本保函有效期内，因承包人违反合同约定的义务而要求收回预付款时，我方在收到你方的书面通知后，在 7 天内无条件支付。但本保函的担保金额，在任何时候不应超过预付款金额减去你方按合同约定在向承包人签发的进度款支付证书中扣除的金额。

4. 你方和承包人按合同约定变更合同时，我方承担本保函规定的义务不变。

5. 因本保函发生的纠纷，可由双方协商解决，协商不成的，任何一方均可提请____仲裁委员会仲裁。

6. 本保函自我方法定代表人（或其授权代理人）签字并加盖公章之日起生效。

担保人：______________________（盖单位章）

法定代表人或其委托代理人：______________（签字）

地　　址：______________________

邮政编码：______________________

电　　话：______________________

传　　真：______________________

________年_____月_____日

附件 10：

支付担保

__________________（承包人）：

鉴于你方作为承包人已经与__________________（发包人名称）（以下称“发包人”）于________年______月______日签订了__________________（工程名称）《建设工程施工合同》（以下称“主合同”），应发包人的申请，我方愿就发包人履行主合同约定的工程款支付义务以保证的方式向你方提供如下担保：

一、保证的范围及保证金额

1. 我方的保证范围是主合同约定的工程款。

2. 本保函所称主合同约定的工程款是指主合同约定的除工程质量保证金以外的合同价款。

3. 我方保证的金额是主合同约定的工程款的________%，数额最高不超过人民币元（大写：________）。

二、保证的方式及保证期间

1. 我方保证的方式为：连带责任保证。

2. 我方保证的期间为：自本合同生效之日起至主合同约定的工程款支付完毕之日后______日内。

3. 你方与发包人协议变更工程款支付日期的，经我方书面同意后，保证期间按照变更后的支付日期做相应调整。

三、承担保证责任的形式

我方承担保证责任的形式是代为支付。发包人未按主合同约定向你方支付工程款的，由我方在保证金额内代为支付。

四、代偿的安排

1. 你方要求我方承担保证责任的，应向我方发出书面索赔通知及发包人未支付主合同约定工程款的证明材料。索赔通知应写明要求索赔的金额，支付款项应到达的账号。

2. 在出现你方与发包人因工程质量发生争议，发包人拒绝向你方支付工程款的情形时，你方要求我方履行保证责任代为支付的，需提供符合相应条件要求的工程质量检测机构出具的质量说明材料。

3. 我方收到你方的书面索赔通知及相应的证明材料后 7 天内无条件支付。

五、保证责任的解除

1. 在本保函承诺的保证期间内，你方未书面向我方主张保证责任的，自保证期间届满次日起，我方保证责任解除。

2. 发包人按主合同约定履行了工程款的全部支付义务的，自本保函承诺的保证期间届满次日起，我方保证责任解除。

3. 我方按照本保函向你方履行保证责任所支付金额达到本保函保证金额时，自我方向你方支付（支付款项从我方账户划出）之日起，保证责任即解除。

4. 按照法律法规的规定或出现应解除我方保证责任的其他情形的，我方在本保函项下的保证责任亦解除。

5. 我方解除保证责任后，你方应自我方保证责任解除之日起______个工作日内，将本保函原件返还我方。

六、免责条款

1. 因你方违约致使发包人不能履行义务的，我方不承担保证责任。

2. 依照法律法规的规定或你方与发包人的另行约定，免除发包人部分或全部义务的，我方亦免除其相应的保证责任。

3. 你方与发包人协议变更主合同的，如加重发包人责任致使我方保证责任加重的，需征得我方书面同意，否则我方不再承担因此而加重部分的保证责任，但主合同第 10 条〔变更〕约定的变更不受本款限制。

4. 因不可抗力造成发包人不能履行义务的，我方不承担保证责任。

七、争议解决

因本保函或本保函相关事项发生的纠纷，可由双方协商解决，协商不成的，按下列第______种方式解决：

（1）向______________________________仲裁委员会申请仲裁；

（2）向______________________________人民法院起诉。

八、保函的生效

本保函自我方法定代表人（或其授权代理人）签字并加盖公章之日起生效。

担保人：____（盖章）

法定代表人或委托代理人：________________________（签字）

地　　址：____

邮政编码：____

传　　真：____

__________年______月______日

附件 11：

11-1：材料暂估价表

序号	名称	单位	数量	单价（元）	合价（元）	备注

11-2：工程设备暂估价表

序号	名称	单位	数量	单价（元）	合价（元）	备注

11-3：专业工程暂估价表

序号	专业工程名称	工程内容	金额
小计：			

参 考 文 献

［1］ 林一. 建设工程施工合同纠纷案件审判实务［M］. 北京：法律出版社，2015.
［2］ 莫曼君. 建设工程施工合同管理［M］. 北京：中国电力出版社，2016.
［3］ 高晓江. 建设工程合同管理要旨［M］. 北京：中国建筑工业出版社，2011.
［4］ 冯清亮. 建设工程合同管理实践［M］. 广州：中山大学出版社，2013.
［5］ 赵君华等. 工程项目策划［M］. 北京：中国建筑工业出版社，2013.
［6］ 包瑞胜. 多阶段工程项目施工合同管理体系设计［J］. 建筑技术开发，2017.03.
［7］ 李江林. 工程施工合同管理的现实意义及实践举措［J］. 现代营销：学苑版，2017.06.
［8］ 钟尚文. 工程施工合同管理中存在的问题及对策［J］. 企业改革与管理，2016.11（下）.
［9］ 朱金良. 加强建设单位工程施工合同管理的思考［J］. 产业与科技论坛，2017.02.
［10］ 杨久林. 承包商工程施工的合同风险与评审［J］. 重庆建筑，2004.02.
［11］ 张海峡. 建设工程施工合同审查需要关注的几个问题［J］. 经营管理者，2017.12.
［12］ 曹长虹、唐艳娟. 建筑施工合同谈判技巧研究［J］. 山西建筑，2007.12.
［13］ 黄雪莹. 国际工程承包合同谈判全过程管理［J］. 中国集体经济，2010.10.
［14］ 姚利萍. 施工合同谈判策略［J］. 施工企业管理，2008.04.
［15］ 刘振义. 工程项目管理中的合同交底［J］. 中国招标.2011（36）.
［16］ 孔庆立. 如何做好合同管理中的分析工作［J］. 合作经济与科技，2010.02.
［17］ 代伟. 建筑施工企业的工程合同变更管理策略［J］. 云南水力发电，2017.02（增刊第33卷）.
［18］ 赵文革. 浅谈施工合同变更的处理［J］. 黑龙江水利科技，2001.02.